U0231279

高等职业土建类专业教材编审委员会

应用型人才培养规划教材

工程招投标与合同管理案例教程

第二版

龚小兰　主编

·北京·

内容简介

本书以案例为线索来介绍工程招标投标与合同管理。主要讲述建筑市场、合同管理法律基础、合同分类与管理、建设工程招标投标概述、施工项目招标投标及管理、建设工程施工合同、工程变更与索赔、工程合同优化管理，最后还提供了相关的工程招标投标与合同管理案例。

本书可作为应用型本科和高等职业建设工程管理、工程造价、建设工程监理等建设工程管理类相关专业教学用书，也可作为工程管理人员的参考书籍。

图书在版编目（CIP）数据

工程招投标与合同管理案例教程/龚小兰主编．—2版．—北京：化学工业出版社，2021.11

ISBN 978-7-122-39700-3

Ⅰ.①工… Ⅱ.①龚… Ⅲ.①建筑工程-招标-高等职业教育-教材②建筑工程-投标-高等职业教育-教材③建筑工程-合同-高等职业教育-教材 Ⅳ.①TU723

中国版本图书馆CIP数据核字（2021）第159747号

责任编辑：李仙华　　文字编辑：林　丹　沙　静

责任校对：杜杏然　　装帧设计：张　辉

出版发行：化学工业出版社（北京市东城区青年湖南街13号　邮政编码100011）

印　　装：三河市延风印装有限公司

787mm×1092mm　1/16　印张13½　字数333千字　2022年1月北京第2版第1次印刷

购书咨询：010-64518888　　售后服务：010-64518899

网　　址：http://www.cip.com.cn

凡购买本书，如有缺损质量问题，本社销售中心负责调换。

定　　价：48.00元

前言

我国2020年5月28日第十三届全国人民代表大会第三次会议审议通过了《中华人民共和国民法典》，将《合同法》纳入了《中华人民共和国民法典》并对部分内容进行了修订，于2021年1月1日正式实施。本书中合同相关的法律法规依据《中华人民共和国民法典》的内容做相应的调整及修改。

本书第一版自出版以来，受到广大读者的欢迎。现结合教学中的经验与实践，以及读者反馈的意见，依据《中华人民共和国民法典》《中华人民共和国建筑法》《中华人民共和国招标投标法》《房屋建筑与装饰工程工程量计算规范》（GB 50584—2013）、《建设工程工程量清单计价规范》（GB 50500—2013），以及住建部新出版的施工、设计、监理合同示范文本和实际工程项目进行编写修订。

本书采用项目化教学模式编写，共分8个项目1个附录，包括建筑市场、合同管理法律基础、合同分类与管理、建设工程招标投标概述、施工项目招标投标及管理、建设工程施工合同、工程变更与索赔、工程合同优化管理，工程招标投标与合同管理案例。每个项目配有综合练习及案例分析。每个项目以案例为导读，帮助读者理解工程招标投标与合同管理的概念，通过案例分析培养学生分析问题、解决问题的能力。

本书提供有电子课件、能力训练题参考答案，可登录www.cipedu.com.cn免费获取。

本书第二版由深圳职业技术学院龚小兰主编，深圳职业技术学院康小勇、咸宁职业技术学院曾学礼副主编，信阳职业技术学院黄波参编。编写具体分工如下：项目1～项目5由龚小兰编写，项目6由康小勇、曾学礼编写，项目7由黄波、龚小兰编写，项目8由康小勇、龚小兰编写。全书由龚小兰统稿，喻圻亮、张立杰担任主审，主审对本书提出了建设性意见。

感谢化学工业出版社编辑对稿件认真仔细地审阅及提出的宝贵意见！

由于编者水平有限，不足之处在所难免，敬请读者批评指正。

编者

2021年10月

第一版前言

为适应高职高专工程管理类相关专业的教学改革需要，按照以能力为导向，培养高级应用型人才的方法和原则，我们编写了本书。

本书系统地介绍了工程招标投标与合同管理的基本理论，合同法律基础，合同法律制度，工程招标投标与评标，工程合同的内容、订立的条件、履行过程中的管理，合同索赔管理，FIDIC 施工合同条件等。本书以案例为导读，帮助读者理解工程招标投标与合同管理的概念。本书同时配有综合练习册（另册），单项选择题、多项选择题用于学生理解相关概念，工程案例重点培养学生分析问题、解决问题的能力。

本书提供有电子教案、综合练习册第十二章的参考答案、《中华人民共和国合同法》《中华人民共和国建筑法》《建设工程合同（示范文本）》、建筑业活动从业资格许可、招标投标表格以及与招标投标有关的法规文件的电子版，可发信到 cipedu@163. com 邮箱免费获取。

本书由龚小兰（深圳职业技术学院）主编，阎玮斌（山西阳泉职业技术学院）、曾学礼（咸宁职业技术学院）副主编，黄波（信阳职业技术学院）参编。编写具体分工如下：龚小兰编写第一～五、九、十、十二章，阎玮斌编写第六、七章，曾学礼编写第八章，黄波编写第十一章。全书由龚小兰整理和统稿。

深圳市斯维尔科技股份有限公司刘凯先生对本书提出宝贵意见，在此表示衷心的感谢。

由于编者水平有限，不足之处在所难免，敬请读者批评指正。

编者

2009 年 6 月

目录

项目1 建筑市场

教学目标

- 了解建筑市场的概念、发展及其变化
- 熟悉建设工程交易中心职能
- 了解建筑企业资质及其管理
- 了解建筑市场管理的相关的法律法规

思政目标

- 熟悉相关法律法规，诚实信用

1.1 建筑市场概念与分类

【案例 1-1】 BIM 招投标

2018 年 5 月 16 日，我国首个应用 BIM 技术的电子招投标项目“万宁市文化体育广场——体育广场项目”（图 1-1）体育馆、游泳馆项目在海南省人民政府政务服务中心顺利完成开评标工作。

图 1-1 万宁市文化体育广场

本次开标正是利用BIM技术的先进性，结合传统电子招投标方式，从总体评价、深化设计、施工模拟、成本管理、专项方案5个方面，9个内容（包括总体评价、模型碰撞、孔洞预留、施工进度模拟、重难点工艺动画展示、施工图预算与模拟关联、施工资金资源需求展示、场地布置方案、架体专项方案）提出评审标准和评审内容及量化标准，使评标专家从原本烦琐的文字评审中解脱出来，让评标专家能够一目了然地抓住投标企业技术方案的优缺点，能够更加合理地针对投标文件进行整体的评判。而该项目评标会的顺利完成，标志着工程招标投标领域正式进入三维模型时代，继传统纸质招投标到电子化招投标变革成功后又一次取得革命性的创新跨越发展，实现了从电子化招投标到可视化、智能化变革，并为后续的人工智能评标和大数据应用打下了良好的基础。

【问题】

1. 什么是建筑市场？

2. 什么是BIM招投标？

3. BIM技术对招投标的影响有哪些？

4. 建设工程交易中心有哪些职能？

5. 政府是如何管理建筑市场的？

【案例分析】

1. 见教材。

2. 目前市场上有3种形式：一是投标人基于招标人的要求，在编制投标文件时，在专项方案中增加BIM相关章节，以实施方案策划书的形式呈现。二是除了常规的标书文件外，投标人需要基于招标人给的图纸进行BIM建模，提交BIM模型源文件以及BIM深化设计、漫游等衍生物。三是在招投标文件中，招标人规定制作BIM标书。要求将评标过程的各项评审点，集成到BIM模型上，通过BIM模型来展示投标方案。总而言之，BIM招投标是以BIM模型为基础，集成进度信息、商务报价等信息，动态可视化呈现评标专家关注的评审点，提升标书评审质量和评审效率，帮助招标人选择最优中标人的招投标方法。

3. 对招标人：招标方或代理机构根据BIM模型可以编制准确的工程量清单，达到清单完整、快速算量、精确算量，有效地避免漏项和错算等情况，最大限度地减少施工阶段因工程量问题而引起的纠纷。另外设计招投标阶段的中标方案可以作为施工招投标的数据输入，打通了不同阶段的信息有效传递，实现了建筑全生命周期的应用。

对投标人：投标方在精确核算工程量之后，在确定投标策略和预留的利润值时，有了具体数据的支撑，摆脱了以前靠经验估算的风险。基于BIM可以将施工方案动漫化，模拟实际建筑过程，不仅可以对施工组织设计进行优化，而且可以直观地展示施工过程，让评标专家和非业内人士的建设单位相关负责人都能够对施工方案和施工过程一目了然，极大地提高了投标方的中标概率。

4、5. 见教材。

1.1.1 建筑市场概念

建筑市场是指“建筑产品和有关服务的交换关系的总和”，是以工程承发包交易活动为主要内容的市场。狭义的建筑市场指有形建设市场，有固定的交易场所。广义的建筑市场指有形建筑市场和无形建设市场，如与建设工程有关的技术、租赁、劳务等要素市场；为建设工程提供专业中介服务机构体系，包括各种建筑交易活动；还包括建筑商品的经济联系和经济关系。

由于建筑生产周期长，标的大，具有不同阶段的过程，决定了建筑市场交易贯穿于建筑生产的全过程。从建设工程的咨询、设计、施工的发包到竣工，承发包、分包方进行的各种交易（承包商生产、商品混凝土供应、构配件生产、建筑机械租赁等）活动都是在建筑市场中进行的。生产、交易交织在一起，使得建筑市场独具特点。

经过近年来的发展，建筑市场形成以发包方、承包方和中介咨询服务方组成的市场主体；以建筑产品和建筑生产过程为对象组成的市场客体；以招投标为主要交易形式的市场竞争机制；以资质管理为主要内容的市场监督管理体系。由于建筑市场引入了竞争机制，促进了资源优化配置，提高了生产效率，建筑业在我国社会主义市场经济体系中成为一个重要的生产消费市场。

1.1.2 建筑市场的主体和客体

市场主体是指在市场中从事交易活动的各方当事人，按照参与交易活动的目的不同可以分为买方、卖方和中介三类。市场客体是指一定量的可供交换的商品或服务，即主体权利义务所指向的对象，它可以是行为或财务。

1.1.2.1 建筑市场的主体

建筑市场的主体是指参与建筑市场交易活动的主要各方，即发包人、承包人、中介机构等。

（1）发包人　发包人是指拥有相应的建设资金，办妥项目建设的各种准建手续，以建成该项目达到其经营使用目的的政府部门、事业单位、企业单位和个人。不过，上述各类型的发包人，只有在其从事工程项目的建设全过程中才成为建筑市场的主体。在我国，发包人又通常称为业主或建设单位。在我国推行的项目法人责任制又称业主负责制，就是由发包人对其项目建设的全过程负责。

（2）承包人　承包人是指具有一定生产能力、技术装备、流动资金和承包工程建设任务的营业资格与资质，在建筑市场中能够按照发包人的要求，提供不同形态的建筑产品，并最终获得相应工程价款的建筑业企业。按其所从事的专业，承包人可分为土建、水电、道路、港湾、市政工程等专业公司。承包人是建筑市场主体中的主要成分，在其整个经营期间都是建筑市场的主体。国内外一般只对承包人进行从业资格管理。

（3）中介机构　中介机构是指具有一定注册资金和相应的专业服务能力，在建筑市场中受发包人或承包人的委托，对工程建设进行勘察设计、造价或管理咨询、建设监理及招标代理等高智能服务，并取得服务费用的咨询服务机构和其他建设专业的中介服务组织。国际上，工程中介机构一般称为咨询公司，在国内则包括勘察公司、设计院、工程监理公司、工程造价公司、招标代理机构和工程管理公司等。他们主要向建设项目发包人提供工程咨询和管理等智力型服务，以弥补发包人对工程建设业务不了解或不熟悉的不足。中介机构并不是工程承包的当事人，但受发包人聘用，与发包人签订有协议书或合同，从事工程咨询或监理等工作，因而在项目的实施中承担重要的责任。咨询任务可以贯穿于从项目立项到竣工验收乃至使用阶段的整个项目建设过程，也可只限于其中某个阶段，例如可行性研究咨询、施工图设计和施工监理等。

1.1.2.2 建筑市场的客体

建筑市场的客体是建筑市场的交易对象，即各种建筑产品，包括有形的建筑产品（如建筑物、构筑物）和无形的建筑产品（如咨询、监理等智力型服务）。在不同的生产交易阶段，建筑市场的客体，即建筑产品可以表现为不同的形态：可以是中介机构提供的咨询服务，可以是勘察单位的地质勘察报告、设计单位提供的设计图纸，可以是生产厂家提供的混凝土构配件，也可以是施工企业提供的建筑物和构筑物。

1.1.3 建筑市场的分类

（1）按交易对象分为：建筑商品市场、建筑业资金市场、建筑业劳务市场、建材市场、建筑业租赁市场、建筑业技术市场和咨询服务市场等。

（2）按市场投标业务类型范围分为：国际工程市场和国内工程市场、境内国际工程市场。

（3）按有无固定交易场所划分为：有形建筑市场和无形建筑市场。

（4）按固定资产投资主体不同分为：国家投资形成的建筑市场、事业单位自有资金投资形成的建筑市场、企业自筹资金投资形成的建筑市场、私人住房投资形成的市场和外商投资形成的建筑市场等。

（5）按建筑商品的性质分为：工业建筑市场、民用建筑市场、公用建筑市场、市政工程市场、道路桥梁市场、装饰装修市场、设备安装市场等。

1.1.4 建设工程交易中心

1.1.4.1 建设工程交易中心的概念

建设工程交易中心是一种有形建筑市场，依据国家法律法规成立，收集和发布建设工程信息，办理建设工程的有关手续，提供和获取政策法规及技术经济咨询服务（包括招投标活动）；依法自主经营、独立核算，不以营利为目的，可经批准收取一定的费用；具有法人资格的服务性经济实体。

按照有关规定，所有建设项目报建、发布招标信息、进行招投标活动，合同授予、申领施工许可证都需要在建设工程交易中心内进行，接受政府有关部门的监督。建设工程交易中心建立以来，由于实行集中办公、公开办事制度和程序以及一条龙的“窗口”服务，不仅有力地促进了工程招投标制度的推行，违法违规行为得到一定遏制，而且对于防止腐败、提高管理透明度也具有显著的成效。

1.1.4.2 建设工程交易中心的基本功能

由于众多建设项目要进入有形建筑市场进行报建、招投标交易和办理有关批准手续，这样就要求政府有关建设管理部门进驻工程交易中心集中办理有关审批手续和进行管理，建设行政主管部门的各职能机构进驻建设工程交易中心。交易中心的功能主要有集中办公功能、信息服务功能、场所服务功能。具体服务内容或场所见表 1-1。

表 1-1 交易中心三项功能的服务内容或场所

功能	内容或场所	功能	内容或场所	功能	内容或场所
集中办公	(1)工程报建 (2)招标方式确定 (3)招标监督 (4)合同登记 (5)安全报建 (6)颁发施工许可证 (7)其他	信息服务	(1)工程招标 (2)建材价格 (3)工程造价 (4)承包商资质审查 (5)专业人士资质审查 (6)其他	场所服务	(1)信息发布厅 (2)开标室 (3)洽谈室 (4)商务中心 (5)其他

1.1.4.3 建设工程交易中心运行的基本原则

为了保证建设工程交易中心的运行秩序和市场功能的发挥，必须坚持市场运行的一些基本原则，主要有：

（1）信息公开原则。

（2）依法管理原则。

（3）公平竞争原则。

（4）属地进入原则 按照相关规定，实行属地进入，在建设工程所在地的交易中心进行招投标活动，对于跨省、自治区、直辖市的铁路、公路、水利等工程，可在政府有关部门的监督下，通过公告由项目法人组织招标、投标。

（5）办事公正原则 要建立监督制约机制，公开办事规则和程序，制定完善的规章制度和工作人员守则。发现建设工程交易活动中的违法违规行为，应当向政府有关管理部门报告。

1.1.4.4 建设工程交易中心运作程序

按照有关规定，建设工程交易中心一般按下列程序运行：

（1）拟建工程立项后，到中心办理报建备案手续，报建内容包括：工程名称、建设地点、投资规模、工程规模、资金来源、当年投资额、工程筹建情况和开、竣工日期等。

（2）申请招标监督管理部门确认招标方式。

（3）履行建设项目的招投标程序。

（4）自中标通知书发出 30 日内，双方签订合同。

（5）进行质量、安全监督登记。

（6）缴纳工程前期费用。

（7）领取施工许可证。

1.2 建筑企业资质及其管理

1.2.1 施工企业资质应具备的条件

工程建设活动不同于一般的经济活动，从业单位所具备条件的高低，直接影响到建设工程质量和安全生产，施工企业资质单位必须符合相应的资质条件。

1.2.1.1 特级资质标准

（1）企业资信能力

① 企业注册资本金 3 亿元以上。

② 企业净资产 3.6 亿元以上。

③ 企业近三年上缴建筑业营业税均在 5000 万元以上。

④ 企业银行授信额度近三年均在 5 亿元以上。

（2）企业主要管理人员和专业技术人员要求

① 企业经理具有 10 年以上从事工程管理工作经历。

② 技术负责人具有 15 年以上从事工程技术管理工作经历，且具有工程序列高级职称及

一级注册建造师或注册工程师执业资格；主持完成过两项及以上施工总承包一级资质要求的代表工程的技术工作或甲级设计资质要求的代表工程或合同额2亿元以上的工程总承包项目。

③ 财务负责人具有高级会计师职称及注册会计师资格。

④ 企业具有注册一级建造师（一级项目经理）50人以上。

⑤ 企业具有本类别相关的行业工程设计甲级资质标准要求的专业技术人员。

（3）科技进步水平

① 企业具有省部级（或相当于省部级水平）及以上的企业技术中心。

② 企业近三年科技活动经费支出平均达到营业额的0.5%以上。

③ 企业具有国家级工法3项以上；近五年具有与工程建设相关的，能够推动企业技术进步的专利3项以上，累计有效专利8项以上，其中至少有一项发明专利。

④ 企业近十年获得过国家级科技进步奖项或主编过工程建设国家或行业标准。

⑤ 企业已建立内部局域网或管理信息平台，实现了内部办公、信息发布、数据交换的网络化；已建立并开通了企业外部网站；使用了综合项目管理信息系统和人事管理系统、工程设计相关软件，实现了档案管理和设计文档管理。

（4）代表工程业绩　近5年承担过下列5项工程总承包或施工总承包项目中的3项，工程质量合格。

① 高度100m以上的建筑物；

② 28层以上的房屋建筑工程；

③ 单体建筑面积5万平方米以上房屋建筑工程；

④ 钢筋混凝土结构单跨30m以上的建筑工程或钢结构单跨36m以上房屋建筑工程；

⑤ 单项建安合同额2亿元以上的房屋建筑工程。

1.2.1.2　一级资质标准

（1）企业资产　净资产1亿元以上。

（2）企业主要人员

① 建筑工程、机电工程专业一级注册建造师合计不少于12人，其中建筑工程专业一级注册建造师不少于9人。

② 技术负责人具有10年以上从事工程施工技术管理工作经历，且具有结构专业高级职称；建筑工程相关专业中级以上职称人员不少于30人，且结构、给排水、暖通、电气等专业齐全。

③ 持有岗位证书的施工现场管理人员不少于50人，且施工员、质量员、安全员、机械员、造价员、劳务员等人员齐全。

④ 经考核或培训合格的中级工以上技术工人不少于150人。

（3）自2016年11月1日起，企业工程业绩。近5年承担过下列4类中的2类工程的施工总承包或主体工程承包，工程质量合格。

① 地上25层以上的民用建筑工程1项或地上18～24层的民用建筑工程2项。

② 高度100m以上的构筑物工程1项或高度80～100m（不含）的构筑物工程2项。

③ 建筑面积3万平方米以上的单体工业、民用建筑工程1项或建筑面积2万～3万平方米（不含）的单体工业、民用建筑工程2项。

备注：自2016年11月1日起，修改为“建筑面积12万平方米以上的建筑工程1项或建筑面积10万平方米以上的建筑工程2项”。

④ 钢筋混凝土结构单跨 30m 以上（或钢结构单跨 36m 以上）的建筑工程 1 项或钢筋混凝土结构单跨 27～30m（不含）［或钢结构单跨 30～36m（不含）］的建筑工程 2 项。

1.2.1.3　二级资质标准

（1）企业资产　净资产 4000 万元以上。

（2）企业主要人员

① 建筑工程、机电工程专业注册建造师合计不少于 12 人，其中建筑工程专业注册建造师不少于 9 人。

② 技术负责人具有 8 年以上从事工程施工技术管理工作经历，且具有结构专业高级职称或建筑工程专业一级注册建造师执业资格；建筑工程相关专业中级以上职称人员不少于 15 人，且结构、给排水、暖通、电气等专业齐全。

③ 持有岗位证书的施工现场管理人员不少于 30 人，且施工员、质量员、安全员、机械员、造价员、劳务员等人员齐全。

④ 经考核或培训合格的中级工以上技术工人不少于 75 人。

（3）自 2016 年 11 月 1 日起，企业工程业绩。近 5 年承担过下列 4 类中的 2 类工程的施工总承包或主体工程承包，工程质量合格。

① 地上 12 层以上的民用建筑工程 1 项或地上 8～11 层的民用建筑工程 2 项。

② 高度 50m 以上的构筑物工程 1 项或高度 35～50m（不含）的构筑物工程 2 项。

③ 建筑面积 1 万平方米以上的单体工业、民用建筑工程 1 项或建筑面积 0.6 万～1 万平方米（不含）的单体工业、民用建筑工程 2 项。

备注：自 2016 年 11 月 1 日起，修改为“建筑面积 6 万平方米以上的建筑工程 1 项或建筑面积 5 万平方米以上的建筑工程 2 项”。

④ 钢筋混凝土结构单跨 21m 以上（或钢结构单跨 24m 以上）的建筑工程 1 项或钢筋混凝土结构单跨 18～21m（不含）［或钢结构单跨 21～24m（不含）］的建筑工程 2 项。

1.2.1.4　三级资质标准

（1）企业资产　净资产 800 万元以上。

（2）企业主要人员

① 建筑工程、机电工程专业注册建造师合计不少于 5 人，其中建筑工程专业注册建造师不少于 4 人。

② 技术负责人具有 5 年以上从事工程施工技术管理工作经历，且具有结构专业中级以上职称或建筑工程专业注册建造师执业资格；建筑工程相关专业中级以上职称人员不少于 6 人，且结构、给排水、电气等专业齐全。

③ 持有岗位证书的施工现场管理人员不少于 15 人，且施工员、质量员、安全员、机械员、造价员、劳务员等人员齐全。

④ 经考核或培训合格的中级工以上技术工人不少于 30 人。

⑤ 技术负责人（或注册建造师）主持完成过本类别资质二级以上标准要求的工程业绩不少于 2 项。

1.2.2　承包工程范围

1.2.2.1　特级企业

（1）取得施工总承包特级资质的企业可承担本类别各等级工程施工总承包、设计及开展工程总承包和项目管理业务。

（2）取得房屋建筑、公路、铁路、市政公用、港口与航道、水利水电等专业中任意1项施工总承包特级资质和其中2项施工总承包一级资质，即可承接上述各专业工程的施工总承包、工程总承包和项目管理业务，及开展相应设计主导专业人员齐备的施工图设计业务。

（3）取得房屋建筑、矿山、冶炼、石油化工、电力等专业中任意1项施工总承包特级资质和其中2项施工总承包一级资质，即可承接上述各专业工程的施工总承包、工程总承包和项目管理业务，及开展相应设计主导专业人员齐备的施工图设计业务。

（4）特级资质的企业，限承担施工单项合同额6000万元以上的房屋建筑工程。

1.2.2.2 一级资质

可承担单项合同额3000万元以上的下列建筑工程的施工：

（1）高度200m以下的工业、民用建筑工程；

（2）高度240m以下的构筑物工程。

1.2.2.3 二级资质

可承担下列建筑工程的施工：

（1）高度100m以下的工业、民用建筑工程；

（2）高度120m以下的构筑物工程；

（3）建筑面积4万平方米以下的单体工业、民用建筑工程；

备注：自2016年11月1日起，修改为“建筑面积15万平方米以下的建筑工程”。

（4）单跨跨度39m以下的建筑工程。

1.2.2.4 三级资质

可承担下列建筑工程的施工：

（1）高度50m以下的工业、民用建筑工程；

（2）高度70m以下的构筑物工程；

（3）建筑面积1.2万平方米以下的单体工业、民用建筑工程。

安全服务资质管理已成为信息安全管理的重要基础性工作。

建筑业企业应当按照其拥有的注册资本、净资产、专业技术人员、技术装备和已完成的建筑工程业绩等资质条件申请资质，经审查合格，取得相应等级的资质证书后，方可在其资质等级许可的范围内从事建筑活动。

1.3 建设工程相关的法律与法规

由于工程建设涉及面广，内容复杂，因此它所涉及的法律法规也错综复杂——既有程序法，也有实体法；既有经济方面的，也有行政管理方面的。这里主要介绍经济法基本知识及工程建设过程中所涉及的其他相关法律规定。

1.3.1 法的基础知识

（1）法的概念　法是由国家制定或认可，体现统治阶级意志和社会公正价值目标，并由国家政权强制力保证实施的社会规范的总和。法属于社会上层建筑范畴。

（2）法律体系的基本框架　法律体系通常是指由一个国家现行的各个部门法构成的有机联系的统一整体。根据所调整的社会关系性质不同，可以划分为不同的部门法。

（3）法的形式和效力层级　法的形式是指法律的创制方式和外部表现形式。在世界历史上存在过的法律形式主要有：习惯法、判例、规范性法律文件、国际惯例、国际条约等。我国法的形式是制定法形式，即规范性法律文件，具体包括宪法、法律、行政法规、地方性法规、自治条例和单行条例等几类。法的效力层级，指的是法律体系中的各种法的形式，由于制定的主体、程序、时间、适用范围等的不同，具有不同的效力，形成不同的效力等级体系。我国法的效力层级是：宪法至上，上位法优于下位法，特别法优于一般法，新法优于旧法等。

1.3.2 《中华人民共和国民法典》

《中华人民共和国民法典》被称为“社会生活的百科全书”，是新中国第一部以法典命名的法律，在法律体系中居于基础性地位，也是市场经济的基本法。

《中华人民共和国民法典》共7编、1260条，各编依次为总则、物权、合同、人格权、婚姻家庭、继承、侵权责任，以及附则。通篇贯穿以人民为中心的发展思想，着眼满足人民对美好生活的需要，对公民的人身权、财产权、人格权等作出明确翔实的规定，并规定侵权责任，明确权利受到削弱、减损、侵害时的请求权和救济权等，体现了对人民权利的充分保障，被誉为“新时代人民权利的宣言书”。

2020年5月28日，十三届全国人大三次会议表决通过了《中华人民共和国民法典》，自2021年1月1日起施行。婚姻法、继承法、民法通则、收养法、担保法、合同法、物权法、侵权责任法、民法总则同时废止。

1.3.3 《中华人民共和国建筑法》

（1）建筑法　建筑法是建筑业的基本法律，其制定的主要目的在于：强化建筑市场信用体系建设，增加建筑工程规划与设计阶段和工程使用评估的法律规制，覆盖工程活动全过程，加强对建筑业活动的监督管理，维护建筑市场秩序，保障建筑工程的质量和安全，促进建筑业健康发展等。

国家扶持建筑业的发展，支持建筑科学技术研究，提高房屋建筑设计水平，鼓励节约能源和保护环境，提倡采用先进技术、先进设备、先进工艺、新型建筑材料和现代管理方式。从事建筑活动应当遵守法律、法规，不得损害社会公共利益和他人的合法权益，任何单位和个人都不得妨碍和阻挠依法进行的建筑活动。

（2）建筑违法行为的认定　一般来说，凡建设单位或个人在建设过程中违反法律、法规的各种建设活动，都称为违法建设。认定标准：违反《城乡规划法》《土地管理法》《城市市容和环境卫生管理条例》等法律、法规、规章规定的建筑物、构筑物及其他设施。

1.3.4 《中华人民共和国招标投标法》

《中华人民共和国招标投标法》（简称《招标投标法》）包括招标、投标、开标、评标和中标等内容，其制定目的在于规范招标投标活动，保护国家利益、社会公共利益和招标投标活动当事人的合法权益，提高经济效益及保证工程项目质量等。

1.3.5 《中华人民共和国公证法》

公证法是国家公证机关根据当事人的申请，依法证明其法律行为，有法律意义的文书和事实的真实性、合法性，以保护公共财产，保护公民的身份上、财产上的权利和合法利益。

1.3.6 《建筑工程施工发包与承包违法行为认定查处管理办法》

为规范建筑工程施工发包与承包活动中违法行为的认定、查处和管理，保证工程质量和施工安全，有效遏制发包与承包活动中的违法行为，维护建筑市场秩序和建筑工程主要参与方的合法权益，根据《中华人民共和国建筑法》《中华人民共和国招标投标法》《建设工程质量管理条例》《建设工程安全生产管理条例》《中华人民共和国招标投标法实施条例》等法律法规，以及《全国人大法工委关于对建筑施工企业母公司承接工程后交由子公司实施是否属于转包以及行政处罚两年追诉期认定法律适用问题的意见》（法工办发〔2017〕223 号），结合建筑活动实践，制定本办法。

一、单选题

1. 下列关于施工企业从业资格制度的说法错误的是（　　）。

A. 建筑企业应按其拥有的资产、主要人员、技术装备和已完工程业绩等条件申请资质

B. 申请三级企业资质不要求已完成的工程业绩

C. 施工劳务资质不分类别和等级

D. 增项申请建筑业企业资质的，按已有的工程业绩核定

2. 按照《建筑业企业资质管理规定》，下列关于施工企业资质类别的说法中，正确的是（　　）。

A. 施工总承包资质设有 10 个类别　　B. 专业承包资质设有 30 个资质类别

C. 劳务分包资质设有 13 个类别　　D. 施工劳务资质不分类别和等级

3. 企业首次申请或增项申请资质的，按照（　　）核定。

A. 其注册资本、主要人员、技术装备等条件　　B. 最低资质等级

C. 能力评估结果　　D. 承包工程的业绩

4. 企业申请延续资质证书，应在资质证书有效期届满（　　）前向发证机关提出申请。

A. 6 个月　　B. 3 个月　　C. 1 个月　　D. 15 天

5. 按照《建筑业企业资质管理规定》，建筑业企业资质证书有效期满未申请延续或建筑业企业被依法终止的，其资质证书将被（　　）。

A. 撤回　　B. 撤销　　C. 注销　　D. 吊销

6. 关于无资质承揽工程的法律规定，下列说法中正确的是（　　）。

A. 无资质承包主体签订的专业分包合同或劳务分包合同都是无效合同

B. 当作为无资质的“实际施工人”的利益受到损害时，不能向合同相对方主张权利

C. 当无资质的“实际施工人”以合同相对方为被告起诉时，法院不应受理

D. 无资质的“实际施工人”不能向发包人主张权利

7. 某工程由甲公司承包，施工现场检查发现，工程项目管理部的项目经理、技术负责

人、质量管理员和安全管理员都不是甲公司的职工，而是丙公司的职工。甲公司的行为视同（　　）。

A. 用其他建筑企业的名义承揽工程　　B. 允许他人以本企业名义承揽工程

C. 与他人联合承揽工程　　D. 违法分包

8. 包工头王某挂靠在具有二级资质的某建筑公司下承包了一栋住宅楼工程，因工程质量不符合质量标准而给业主造成了较大的经济损失，此经济损失应由（　　）承担赔偿责任。

A. 王某　　B. 建筑公司

C. 建筑公司和王某连带　　D. 双方按事先的约定

9. 企业名称、地址、注册资金、法定代表人等发生变更的，应当在工商部门办理变更手续后的（　　）天内办理资质证书变更手续。

A. 15　　B. 30　　C. 45　　D. 60

10. 无资质承包主体签订的分包合同都是无效合同，但当实际施工人的利益受到侵害时，可以向发包人主张权利，此情况下发包人承担责任的范围是（　　）。

A. 欠付工程款　　B. 实际施工人的损失

C. 实际施工人主张的权利　　D. 实际施工人违法承担匹程的罚金

11. 市场经济主要是依据（　　）规范当事人的交易行为。

A. 行政手段　　B. 合同　　C. 诚信　　D. 道德

12. 根据《建筑法》的规定，建筑工程开工前，（　　）应当按照国家有关规定向工程所在地县级以上人民政府建设行政主管部门申请领取施工许可证。

A. 施工单位　　B. 建设单位　　C. 承包单位　　D. 勘察单位

13. 建设工程实行施工许可制度，主要是为了（　　）。

A. 控制在建工程的数量和规模　　B. 杜绝违章建筑

C. 确保施工现场具备法定的施工条件　　D. 确保工程项目符合法定的开工条件

14. 根据《建筑法》的规定，申请领取施工许可证不必具备的条件是（　　）。

A. 在城市规划区的建筑工程，已经取得规划许可证

B. 已经确定建筑施工企业

C. 建设资金已经落实

D. 拆迁工作已经全部完成

15. 承包建筑工程的单位在承揽工程时应遵守（　　）的规定。

A. 承包建筑工程的单位应当持有依法取得的资质证书，并在其资质等级许可的业务范围内承揽工程

B. 建筑施工企业可以超越本企业资质等级许可的业务范围或者以任何形式用其他建筑施工企业的名义承揽工程

C. 建筑施工企业可允许其他单位或者个人使用本企业的资质证书、营业执照，以本企业的名义承揽工程

D. 建筑企业可以借用其他建筑施工企业的名义承揽工程

16. 2020 年 2 月 1 日，某建设单位领取了施工许可证，由于某种原因工程不能按期开工，根据我国建筑法的规定，申请延期应在（　　）前进行。

A. 2020 年 3 月 1 日　　B. 2020 年 4 月 1 日

C. 2020 年 5 月 1 日　　D. 2020 年 6 月 7 日

17. 需要办理施工许可证，建设行政主管部门应在收到建设单位申请之日起（　　）日

内，对符合条件的申请建设单位颁发施工许可证。

A. 7　　B. 15　　C. 21　　D. 30

18. 下列工程项目开工前需要申领施工许可证的是（　　）。

A. 农民自建的低层住宅　　B. 抢险救灾工程

C. 建筑面积500平方米的建筑工程　　D. 工程投资额28万元的建筑工程

19. 对采用虚假证明文件骗取施工许可证的发证机关，（　　）。

A. 责令停止施工，对建设单位和施工单位分别处以罚款

B. 撤销施工许可证，责令停止施工，对建设单位处以罚款

C. 追究责任者刑事责任，没收非法所得

D. 对不符合开工条件责令停止施工，合同价款2%以下的罚款

二、多选题

1. 我国建筑业企业资质分为（　　）三个序列。

A. 工程总承包资质　　B. 施工总承包资质　　C. 专业承包资质

D. 劳务分包资质　　E. 施工劳务资质

2. 企业资质等级，取决于其（　　）所达到的条件。

A. 资产　　B. 主要人员　　C. 已完工程业绩

D. 在建工程性质和技术特点　　E. 技术装备

3. 依照《建筑业企业资质管理规定》，下列关于企业资质申请的说法中，正确的有（　　）。

A. 建筑企业可以申请一项或多项建筑业企业资质

B. 以贿赂手段取得资质证书的，经查处3年内不得申请资质

C. 首次申请、增项申请建筑业企业资质的，应当申请最低等级资质

D. 企业以虚假材料申请资质的，给予警告，1年内不得再次申请资质

E. 外资企业申请建筑企业资质的，统一由国务院建设行政主管部门审批

4. 下列关于企业资质变更的说法中，正确的有（　　）。

A. 企业合并的，可承继合并前各方中较高的资质等级

B. 企业分立的，应当重新核定资质等级

C. 企业名称、注册资本、法人代表变更，应在注册变更后的1个月内办理资质证书变更手续

D. 企业资质证书的变更，由国务院建设部门负责办理

E. 企业资质证书的变更，由企业工商注册所在地的建设主管部门负责办理

5. 企业不再符合相应资质条件的，将被责令限期整改并向社会公告。对此，下列有关规定的说法正确的有（　　）。

A. 整改期限最长不超过3个月

B. 整改期间不得申请资质升级、增项

C. 整改期间不得承揽新的工程

D. 整改逾期仍未达到资质标准条件的，资质证书将被撤回

E. 企业在资质证书被撤回后的三个月内，可申请核定原等级同类资质

6. 按照建筑法，从事建筑活动的建筑企业。应当具备下列（　　）条件。

A. 有符合国家规定的注册资本

B. 有适度规模的从业人员

C. 由于所从事建筑活动相适应的具有法定资格的专业技术人员

D. 有从事相关建筑活动应有的技术装备

E. 法律行政法规规定的其他条件

7. 我国建筑业企业资质分为三个系列（ ）。

A. 工程总承包资质　　B. 施工总承包资质

C. 专业承包资质　　D. 劳务分包资质　　E. 施工劳务资质

8. 企业的资质等级取决于其（ ）所达到的条件。

A. 资产　　B. 主要人员　　C. 已完工程业绩

D. 在建筑工程性质和技术特点　　E. 技术装备

9. 以下工程不需要申请领取施工许可证的有（ ）。

A. 按照国务院规定的权限和程序，批准开工报告的工程

B. 某商场的地下车库改造工程，投资额为50万人民币

C. 建筑面积500平方米的临时性房屋建筑

D. 某配电房工程，建筑面积为200平方米

E. 因地震而破坏的公路大桥抢修工程

10. 下列关于施工许可制度的有关说法中正确的有（ ）。

A. 实行开工报告批准制度的工程，必须符合建设行政部门的规定

B. 建设单位领取施工许可证后，又不开工又不申请延期或延期，超过时限的施工许可证自行废止

C. 建设工程因故中止施工满一年的，恢复施工前应报发证机关，核验施工许可证

D. 批准开工报告的工程，因故不能按期开工满6个月的，重新办理开工报告审批手续

E. 实行开工报告批准制度的工程，因故未能在6个月内开工，应另办理施工许可证

三、简答题

1. 建筑市场的主体与资质是如何管理的？

2. 简述建设工程交易中心交易原则。

3. 简述BIM在招投标中的应用。

项目2 合同管理法律基础

教学目标

- 熟悉合同法律关系的主体、客体、内容
- 理解合同法律关系产生、变更与消灭的条件
- 了解合同法律的代理关系、种类
- 了解合同担保的概念、方式
- 了解建筑安装工程一切险
- 了解合同的公证与鉴证概念与不同点

思政目标

- 熟悉《民法典》，在合同管理中遵纪守法

【案例 2-1】 2020 年 2 月，李某与某有限责任公司签订了一份合同，李某将位于中心区的三居室房屋一套租给该公司，租期 1 年，租金每月 6000 元，于每月 5 日前给付；该公司于合同成立之日交付两个月房租共计 12000 元给李某作为租房押金，租赁期满退还押金本金。2020 年 10 月，该公司拒付房租，理由是已交付的押金正好可以抵付最后两个月的房租。

【问题】

1. 什么是合同法律关系？什么是合同法律关系的主体、客体？本案例合同法律关系的主体、客体是什么？

2. 什么是合同法律关系的内容？本案例合同法律关系的内容是什么？

3. 合同法律关系的产生、变更与消灭应具备哪些条件？

4. 李某可否委托中介进行房屋出租代理？

5. 该合同是否需要公证？

【案例分析】

1. 见教材。

2. 本案例涉及的是一份房屋租赁合同纠纷，合同当事人为自然人李某和法人某有限责任公司。合同依法成立即对当事人产生法律约束力，当事人应当按照合同约定严格履行自己的义务。本案中某有限责任公司拒付租金的行为违反了合同约定，其理由不能成立。

3. 见教材。

4. 李某也可委托中介进行房屋代理业务。

5. 其合同也可申请公证。因金额较小，一般不申请。

2.1 合同法律关系

2.1.1 合同法律关系的概念

法律关系是指人与人之间的社会关系为法律规范调整时所形成的权利和义务关系，即法律上的社会关系。合同法律关系又称为合同关系，指当事人相互之间在合同中形成的权利和义务关系。合同法律关系由主体、内容和客体三个基本要素构成。

2.1.2 合同法律关系主体

合同法律关系的主体又称合同当事人，是指在合同关系中享有权利或者承担义务的人，包括债权人和债务人。在合同关系中，债权人有权要求债务人根据法律规定和合同的约定履行义务，而债务人则负有实施一定行为的义务。

在实际工作中，债权人和债务人的地位往往是相对的，因为大多数合同都是双务合同，当事人双方互相享有权利、承担义务，因此，双方互为债权人和债务人。

合同法律关系的主体的种类如下。

2.1.2.1 自然人

自然人是指基于出生而成为民事法律关系主体的有生命的人。自然人作为合同法律关系的主体应当具有相应的民事权利能力和民事行为能力。

(1) 民事权利能力　指民事主体参加具体的民事法律关系，享有具体的民事权利，承担具体的民事义务的前提条件。自然人的权利能力始于出生，终于死亡，是国家法律直接赋予的。

(2) 民事行为能力　指民事主体以自己的行为参与民事法律关系，从而取得享受民事权利和承担民事义务的资格。

2.1.2.2 法人

法人是相对于自然人的另一种民事主体，即具有民事权利能力和民事行为能力，依法独立享有民事权利、承担民事义务的组织。

根据我国民法典的规定，社会组织要取得法人资格即成为具有民事权利能力和民事行为能力的民事主体，必须同时具备以下条件。

(1) 是依法成立的社会组织　法人是一种社会组织。社会组织取得法人资格即可参加各种民事活动，其财产和利益即受到法律保护。

(2) 有必要的独立财产　法人的独立财产是指法人能够根据自己的意志在法定范围内独立进行占有、使用、收益和处分的财产。

(3) 有自己的名称、组织机构和场所　法人作为社会组织，其存在应具备一定条件。

名称、组织机构和活动场所，就是法人组织赖以表现和存在的基本条件。法人组织的名称应当能够表现其活动的对象及隶属关系。对于经过注册登记的名称，法人组织享有专用权。

（4）能够独立承担民事责任　法人是独立的实体，不仅具有独立的财产，而且能够以自己的财产对自己的行为独立承担民事责任。

（5）法人在建设工程中的地位与作用　在建设工程中，大多数建设活动主体都是法人。施工单位、勘察设计单位、监理单位通常是有法人资格的组织。建设单位一般应具有法人资格。但有时候，建设单位也可能是没有法人资格的其他组织。法人在建设工程中的地位，表现在其具有民事权利能力和民事行为能力。

法人制度有利于企业或者事业单位根据市场要求，打破地区、部门和所有制的界限，发展多种形式的横向经济联合，在平等、自愿、互利的基础上建立起新的经济实体。确认企业法人可以促进企业加强经济核算，科学管理，增强企业在市场竞争和工程建设顺利实施创造更好的条件。

（6）企业法人与项目经理的关系　企业法人的法定代表人，其职务行为可以代表企业法人。由于施工企业同时会有数个、数十个甚至更多的建设工程施工项目在组织实施，导致企业法定代表人不可能成为所施工项目的直接负责人。因此，在每个施工项目上必须有一个经企业法人授权的项目经理。施工企业的项目经理，是受企业法人的委派，对建设工程施工项目全面负责的项目管理者，是一种施工企业内部的岗位职务。

由于项目经理不具备独立的法人资格，无法独立承担民事责任。所以，项目经理行为的法律后果将由企业法人承担。例如：项目经理没有按照合同约定完成施工任务，则应由施工企业承担违约责任；项目经理签字的材料款，如果不按时支付，材料供应商应当以施工企业被告提起诉讼。

2.1.2.3 其他组织

其他组织是指依法成立，但不具备法人资格，而能以自己的名义参与民事活动的经济实体或法人的分支机构等社会组织。法人以外的其他组织可以成为法律关系主体，这些组织主要包括法人的分支机构，不具备法人资格的联营体、合伙企业以及个人独资企业等。

以上组织应当是合法成立、有一定的组织机构和财产，却又不具备法人资格的组织。与法人相比，其特性在于民事责任的承担较为复杂。

【案例 2-2】 地处 A 市的某设计院承担了坐落在 B 市的某项“设计—采购—施工”承包任务。该设计院将工程的施工任务分包给 B 市的某施工单位。设计院在施工现场派驻了包括甲在内的项目管理班子，施工单位则以乙为项目经理组成了项目经理部。施工任务完成后，施工单位、甲既不是合同中约定的设计院的授权负责人，也没有设计院的授权委托书。但合同中，设定的授权负责人基本没有去过该项目现场。事实上，该项目一直由甲实际负责，且有设计院曾经认可甲签字付款的情形。

【问题】 设计院是否应当承担付款责任，为什么？

【案例分析】 设计院应当承担付款责任。因为，由于设计院方面的管理原因，让施工单位认为甲具有签字付款的权利，致使本案付款纠纷出现。民法典第 61 条规定：“执行法人或者非法人组织工作任务的人员，就其职权范围内的事项，以法人或者非法人组织的名义实施民事法律行为，对法人或者非法人组织发生效力。”由于种种原因，我国目前经常存在着名义上的项目负责人经常不在现场的情况。本案的真实背景是设计院认为甲被施工单位买通而拒绝付款。本案对施工单位的教训是：施工单位需要让发包或总包单位签字时，一定要找其授权人；如果发包或总包单位变更授权人的，应当要求发包单位完成变更的手续。

2.1.3 合同法律关系客体的概念

合同法律关系客体是参加合同法律关系的主体的权利和义务所共同指向的对象。在法律关系中，主体之间的权利义务之争总是围绕着一定的对象所展开的，没有一定的对象，也就没有权利义务之分，当然也就不会存在法律关系了。合同法律关系客体包括行为、财、物和智力成果四种。

（1）行为　在这里是指人们在主观意志支配下所实施的具体活动，包括作为和不作为。如义务人向权利人支付一定的货币，交付一定的物，完成一定的工作，提供一定的劳务等，还包括权利人对其所有物的支配行为。

（2）财　一般是指货币资金，也包括有价证券，它是生产和流通过程中停留在货币形态上的那部分资金，如借款合同的信贷资金。

（3）物　指可为人们控制，具有使用价值和价值的生产资料和消费资料。我们所说的物即是合同中的标的，其种类和范围均由法律加以规定。

（4）智力成果　又称非物质财富，是指脑力劳动的成果。如专利权、商标权和著作权等。

2.1.4 合同法律关系内容

合同法律关系的内容，即合同一般条款所规范的主体的权利和义务。作为连接主体的纽带，它就是合同的具体要求，并且决定了合同法律关系的性质。

（1）权利　权利是指权利主体依据法律规定和约定，有权按照自己的意志作出某种行为，同时要求义务主体作出某种行为或者不得作出某种行为，以实现其合法权益。当权利受到侵犯时，法律将予以保护。

权利受到国家保护，如果一个人的权利因他人干涉而无法实现或受到了他人的侵害时，可以请求国家协助实现其权利或保护其权利。另外，权利是有行为界限的，超出法律规定，非分的或过分的要求就是不合法的或不被视为合法的权利。权利主体不能以实现自己的权利为目的而侵犯他人的合法权利或侵犯国家和集体的利益。

（2）义务　义务是指义务主体依据法律规定和权利主体的合法要求，必须作出某种行为或不得作出某种行为，以保证权利主体实现其权益，否则要承担法律责任。

义务人履行义务是权利人享有权利的保障，因此，法律规范都针对保障权利人的权利规定了法律义务。尤其是强制性规范，更是侧重了对义务的规定。另外法律义务对义务人来说是必须履行的，如果不履行，国家要依法强制执行，因不履行造成后果的，还要追究其法律责任。

2.1.5 合同法律关系的产生、变更与终止

2.1.5.1 法律事实

合同法律关系并不是由合同法律规范本身产生的，合同法律关系只有在一定的条件下才能产生。合同法律关系的产生、变更与终止是由一定的客观情况引起的。由合同法律规范确

认并能够引起合同法律关系产生、变更与终止的客观情况即是法律事实。

（1）合同法律关系的产生　指由于一定的客观情况的存在，合同法律关系主体之间形成一定的权利义务关系，如业主与承包商协商一致，签订了建设工程合同，就产生了合同法律关系。

（2）合同法律关系的变更　指已经形成的合同法律关系，由于一定的客观情况的出现而引起合同法律关系的主体、客体、内容的变化。合同法律关系的变更要受到法律的严格限制，并要严格依照法定程序进行。

（3）合同法律关系的终止　指合同法律主体之间的权利义务关系不复存在。合同法律关系的消灭可以是在主体履行了义务，实现了权利后而消灭；可以是双方协商一致后解除而消灭；也可以是发生了不可抗力而消灭；还可以是主体的消亡、停业、转产、破产、严重违约等原因而造成终止。

2.1.5.2　法律事实的分类

总的来说，法律规范规定的法律事实可以分为事件和行为两大类。

（1）事件　指不以合同法律关系主体的主观意志为转移，能够引起合同法律关系产生、变更与消灭的一种客观事实。事件可分为自然事件、社会事件和意外事件。

① 自然事件。指由于自然现象所引起的客观事实。如地震、水灾、台风、虫灾等破坏性自然现象。

② 社会事件。指由于社会上发生了不以个人意志为转移的，难以预料的重大事变所形成的客观事实。如战争、暴乱、政府禁令、动乱、罢工等。

③ 意外事件指突发的，难以预料的客观事实。如爆炸、触礁、失火等。

（2）行为　指合同法律关系主体有意识的活动，它是以人们的意志为转移的法律事实。行为可分为合法行为与违法行为。

① 合法行为。指符合国家法律、法规的行为。合同法律关系的产生、变更与消灭都是由合法行为引起的。合法行为又可分为民事法律行为、司法行为、立法行为和行政行为。

② 违法行为。指行为人违反法律规定，作出侵犯国家或其他法律关系主体的权利的行为，如胁迫或欺诈订立的合同。违法行为不能产生行为人所期待的法律后果，而引起的法律责任要受到追究。

2.1.6　合同法律关系的保护

经济法律关系的保护，是指依照经济法律法规的有关规定，采取一定的措施，保证经济法律关系全面实行的行为。经济法律关系的保护是通过经济立法和司法活动确定的经济权利和义务的具体内容，来实现经济权利和义务的，但是当义务主体不履行经济义务和违反经济法规时，经济法规对经济法律关系的保护，就表现为对正常的经济法律关系的破坏行为依法追究法律责任。法律责任，通常有经济制裁、行政制裁、刑事制裁几种形式。

（1）经济制裁　经济制裁包括下列几种方法。

① 赔偿损失，这是只有过错的一方用自己的资产来弥补给对方造成的经济损失，并以此来消除其破坏经济法律关系，造成的伤害结果目的在于对经济违法、违约行为进行制裁，对受害人的损失进行赔偿。

② 支付违约金，这是指按照当事人的约定或者法律规定的一方当事人不履行或未完全

履行合同，而支付给对方一定数量的货币或其他财物，由法律直接规定的违约金，称为法定违约金。不能约定的称为约定违约金，约定违约金优先于法定违约金。

违约金低于造成的损失的，当事人可以请求法院或仲裁机构予以增加，约定的违约金高于造成损失的，当事人可以请求法院或仲裁机构予以适当减少。

③ 罚款，这是指国家经济管理机关在法定职权范围内，对违反经济法律法规的经济组织或个人依法强制交付一定数量货币的财物的处罚形式，如税务机关要求纳税的滞纳金等。

④ 强制收购，这是指对违反国家法律和政策的行为，情节较轻，由国家行政管理机关，依照国家指导价或协商价对交易的标的强制收购，必要时也可以降价收购以示制裁。

⑤ 没收财产，这是指对违法行为的人的财物实行强制无偿，收归国有的一种经济制裁方式，这一制裁方式，既可作为刑法的一种附加刑，也可作为一种单独的处罚方式。

（2）行政制裁　行政制裁是由有关管理机关，对违反经济法律法规的单位和个人，依法采取的行政制裁措施，对其企业和经济组织可采取警告，限期停业整顿，吊销营业执照，责令关闭等方法，对有关个人可采取警告、记过、降级降职、留用观看、开除等处分方法。

（3）刑事制裁　刑事制裁是指对违反经济法律法规，造成严重后果，已触犯国家形式的经济犯罪分子，依法给予的刑事处罚措施。

上述制裁既可同时处罚，也可分别实施，对违反经济法律法规的行为，实施制裁的根本目的在于维护经济法律关系秩序，保护经济法律关系当事人的合法权益。

2.2　代理关系

在建设工程活动中，通过委托代理实施民事法律行为的情形较为常见。因此，了解和熟悉有关代理的基本法律知识十分必要。

2.2.1　代理的概念及法律特征

（1）代理的概念　代理，是指代理人以被代理人的名义，并在其授权范围内向第三人作出意思表示，所产生的权利和义务直接由被代理人享有和承担的法律行为。建设工程活动中涉及的代理行为比较多，如工程招标代理、材料设备采购代理以及诉讼代理等。

（2）代理的法律特征

① 代理是代理人在代理权限范围内为被代理人从事的民事法律行为。在民法上所谓代理，并非一切事物都可以代理，可代理的只有民事法律行为。但也不是一切民事法律行为都可以由代理人代理，有些民事法律行为由于法律的规定或行为的性质不适于代理的，也不能由代理人代理。代理人也不得擅自变更或扩大代理权限。代理人超越代理权限的行为不属于代理行为，被代理人对此不承担责任。

② 代理行为是代理人以被代理人的名义实施的民事法律行为。代理人的任务就是替被代理人进行民事、经济法律行为。代理人只有以被代理人的名义进行代理活动，才能为被代理人设定权利和义务，代理行为所产生的后果，才能归属于被代理人。如果代理人不是以被代理人的名义而是以自己的名义替他人从事某种法律行为，则不属于代理行为，而是自己的行为，应该由自己来承担这种行为所设定的权利和义务。

③ 代理人在被代理人的授权范围内独立地表现自己的意志。当代理人以被代理人的名义在其授权范围内进行法律活动时，要反映被代理人的意志，即委托人的授权内容。代理人

不能用自己的意志替代授权的内容，而其代理行为是把授权的内容，通过自己的思考和决策而作出独立的、发挥主观能动性的意思表示。它具体表现为代理人有权自行决定如何向第三人作出意思表示，或者是否接受第三人的意思表示。

④ 被代理人对代理行为承担民事责任。代理人的代理行为所产生的法律后果直接归属于被代理人。在代理关系中，代理人独立地进行民事、经济法律行为，但由于民事、经济法律行为所发生的权利义务是直接归属于被代理人的，也就是代理人与被代理人之间，不经过权利义务转移的过程，与被代理人自己的法律行为一样，由被代理人直接取得权利和承担义务，其中也包括代理人在执行代理活动中所造成的损失责任。

2.2.2 代理的种类

代理包括委托代理和法定代理。

（1）委托代理　委托代理按照被代理人的委托行使代理权。因委托代理中，被代理人是以意思表示的方法将代理权授予代理人的，故又称“意定代理”或“任意代理”。

委托代理授权采用书面形式的，授权委托书应当载明代理人的姓名或者名称、代理事项、权限和期间，并由被代理人签名或者盖章。数人为同一代理事项的代理人的，应当共同行使代理权，但是当事人另有约定的除外。代理人知道或者应当知道代理事项违法仍然实施代理行为，或者被代理人知道或者应当知道代理人的代理行为违法未作反对表示的，被代理人和代理人应当承担连带责任。

（2）法定代理　法定代理是指根据法律的规定而发生的代理。

2.2.3 建设工程代理行为及其法律关系

建设工程活动中涉及的代理行为比较多，如工程招标代理、材料设备采购代理以及诉讼代理等。

2.2.3.1 建设工程代理行为的设立

建设工程活动不同于一般的经济活动，其代理行为不仅要依法实施，有些还要受到法律的限制。

（1）不得委托代理的建设工程活动　《民法典》规定，依照法律规定、当事人约定或者民事法律行为的性质，应当由本人亲自实施的民事法律行为，不得代理。

建设工程的承包活动不得委托代理。《建筑法》规定，禁止承包单位将其承包的全部建筑工程转包给他人，禁止承包单位将其承包的全部建筑工程支解以后以分包的名义分别转包给他人。施工总承包的，建筑工程主体结构的施工必须由总承包单位自行完成。

（2）民事法律行为的委托代理　建设工程代理行为多为民事法律行为的委托代理。民事法律行为的委托代用书面形式，也可以用口头形式。但是，法律规定用书面形式的，应当用书面形式。书面委托代理的授权委托书应当载明代理人的姓名或者名称、代理事项、权限和期间，并由委托人签名或者盖章。委托书授权不明的，被代理人应当向第三人承事责任，代理人负连带责任。

2.2.3.2 建设工程代理行为的终止

《民法典》规定，有下列情形之一的，委托代理终止：①代理期间届满或者代理事务完成；②被代理人取消委托或者代理人辞去委托；③代理人丧失民事行为能力；④代理人或者被代理人死亡；⑤作为被代理人或者代理人的法人、非法人组织终止。建设工程代理行为的终止，主要是第①、②、⑤三种情况。

2.2.3.3 建设工程代理法律关系

建设工程代理法律关系与其他代理关系一样，存在着两个法律关系：一是代理人与被代理人之间的委托关系；二是被代理人与相对人的合同关系。

（1）一般情况下代理人在代理权限内以被代理人的名义实施代理行为 《民法典》规定，代理人在代理权限内，以被代理人名义实施的民事法律行为，对被代理人发生效力。这是代理人与被代理人基本权利和义务的规定。代理人必须取得代理权，并依据代理权限，以被代理人的名义实施民事法律行为。被代理人要对代理人的代理行为承担民事责任。

（2）转托他人代理应当事先取得被代理人的同意 《民法典》规定，代理人需要转委托第三人代理的，应当取得被代理人的同意或者追认。转委托代理经被代理人同意或者追认的，被代理人可以就代理事务直接指示转委托的第三人，代理人仅就第三人的选任以及对第三人的指示承担责任。转委托代理未经被代理人同意或者追认的，代理人应当对转委托的第三人的行为承担责任，但是在紧急情况下代理人为了维护被代理人的利益需要转委托第三人代理的除外。

（3）无权代理 《民法典》规定，行为人没有代理权、超越代理权或者代理权终止后，仍然实施代理行为，未经被代理人追认的，对被代理人不发生效力。相对人可以催告被代理人自收到通知之日起一个月内予以追认。被代理人未作表示的，视为拒绝追认。行为人实施的行为被追认前，善意相对人有撤销的权利。撤销应当以通知的方式作出。

无权代理是指行为人不具有代理权，但以他人的名义与相对人进行法律行为。无代理一般存在三种表现形式：a. 自始未经授权。如果行为人自始至终没有被授予代理权，就以他人的名义进行民事行为，属于无权代理。b. 超越代理权。代理权限是有范围的，超越了代理权限，依然属于无权代理。c. 代理权已终止。行为人虽曾得到被代理人的授权，但该代理权已经终止的，行为人如果仍以被代理人的名义进行民事行为，则属无权代理。

被代理人对无权代理人实施的行为如果予以追认，则无权代理可转化为有权代理，产生与有权代理相同的法律效力，并不会发生代理人的赔偿责任。如果被代理人不予追认的，对被代理人不发生效力，则无权代理人需承担因无权代理行为给被代理人和善意相对人造成的损失。

（4）不当或违法行为应承担的法律责任

① 损害被代理人利益应承担的法律责任。代理人不履行职责而给被代理人造成损害的，应当承担民事责任。代理人和相对人串通，损害被代理人的利益的，由代理人和相对人负连带责任。

② 相对人故意行为应承担的法律责任。相对人知道行为人没有代理权、超越代理权或者代理权已终止还与行为人实施民事行为给他人造成损害的，由相对人和行为人负连带责任。

③ 违法代理行为应承担的法律责任。代理人知道被委托代理的事项违法仍然进行代理活动的，或者被代理人知道代理人的代理行为违法不表示反对的，由被代理人和代理人负连带责任。

【案例 2-3】 2020 年 7 月，甲建筑公司（以下简称甲公司）中标某大厦工程，负责施工总承包。2021 年 5 月，甲公司将该大厦装饰工程施工分包给乙装饰公司（以下简称乙公司）。甲公司驻该项目的项目经理为李某；乙公司驻该项目的项目经理为王某。李某与王某是多年的老朋友。2021 年 6 月，甲公司在该项目上需租赁部分架管、扣件，但资金紧张。李某听说王某与丙材料租赁公司（以下简称丙租赁公司）关系密切，便找到王某帮忙赊租架管、扣件。王某答应了李某的请求，随后，李某将盖有甲公司合同专用章的空白合同书及该单位的空白介绍信交给王某。2021 年 7 月 10 日，王某找到丙租赁站，出具了甲公司的介绍信（没有注明租赁的财产）和空白合同书，要求租赁脚手架。丙租赁公司经过审查，认为王某出具的介绍信与空白合同书均盖有公章，真实无误，确信其有授权，于是签订了租赁合同。丙租赁公司依约将脚手架交给王某，但王某将脚手架用到了由他负责的其他工程上。后丙租赁公司多次向甲公司催要价款无果后，将甲公司诉至人民法院。

【问题】

1. 王某的行为属无权代理还是表见代理，为什么？

2. 表见代理的法律后果是什么？

【案例分析】

1. 王某的行为构成表见代理。因为，王某虽然是乙公司的项目经理，向丙租赁公司租赁脚手架也超出了甲公司对其授权范围，但他向丙租赁公司出具了甲公司的介绍信及空白合同书，使丙租赁公司相信其有权代表甲公司租赁脚手架。

2. 根据《民法典》规定："行为人没有代理权、超越代理权或代理权终止后以被代理人名义订立合同，相对人有理由相信行为人有代理权的，该代理行为有效。"表见代理的后果是由被表见代理人来承担的。因此，甲公司对丙租赁公司请求的租赁费用应承担给付义务。当然，对于自己的损失，甲公司可以追究王某的侵权责任。

2.3 建设工程保险制度

2.3.1 保险概述

2.3.1.1 保险的法律概念

保险是一种受法律保护的分散危险、消化损失的法律制度。因此，危险的存在是保险产生的前提。但保险制度上的危险具有损失发生的不确定性，包括发生与否的不确定性、发生时间的不确定性和发生后果的不确定性。

我国保险法规定保险是指投保人根据合同约定，向保险人支付保险费，保险人对于合同约定的可能发生的事故因其发生所造成的财产损失承担赔偿保险金责任，或者当被保险人死亡、伤残、患病或者达到合同约定的年龄、期限时承担给付保险金责任的商业保险行为。

2.3.1.2 保险合同

保险合同是指投保人与保险人约定保险权利义务关系的协议。投保人是指与保险人订立保险合同，并按照保险合同负有支付保险费义务的人。保险人是指与投保人订立保险合同，并承担赔偿或者给付保险金责任的保险公司。

保险合同一般是以保险单的形式订立的。保险合同分为财产保险合同、人身保险合同。

（1）财产保险合同　财产保险合同是以财产及其有关利益为保险标的的保险合同。在财产保险合同中，保险合同的转让应通知保险人，经保险人同意继续承保后，依法转让合同。建筑工程一切险和安装工程一切险即为财产保险合同。

（2）人身保险合同　人身保险合同是以人的寿命和身体为保险标的的保险合同。投保人应向保险人如实申报被保险人的年龄、身体状况。投保人于合同成立后，可以向保险人一次支付全部保险费，也可以按照合同规定分期支付保险费。人身保险的受益人由保险人或者投保人指定。保险人对人身保险的保险费，不得用诉讼方式要求投保人支付。

2.3.2　建设工程保险的主要种类和投保权益

建设工程活动涉及的法律关系较为复杂，风险较为多样。因此建设工程涉及的风险也较多。主要包括：建筑工程一切险（及第三者责任险）、安装工程一切险（及第三者责任险）、机器损坏险、机动车辆险、建筑职工意外伤害险、勘察设计责任保险、工程监理责任保险等。

2.3.2.1　建筑工程一切险

（1）建筑工程一切险的概念　建筑工程一切险是承保各类民用、工业和公用事业建筑工程项目，包括道路、水坝、桥梁、港埠等，在建造过程中因自然灾害或意外事故而引起的一切损失的险种。

建筑工程一切险往往还加保第三者责任险，即保险人在承保某建筑工程的同时，还对该工程在保险期限内因发生意外事故造成的依法应由被保险人负责的工地及邻近地区的第三者人身伤亡、疾病或财产损失，以及被保险人因此而支付的诉讼费用和事先经保险人书面同意支付的其他费用，负赔偿责任。

（2）投保人和被保险人　国外建筑工程一切险的投保人一般是承包人。FIDIC《施工合同条件》中规定，承包人以承包人和业主的共同名义对工程及其材料、配套设备装置投保保险。而我国的《建筑工程施工合同（示范文本）》中规定，发包人应在工程开工前为建设工程办理保险，支付保险费用。因此，采用《建筑工程施工合同（示范文本）》应当由发包人投保建设工程一切险。

在工程保险中，保险公司可以在一张保险单上对所有参加该项工程的有关各方都给予所需的保险。凡在工程进行期间，对这项工程承担一定风险的有关各方，均可作为被保险人。

建筑工程一切险的被保险人包括业主或工程所有人、承包商或分包商、技术顾问等。由于被保险人不止一个，而且每个被保险人各有其本身的权益和责任，为了避免有关各方相互之间追偿责任，大部分保险单还加贴共保交叉责任条款。根据这一条款，每一个被保险人如同各自有一张单独的保单，其应负的那部分“责任”发生问题，财产遭受损失，就可以从保险人那里获得相应的赔偿。如果各个被保险人之间发生相互的责任事故，每一个负有责任的被保险人都可以在保单的项目内得到保障。也即，这些责任事故造成的损失，都可由保险人负责赔偿，无须根据各自的责任相互进行追偿。

（3）承保的财产　建筑工程一切险可承保的财产为：

① 合同规定的建筑工程，包括永久工程、临时工程以及在工地的物料；

② 建筑用机器、工具、设备和临时工房及其屋内存放的物件，均属履行工程合同所需要的，是被保险人所有的或为被保险人所负责的物件；

③ 业主或承包商在工地的原有财产；

④ 安装工程项目；

⑤ 场地清理费；

⑥ 工地内的现成建筑物；

⑦ 业主或承包商在工地上的其他财产。

（4）承保险的范围　保险人对以下危险承担赔偿责任。

① 洪水、潮水、水灾、地震、海啸、暴雨、风暴、雪崩、地崩、山崩、冻灾、冰雹及其他自然灾害；

② 雷电、火灾、爆炸；

③ 飞机坠毁，飞机部件或物件坠落；

④ 盗窃；

⑤ 工人、技术人员因缺乏经验、疏忽、过失、恶意行为等造成的事故；

⑥ 原材料缺陷或工艺不善所引起的事故；

⑦ 除外责任以外的其他不可预料的自然灾害或意外事故。

（5）第三者责任险　建筑工程一切险如果加保第三者责任险，则保险人对下列原因造成的损失和费用，应负责赔偿。

① 在保险期限内，因发生与所保工程直接相关的意外事故引起工地内及邻近区域的第三者人身伤亡、疾病或财产损失；

② 被保险人因上述原因而支付的诉讼费用以及事先经保险人书面同意而支付的其他费用。

（6）赔偿金额　每次事故引起的赔偿金额，保险人应以法院或政府有关部门根据现行法律裁定的应对被保险人偿付的金额为准。但在任何情况下，均不得超过保险单明细表中对应列明的每次事故赔偿限额。在保险期限内，保险人经济赔偿的最高赔偿责任不得超过保险单明细表中列明的累计赔偿限额。

（7）保险责任的期限　保险责任自投保工程开工日起或自承保项目所用材料卸至工地时起开始。保险责任的终止，则按以下规定办理（以先发生者为准）。

① 保险单规定的保险终止日期；

② 工程建造或安装（包括试车、考核）完毕，移交给工程的业主，或签发完工证明时终止（如部分移交，则该移交部分的保险责任即行终止）；

③ 业主开始使用工程时，如部分使用，则该使用部分的保险责任即行终止。

如果加保保证期（缺陷责任期、保修期）的保险责任，即在工程完毕后，工程移交证书已签发，工程已移交给业主之后，对工程质量还有一个保证期，则保险期限可延长至保证期，但需加缴一定的保险费。

（8）制定费率应考虑的因素　由于工程保险的个性很强，每个具体工程的费率往往都不相同，在制定建筑工程一切险费率时应考虑如下因素。

① 承保责任范围的大小。双方如对承保范围作出特殊约定，则此范围大小对费率会有直接影响。如果承保地震、洪水等灾害，还应考虑以往发生这些灾害的频率及损失大小。

② 承保工程本身的危险程度。承保工程本身的危险程度由施工种类、工程性质、施工方法、工地和邻近地区的自然地理条件、设备类型、工地现场的管理情况等因素决定。

③ 承包商的资信情况。承包商的资信情况包括承包商以往承包工程的情况，以及对工程的经营管理水平、经验等。承包商的资信条件好，则可降低保险费率；反之则应提高保险费率。

④ 保险人承保同类工程的以往损失记录。以往损失记录是保险人在制定保险费率时应考虑到的重要因素。以往有较大损失记录的，则保险费率应相应提高。

⑤ 最大危险责任。保险人应当估计所保工程可能承担的最大危险责任的数额，作为制

定费率的参考因素。

2.3.2.2 安装工程一切险

（1）安装工程一切险的概念　由于生产力水平的提高，目前机电设备价格日趋高昂，工艺和构造日趋复杂，这使得安装工程的风险越来越高。因此，在国际保险市场上，安装工程一切险已发展成一种保障比较广泛而专业性很强的综合性险种。

安装工程一切险是承保安装各种工厂用的机器、设备、储油罐、钢结构工程、起重机、吊车和包含机械工程因素的任何建设工程因自然灾害或意外事故引起的一切损失的险种。

安装工程一切险的投保人可以是业主、承包商或卖方（供货商或制造商）。被保险人可以是所有有关利益方，如所有人、承包人、转承包人、供货人、制造人、技术顾问等有关方。

（2）保险标的　安装工程一切险的保险标的如下。

① 安装的机器及安装费，包括安装工程合同内要安装的机器、设备、装置、物料、基础工程（如地基、座基等）及为安装工程所需的各种临时设施（如水电、照明、通信设备等）；

② 为安装工程使用的承包人的机器、设备；

③ 附带投保的土木建筑工程项目，其保额不得超过整个工程项目保额的 20%；

④ 场地清理费用；

⑤ 业主或承包商在工地上的其他财产。

（3）责任范围　保险人应该对以下原因造成的损失和费用负责赔偿。

① 自然灾害包括地震、海啸、雷电、飓风、台风、龙卷风、风暴、暴雨、洪水、水灾、冻灾、冰雹、土崩、雪崩、火山爆发、地面下陷下沉以及其他自然界的不可抗力等。

② 意外事故包括不可预料的以及被保险人无法控制并造成物质损失或人身伤亡的突发性事件，如火灾、爆炸等。

（4）除外责任　保险人对以下原因造成的损失不负责赔偿：

① 因设计错误、铸造或原材料缺陷或工艺不善引起的保险财产本身的损失以及为换置、修理或矫正以上缺点与错误所支付的费用；

② 由于超负荷、超电压、碰线、电弧、漏电、短路、大气放电及其他电气原因造成电气设备或者电气用具本身的损失；

③ 施工用机具、设备、机械装置失灵造成本身的损失；

④ 自然磨损、内在或潜在缺陷、物质本身变化、自燃、自热、氧化、锈蚀、渗漏、鼠咬、虫蛀、大气变化（气候或气温变化）、正常水位变化或其他渐变原因造成的保险财产自身的损失和费用；

⑤ 维修保养或正常检修的费用；

⑥ 档案、文件、账簿、票据、现金、各种有价证券、图表资料及包装物料的损失；

⑦ 盘点时发现的短缺；

⑧ 领有公共运输行驶执照的，或已由其他保险予以保障的车辆、船舶和飞机的损失；

⑨ 除非另有约定，在保险工程开始以前已经存在或形成的位于工地范围内或其周围的属于被保险人的财产的损失；

⑩ 除非另有约定，在保险期限终止以前，保险财产中已由工程所有人签发完工验收证书或验收合格或实际占有或使用或接受的部分。

（5）保险期限　安装工程一切险的保险期限，通常应以整个工期为保险期限。一般是从被保险项目被卸至施工地点时起生效，到工程预计竣工验收交付使用之日终止。如验收完毕先于保险单列明的终止日，则验收完毕时保险期亦即终止。若工期延长，被保险人应及时以书面通知保险人申请延长保险期，并按规定增缴保险费。

安装工程第三者责任险作为安装工程一切险的附加险，其保险期限应当与安装工程一切险相同。

2.3.2.3 机器损坏险

（1）机器损坏险的概念　机器损坏险主要承保各类工厂、矿山的大型机械设备、机器在运行期间发生损失的风险。这是近几十年在国际上新兴起来的一种保险。由于国际工程建设中使用的机器设备趋于大型化，在国际工程建设中也经常投保机器损坏险。

机器损坏险具有以下特点。

① 用于防损的费用高于用于赔偿的费用。保险人承保机器损坏险后，要定期检查机器的运行，许多国家的立法都有这方面的强制性规定。这往往使得保险人用于检查机器的费用远高于用于赔偿的费用。

② 承保的基本上都是人为的风险损失。机器损坏险承保的风险，如设计制造和安装错误，工人、技术人员操作错误、疏忽、过失、恶意行为等造成的损失，大都是人为的，这些风险往往是普通财产保险不负责承保的。

③ 机器设备均按重置价格投保。即在投机器损坏险时按投保时重新换置同一型号、规格、性能的新机器的价格（包括出厂价、运费、可能支付的税款和安装费）进行投保。

（2）保险责任范围　被保险机器及其附属设备由于下列原因造成损失，需要修理或重置时，保险人负责进行赔偿。

① 设计、制造和安装错误，铸造和原材料缺陷。这些错误、缺点和缺陷常常在制造商的保修期满后在操作中发现，而不可能向制造商再提出追偿。

② 工人、技术人员操作错误，缺乏经验，技术不善，疏忽、过失，恶意行为。

③ 离心力引起的撕裂。它往往会对机器本身或其周围财产造成很严重的损失。

④ 电气短路或其他电气原因。这是指短路、电压过高，绝缘不良、电流放电和产生的应力等原因。

⑤ 错误的操作，测量设施的失灵、锅炉加水系统有毛病，以及报警设备不良等所造成的由于锅炉缺水而致的损毁。

⑥ 物理性爆炸，这是与化学性爆炸相对而言的，指内储气、汽和液体物质的容器在内容物没有化学反应的情况下，过高的压力造成容器四壁破裂。

⑦ 露装机器遭受暴风雨、冻灾、流冰等风险。

⑧ 保险单规定的除外责任以外的其他事故。

（3）除外责任　机器损坏险的除外责任包括：

① 其他财产保险所保的危险或责任；

② 溢堤、洪水、地震、地陷、土崩、水陆空物体的碰击；

③ 自然磨损、氧化、腐蚀、锈蚀等；

④ 战争、武装冲突、民众骚动、罢工；

⑤ 被保险人及其代表的故意行为、重大过失；

⑥ 被保险人及其代表在保险生效时已经或应该知道的被保险机器存在的缺点或缺陷；

⑦ 根据契约或者法律，应由供货方或制造商负责的损失；

⑧ 核子反应和辐射或放射性污染。

（4）工伤保险和建筑职工意外伤害险 《建筑法》规定，建筑施工企业应当依法为职工参加工伤保险缴纳工伤保险费。鼓励企业为从事危险作业的职工办理意外伤害保险，支付保险费。

据此，工伤保险是面向施工企业全体员工的强制性保险。意外伤害保险则是针对施工现场从事危险作业特殊群体的职工，其适用范围是在施工现场从事高处作业、深基坑作业、爆破作业等危险性较大的施工人员，法律鼓励施工企业再为他们办理意外伤害保险，使这部分人员能够比其他职工依法获得更多的权益保障。

2.4 合同的公证与鉴证

2.4.1 合同公证

合同公证是指公证机关对签订合同的双方在自愿的前提下所签订的合同内容、双方代表的资格等进行认真审核后，而出具的公证书。

合同的使用范围相当广泛，内容十分复杂，专业程度较强。为了确保签订合同的双方履行合同条款，避免产生纠纷和诉讼，对合同内容是否符合有关法律法规及签订合同的双方代表是否具备合法资格等进行公证，是十分必要的。如我国的劳务出口，一般都需订立严格的合同条款。公证机关对合同条款是否违反我国法律等，要进行认真审核。因此，合同公证也是我国在对外合作中不可缺少的必要环节。

合同公证的程序如下：

（1）当事人亲自到公证处提出书面或口头申请。如果是委托别人代理，必须提出有代理权的证件。国家机关、团体、企业、事业单位申请办理公证，应当派代表到公证处，代表人应当提出有代表权的证明信。

（2）公证员对合同进行审查。审查的内容包括审查合同的真实性和合法性，以及当事人的身份和行使权力、履行义务的能力。公证处对当事人提供的证明，认为不完备或有疑义时，有权通知当事人作必要的补充或者向有关单位、个人调查，索取有关证件和材料。

（3）公证员对申请公证的合同，经过审查认为符合公正原则后，应当制作公证书发给当事人。对于追偿债款、物品的债权文书，经公证处公证后，该文书具有强制执行的效力。一方当事人不按文书规定履行时，对方当事人可以向有管辖权的基层人民法院申请执行。

（4）对于不真实、不合法的合同，公证处应拒绝公证。

2.4.2 合同鉴证

合同鉴证是指工商行政管理机关对合同进行审查和鉴定，确认其有效性和合法性的一种证明和监督活动。我国对合同一般采取自愿鉴证的原则，但国家另有规定的应按规定办理。

2.4.2.1 合同鉴证的管辖

合同鉴证应根据合同当事人的申请实施。这里包括两层意思：一是申请必须应是双方（多方）当事人的申请，一方当事人申请不能予以鉴证；二是经济合同管理机关不应主动对合同进行鉴证，而是应依据当事人申请。

合同鉴证主要是对合同内容的有效性和合法性进行审查。

合同鉴证可以到合同签订地、合同履行地的工商行政管理机关办理。经过工商行政管理机关登记的当事人，还可以到登记机关所在地办理鉴证。合同当事人商定到登记机关所在地的工商行政管理机关办理鉴证，但双方当事人不在同一地登记或者虽在同一地登记但不在同一登记机关登记的，由当事人选择决定。

2.4.2.2 合同鉴证审查的内容

申请合同鉴证，应提供以下材料：

（1）当事人的申请；

（2）合同原本；

（3）营业执照副本或者其他主体资格证明文件、有关专项许可证的正本或者副本；

（4）签订合同的法定代理人的资格证明或者委托代理人的委托代理书；

（5）申请鉴证代理经办人的资格证明；

（6）其他有关证明资料。

2.4.2.3 合同鉴证应审查的主要内容

（1）合同的主体是否合格；

（2）合同内容是否违反法律、法规、规章；

（3）合同的标的是否为国家禁止买卖或者限制经营；

（4）合同当事人的意思表示是否真实；

（5）合同签字是否具有合法身份和资格，代理人的代理行为是否合法有效；

（6）合同主要条款是否齐全，文字表达是否准确，手续是否完备。

2.4.2.4 合同鉴证的作用和意义

（1）可以使合同的主体、内容符合党和国家的方针、政策及法律的要求。对不符合规定的，可以在生效之前予以纠正；对非法的经济活动，可以及时予以制止和取缔。

（2）可以使条款不完备、内容不具体、文字解释不清楚的合同，通过对其合同鉴证中的辅导和督促，促使当事人进一步协商，进行补充和完善。这样也可有助于合同的履行，防止发生合同纠纷。

（3）可以增强合同的严肃性，促使当事人认真履行。

（4）经过国家授权的权威机构鉴证的合同，当事人有一个安全感，可促使双方（多方）按合同的约定条款履行。工商行政管理部门对经过鉴证的合同应予以存档，这样可便于监督检查已鉴证合同的履行情况。

2.4.3 合同公证与鉴证的相同点与区别

2.4.3.1 合同公证与鉴证的相同点

（1）原则相同，都是自愿原则。

（2）内容和范围相同。

（3）目的相同，都是为了证明合同的真实性与合法性。

2.4.3.2 合同公证与鉴证的区别

（1）性质不同　合同鉴证是工商机关实施的行政管理行为，而合同公证是公证处实施的司法行政行为。

（2）效力不同　经过公证的合同，其法律效力高于经过鉴证的合同。经过公证的合同，人民法院应当作为认定事实的根据。但有相反证据足以推翻公证证明的除外。而经过鉴证的合同则没有这样的效力，在诉讼中仍需对合同进行质证。

（3）法律效力的适用范围不同　公证作为司法行政行为，按照国际惯例，在我国域内和域外都有法律效力；而鉴证作为行政管理行为，其效力只能限于我国国内。

能力训练题

一、单选题

1. 合同法律关系是指合同法律规范调整的当事人在民事流转过程中形成的（　　）关系。

A. 债权人与债务人　　B. 代理人与被代理人
C. 法人与自然人　　D. 权利与义务

2. 合同法律关系（　　），是参加合同法律关系，享有相应权利、承担相应义务的当事人。

A. 主体　　B. 客体　　C. 内容　　D. 事实

3. 参加合同法律关系，依法享有相应权利、承担相应义务的当事人指的是（　　）。

A. 合同法律关系主体　　B. 合同法律关系客体
C. 合同法律关系内容　　D. 合同法律关系事实

4. 法人是指具有民事权利能力和民事行为能力的（　　）。

A. 个体工商户　　B. 依法成立的社会组织
C. 自然人　　D. 国家机关

5. 关于法人承担民事责任的说法，下列选项中正确的是（　　）。

A. 能够承担民事责任　　B. 能够独立承担民事责任
C. 只能以其动产承担民事责任　　D. 只能以其不动产承担民事责任

6. 施工企业的法人是指（　　）。

A. 合同签字人　　B. 公司总经理
C. 公司股东大会　　D. 依法成立的建筑公司

7. 施工企业取得法人资格的时间为（　　）之日。

A. 注册资金到位　　B. 法定代表人确定
C. 工商行政管理机关核准登记　　D. 建设行政主管部门颁发资质证书

8. 法人的终止是指（　　）。

A. 法人行政隶属关系结束　　B. 法人依法宣告破产
C. 法人经营方式改变　　D. 法人经营范围变化

9. 合同法律关系的客体不包括（　　）。

A. 物　　B. 法人　　C. 行为　　D. 智力成果

10. 货物运输合同的客体是（　　）。

A. 被运货物　　B. 运输费用　　C. 运输行为　　D. 运输工具

11. 经济合同的三要素是指（　　）。

A. 法人、经济合同、自然人　　B. 业主、承包商、监理工程师
C. 法人、自然人、承包商　　D. 主体、标的、权利义务

12. 企业法定代表人授权合同部经理对外签订合同，属于（　　）的法律行为。

A. 法定代理　　B. 指定代理　　C. 代表企业　　D. 代表部门

13. 由于客观条件限制，法定代表人不能亲自签订合同，可采取（　　）方式订立合同。

A. 转让代理　　B. 指定代理　　C. 委托代理　　D. 法定代理

14. 关于委托订立合同的代理人行为的说法，错误的是（　　）。

A. 代理人必须以委托人名义进行合同谈判

B. 代理人对授权范围内谈判的重要事项，必须请委托人决定

C. 委托人追认了代理人超越委托时限的谈判事项，法律后果由委托人承担

D. 委托人拒绝了代理人超越委托范围的谈判事项，法律后果由代理人承担

15. 某工程公司法定代表人授权其合约部经理李某签订某工程设计合同，该行为属于（　　）。

A. 法定代理　　B. 委托代理　　C. 表见代理　　D. 复代理

16. 保险合同中的保险人对于（　　）事故造成的财产或人身损失赔偿保险金。

A. 一切　　B. 偶然　　C. 合同约定　　D. 自然

17. 属于安装工程一切险承保的是（　　）。

A. 因自然灾害导致的工程损毁

B. 设计错误引起的工程设备损坏

C. 意外事故所导致的钢结构安装过程中人员伤亡

D. 因自然灾害导致工程现场机械损坏

18. 业主投保“建设工程一切险”后，工程项目建设过程中的（　　）。

A. 一切风险转移给保险公司　　B. 全部风险转移给承包商

C. 部分风险转移给保险公司　　D. 全部风险仍由业主承担

19. 公证机关进行公证的依据是当事人的申请，这主要体现（　　）原则。

A. 平等　　B. 自愿　　C. 公平　　D. 诚实信用

20. 公证机关进行公证的依据是（　　），这是自愿原则的体现。

A. 公证协议　　B. 当事人的申请

C. 行政法律规定　　D. 法律规定

二、多选题

1. 合同法律关系由（　　）等要素构成。

A. 主体　　B. 客体　　C. 行为　　D. 事件　　E. 内容

2. 合同法律关系的主体包括（　　）。

A. 自然人　　B. 法人　　C. 施工单位经理　　D. 监理工程师　　E. 其他组织

3. 合同法律关系的客体包括（　　）。

A. 物　　B. 财　　C. 施工单位　　D. 智力成果　　E. 行为

4. 法人成立应当具备的条件是（　　）。

A. 有行政主管部门的明确授权　　B. 有必要的财产和经费

C. 有自己的名称、组织机构和场所　　D. 能够独立承担民事责任

E. 依法成立

5. 被代理人的权利主要包括（　　）。

A. 代理人按照代理权限自主进行代理活动

B. 要求代理人移交代理活动所产生的法律后果

C. 要求代理人代为清偿自己的债务

D. 要求代理人报告完成代理事务的情况

E. 代理人不履行职责而给被代理人造成损害时要求赔偿

6. 无权代理是指（ ）。

A. 不享有代理权的行为人为他人从事代理活动

B. 委托人未授权代理人产生的代理活动

C. 超越代理权限产生的代理活动

D. 代理权终止后产生的代理活动

E. 假冒法定代理人产生的代理活动

7. 保险公司对“建筑工程一切险”开始承担保险责任的日期，应是（ ）。

A. 业主提供场地日　　B. 承包商提交履约保函日

C. 投保工程开工日　　D. 承保项目所用材料卸至工地日

E. 投保工程投保日

8. 下列属于保险以外责任的选项有（ ）。

A. 电焊或电气短路　　B. 设计、制造和安装错误

C. 工人、技术人员操作失误　　D. 战争、社会动乱

E. 被保险人及其代表人的故意行为及重大过失

9. 建设工程活动涉及的法律关系较为复杂，风险较为多样。因此，建设工程活动涉及的险种也较多。主要包括（ ）。

A. 建筑工程一切险　　B. 安装工程一切险

C. 机器损坏险　　D. 财产一切险

E. 建筑职工意外伤害险

10. 合同公证与鉴证的（ ）等相同。

A. 性质　　B. 效力　　C. 内容　　D. 范围　　E. 目的

三、简答题

合同法律关系的产生、变更与消灭应具备哪些条件？

教学目标

- 了解合同的概念、分类和基本原则
- 掌握合同订立的条件、形式
- 掌握合同生效的时间
- 掌握无效合同的概念、表现形式和法律后果
- 理解合同变更、终止、撤销产生的条件

思政目标

- 在合同管理与履行中遵循平等、自愿原则

3.1 合同的概念与分类

【案例 3-1】 甲混凝土厂与某供应商订立一份水泥供销合同，双方约定由供应商在 1 个月内向甲混凝土厂供应水泥 300t，每吨单价 300 元。在合同履行期间，乙公司找到供应商表示愿意以每吨 330 元的单价购买 200t 水泥，供应商见其出价高，就将 200t 本来准备运给甲混凝土厂的水泥卖给了乙公司，致使只能供应 100t 水泥给甲混凝土厂。甲混凝土厂要求供应商按照合同的约定供应剩余的 200t 水泥，供应商表示无法按照原合同的条件供货，并要求解除合同。甲混凝土厂不同意，坚持要求供应商履行合同。

【问题】

1. 在合同没有明确约定的情况下，甲混凝土厂如果要求供应商继续履行合同有无法律依据？

2. 供应商能否只赔偿损失或者只支付违约金而不继续履行合同？

【案例分析】

1. 没有。根据我国《民法典》中第三篇合同规定，在履行期间届满之前，当事人一方明确表示或者以自己的行为表明不履行主要债务的，当事人可以选择解除合同。那么，供应商有权解除合同，甲混凝土厂要求供应商继续履行合同无法律依据。

2. 能。继续履行合同和赔偿损失以及支付违约金不存在前提性的关系，当事人在不违反法律规定的前提下可以约定选择适用。

3.1.1 一般规定

合同是民事主体之间设立、变更、终止民事法律关系的协议。依法成立的合同，受法律保护。依法成立的合同，仅对当事人具有法律约束力，但是法律另有规定的除外。合同文本采用两种以上文字订立并约定具有同等效力的，对各文本使用的词句推定具有相同含义。各文本使用的词句不一致的，应当根据合同的相关条款、性质、目的以及诚信原则等予以解释。在中华人民共和国境内履行的中外合资经营企业合同、中外合作经营企业合同、中外合作勘探开发自然资源合同，适用中华人民共和国法律，当事人对合同条款的理解有争议的，应当依据民法典第一百四十二条第一款的规定，确定争议条款的含义。

3.1.2 合同的分类

合同的分类是指采用特定的标准将合同加以区别和划分。随着社会分工和商品交换的发展，经济流转过程变得更加错综复杂，因而产生出不同的合同形式。通过合同的分类，我们可以了解同一类合同的共同特征及其共同的成立、生效条件等，以便决定合同的管理、案件的管辖和法律适用。

3.1.2.1 买卖合同

买卖合同是出卖人转移标的物的所有权于买受人，买受人支付价款的合同。将标的物的所有权转移给另一方的当事人叫出卖人，支付了标的物价款，并取得标的物所有权的当事人叫买受人，二者统称为合同当事人。

（1）买卖合同是转移所有权的合同　即标的物的所有权由出卖人转移到了买受人，卖方的所有权消灭，而买方的所有权产生。所以要求出卖的标的物应当属于出卖人所有或者出卖人有权处分，而且标的物的所有权自标的物交付时转移，法律另有规定或当事人另有约定的除外。

（2）买卖合同是双务有偿合同　在买卖合同关系中，双方当事人都享有一定的权利，同时也负有一定的义务，双方都有所得亦有所失。

3.1.2.2 供用电、水、气、热力合同

例如供用电合同，是供电人向用电人供电，用电人支付电费的合同。电力供应部门称供电方，电力需要部门称用电方。供用电合同有以下特征。

（1）合同的供电方是特殊主体　供电方是特定的电力供应部门，即具有法人资格的电力公司或供电局。由于我国目前能源供应仍很紧张，因此，国家对供电和用电都实行较为严格的计划管理。

（2）合同的标的具有特殊性　供用电合同的标的是电力，电力具有无形性和生产、供应和使用同时进行的特点，所以与一般的标的物有明显区别。

（3）合同期限的连续性　供用电合同一般都是供方在一个长期的时间内提供电力给用电方，而用电方给付价金的一种特殊的买卖合同，所以它具有连续性。

由于供用水、气、热力合同也具有上述供用电合同的特征，所以法律将它们归于一类，

有关供用水、供用气、供用热力合同参照供用电合同的规定。

3.1.2.3 赠与合同

赠与合同是赠与人将自己的财产无偿给予受赠人，受赠人表示接受赠与的合同。给付财产的一方称赠与人，接受财产的一方称受赠人。

（1）赠与是合同关系　即要求双方当事人合意，赠与人的赠与表示必须经过受赠人的允诺，合同方能成立。

（2）赠与合同是单务无偿的合同　赠与关系中，赠与人只负有义务而不享有权利，亦不能要求回报；而受赠人只享有权利不承担义务，亦无需报偿赠与人。

3.1.2.4 借款合同

借款合同是借款人向贷款人借款，到期返还借款并支付利息的合同。提供并转移给另一方一定种类和数额货币的当事人是贷款方，借入货币并到期返还和支付利息的当事人是借款方。借款合同有以下特征：

（1）借款合同主体的限制性　借款合同的贷款方可以是自然人和有贷款经营范围的金融单位，其他非金融性组织不允许发放贷款。

（2）借款合同是双务合同　双方相互享有权利，同时又相互承担义务。

3.1.2.5 保证合同

保证合同是为保障债权的实现，保证人和债权人约定，当债务人不履行到期债务或者发生当事人约定的情形时，保证人履行债务或者承担责任的合同。保证合同是主债权债务合同的从合同。主债权债务合同无效的，保证合同无效，但是法律另有规定的除外。

保证合同被确认无效后，债务人、保证人、债权人有过错的，应当根据其过错各自承担相应的民事责任。

机关法人不得为保证人，但是经国务院批准为使用外国政府或者国际经济组织贷款进行转贷的除外。以公益为目的的非营利法人、非法人组织不得为保证人。

3.1.2.6 租赁合同

租赁合同是出租人将租赁物交付承租人使用、收益，承租人支付租金的合同。将自己所有或有权支配的特定物移交给另一方使用，收益的当事人称出租方；接收使用租赁物的一方称承租方。

（1）租赁合同转移的是标的物的使用权、收益权而非所有权。

（2）租赁合同以租金支付为目的，是双务和有偿合同。

3.1.2.7 融资租赁合同

融资租赁合同是出租人根据承租人对出卖人、租赁物的选择，向出卖人购买租赁物，提供给承租人使用，承租人支付租金的合同。购买租赁物并供另一方使用收益的当事人称出租方，使用该租赁物并支付租金的当事人称承租方。融资租赁合同有以下特征：

（1）融资租赁合同含两个或两个以上的合同。既有租赁合同又有买卖合同，当事人有出租方、承租方，还有第三人。

（2）融资租赁合同具有融资、融物双重功能。其融资的过程是出租方融资，承租方融物，因而承租人支付的租金并非只是对租赁物使用、收益的代价，而是承租人分期对出租人的购买租赁物件价金的本息和其应获取的利润等费用的偿还。

3.1.2.8 保理合同

保理合同是应收账款债权人将现有的或者将有的应收账款转让给保理人，保理人提供资金融通、应收账款管理或者催收、应收账款债务人付款担保等服务的合同。

保理合同的内容一般包括业务类型、服务范围、服务期限、基础交易合同情况、应收账款信息、保理融资款或者服务报酬及其支付方式等条款。保理合同应当采用书面形式。

3.1.2.9 承揽合同

承揽合同是承揽人按照定作人的要求完成工作，交付工作成果，定作人给付报酬的合同。

承揽包括加工、定作、修理、复制、测试、检验等工作。

承揽合同的内容一般包括承揽的标的、数量、质量、报酬，承揽方式，材料的提供，履行期限，验收标准和方法等条款。

承揽人应当以自己的设备、技术和劳力，完成主要工作，但是当事人另有约定的除外。

承揽人将其承揽的主要工作交由第三人完成的，应当就该第三人完成的工作成果向定作人负责；未经定作人同意的，定作人也可以解除合同。

3.1.2.10 建设工程合同

建设工程合同是承包人进行工程建设，发包人支付价款的合同。建设工程合同包括工程勘察、设计、施工合同。建设工程合同应当采用书面形式。建设工程的招标投标活动，应当依照有关法律的规定公开、公平、公正进行。

发包人可以与总承包人订立建设工程合同，也可以分别与勘察人、设计人、施工人订立勘察、设计、施工承包合同。发包人不得将应当由一个承包人完成的建设工程支解成若干部分发包给数个承包人。

总承包人或者勘察、设计、施工承包人经发包人同意，可以将自己承包的部分工作交由第三人完成。第三人就其完成的工作成果与总承包人或者勘察、设计、施工承包人向发包人承担连带责任。承包人不得将其承包的全部建设工程转包给第三人或者将其承包的全部建设工程支解以后以分包的名义分别转包给第三人。

禁止承包人将工程分包给不具备相应资质条件的单位。禁止分包单位将其承包的工程再分包。建设工程主体结构的施工必须由承包人自行完成。国家重大建设工程合同，应当按照国家规定的程序和国家批准的投资计划、可行性研究报告等文件订立。

建设工程施工合同无效，但是建设工程经验收合格的，可以参照合同关于工程价款的约定折价补偿承包人。建设工程施工合同无效，且建设工程经验收不合格的，按照以下情形处理：

（1）修复后的建设工程经验收合格的，发包人可以请求承包人承担修复费用；

（2）修复后的建设工程经验收不合格的，承包人无权请求参照合同关于工程价款的约定折价补偿。

发包人对因建设工程不合格造成的损失有过错的，应当承担相应的责任。

勘察、设计合同的内容一般包括提交有关基础资料和概预算等文件的期限、质量要求、费用以及其他协作条件等条款。

施工合同的内容一般包括工程范围、建设工期、中间交工工程的开工和竣工时间、工程质量、工程造价、技术资料交付时间、材料和设备供应责任、拨款和结算、竣工验收、质量保修范围和质量保证期、相互协作等条款。

建设工程实行监理的，发包人应当与监理人采用书面形式订立委托监理合同。发包人与监理人的权利、义务以及法律责任，应当依照委托合同以及其他有关法律、行政法规的规定。发包人在不妨碍承包人正常作业的情况下，可以随时对作业进度、质量进行检查。

隐蔽工程在隐蔽以前，承包人应当通知发包人检查。发包人没有及时检查的，承包人可以顺延工程日期，并有权请求赔偿停工、窝工等损失。建设工程竣工后，发包人应当根据施工图纸及说明书、国家颁发的施工验收规范和质量检验标准及时进行验收。验收合格的，发包人应当按照约定支付价款，并接收该建设工程。

建设工程竣工经验收合格后，方可交付使用；未经验收或者验收不合格的，不得交付使用。

勘察、设计的质量不符合要求或者未按照期限提交勘察、设计文件拖延工期，造成发包人损失的，勘察人、设计人应当继续完善勘察、设计，减收或者免收勘察、设计费并赔偿损失。

因施工人的原因致使建设工程质量不符合约定的，发包人有权请求施工人在合理期限内无偿修理或者返工、改建。经过修理或者返工、改建后，造成逾期交付的，施工人应当承担违约责任。

因承包人的原因致使建设工程在合理使用期限内造成人身损害和财产损失的，承包人应当承担赔偿责任。发包人未按照约定的时间和要求提供原材料、设备、场地、资金、技术资料的，承包人可以顺延工程日期，并有权请求赔偿停工、窝工等损失。因发包人的原因致使工程中途停建、缓建的，发包人应当采取措施弥补或者减少损失，赔偿承包人因此造成的停工、窝工、倒运、机械设备调迁、材料和构件积压等损失和实际费用。

因发包人变更计划，提供的资料不准确，或者未按照期限提供必需的勘察、设计工作条件而造成勘察、设计的返工、停工或者修改设计，发包人应当按照勘察人、设计人实际消耗的工作量增付费用。承包人将建设工程转包、违法分包的，发包人可以解除合同。

发包人提供的主要建筑材料、建筑构配件和设备不符合强制性标准或者不履行协助义务，致使承包人无法施工，经催告后在合理期限内仍未履行相应义务的，承包人可以解除合同。

合同解除后，已经完成的建设工程质量合格的，发包人应当按照约定支付相应的工程价款；已经完成的建设工程质量不合格的，参照民法典第七百九十三条的规定处理。

发包人未按照约定支付价款的，承包人可以催告发包人在合理期限内支付价款。发包人逾期不支付的，除根据建设工程的性质不宜折价、拍卖外，承包人可以与发包人协议将该工程折价，也可以请求人民法院将该工程依法拍卖。建设工程的价款就该工程折价或者拍卖的价款优先受偿。

3.1.2.11 运输合同

运输合同是承运人将旅客或者货物从起运地点运输到约定地点，旅客、托运人或者收货人支付票款或者运输费用的合同。提供运输服务的一方当事人为承运方，接受服务并支付费用的一方当事人为旅客、托运方或收货人。运输合同有以下特征：

（1）运输合同的标的为运输行为。

（2）运输合同的主体具有多样性。

（3）运输合同一般采用标准格式。

3.1.2.12 技术合同

技术合同是当事人就技术开发、转让、许可、咨询或者服务订立的确立相互之间权利和义务的合同。订立技术合同，应当有利于知识产权的保护和科学技术的进步，促进科学技术成果的研发、转化、应用和推广。

技术合同的内容一般包括项目的名称，标的的内容、范围和要求，履行的计划、地点和方式，技术信息和资料的保密，技术成果的归属和收益的分配办法，验收标准和方法，名词和术语的解释等条款。

与履行合同有关的技术背景资料、可行性论证和技术评价报告、项目任务书和计划书、技术标准、技术规范、原始设计和工艺文件，以及其他技术文档，按照当事人的约定可以作为合同的组成部分。

技术合同涉及专利的，应当注明发明创造的名称、专利申请人和专利权人、申请日期、申请号、专利号以及专利权的有效期限。

3.1.2.13　保管合同

保管合同是保管人保管寄存人交付的保管物，并返还该物的合同。

寄存人到保管人处从事购物、就餐、住宿等活动，将物品存放在指定场所的，视为保管，但是当事人另有约定或者另有交易习惯的除外。

3.1.2.14　仓储合同

仓储合同是保管人储存存货人交付的仓储物，存货人支付仓储费的合同。仓储合同自保管人和存货人意思表示一致时成立。储存易燃、易爆、有毒、有腐蚀性、有放射性等危险物品或者易变质物品的，存货人应当说明该物品的性质，提供有关资料。

存货人违反前款规定的，保管人可以拒收仓储物，也可以采取相应措施以避免损失的发生，因此产生的费用由存货人负担。

保管人储存易燃、易爆、有毒、有腐蚀性、有放射性等危险物品的，应当具备相应的保管条件。

保管人应当按照约定对入库仓储物进行验收。保管人验收时发现入库仓储物与约定不符合的，应当及时通知存货人。保管人验收后，发生仓储物的品种、数量、质量不符合约定的，保管人应当承担赔偿责任。

存货人交付仓储物的，保管人应当出具仓单、入库单等凭证。

保管人应当在仓单上签名或者盖章。仓单包括下列事项：

（1）存货人的姓名或者名称和住所；

（2）仓储物的品种、数量、质量、包装及其件数和标记；

（3）仓储物的损耗标准；

（4）储存场所；

（5）储存期限；

（6）仓储费；

（7）仓储物已经办理保险的，其保险金额、期间以及保险人的名称；

（8）填发人、填发地和填发日期。

仓单是提取仓储物的凭证。存货人或者仓单持有人在仓单上背书并经保管人签名或者盖章的，可以转让提取仓储物的权利。

保管人根据存货人或者仓单持有人的要求，应当同意其检查仓储物或者提取样品。

保管人发现入库仓储物有变质或者其他损坏，危及其他仓储物的安全和正常保管的，应当催告存货人或者仓单持有人作出必要的处置。因情况紧急，保管人可以作出必要的处置；

但是，事后应当将该情况及时通知存货人或者仓单持有人。

当事人对储存期限没有约定或者约定不明确的，存货人或者仓单持有人可以随时提取仓储物，保管人也可以随时请求存货人或者仓单持有人提取仓储物，但是应当给予必要的准备时间。

储存期限届满，存货人或者仓单持有人应当凭仓单、入库单等提取仓储物。存货人或者仓单持有人逾期提取的，应当加收仓储费；提前提取的，不减收仓储费。

储存期限届满，存货人或者仓单持有人不提取仓储物的，保管人可以催告其在合理期限内提取；逾期不提取的，保管人可以提存仓储物。

储存期内，因保管不善造成仓储物毁损、灭失的，保管人应当承担赔偿责任。因仓储物本身的自然性质、包装不符合约定或者超过有效储存期造成仓储物变质、损坏的，保管人不承担赔偿责任。

3.1.2.15 委托合同

委托合同是委托人和受托人约定，由受托人处理委托人事务的合同。委托合同是委托人和受托人约定，由受托人处理委托人事务的合同。

委托人可以特别委托受托人处理一项或者数项事务，也可以概括委托受托人处理一切事务。

委托人应当预付处理委托事务的费用。受托人为处理委托事务垫付的必要费用，委托人应当偿还该费用并支付利息。

受托人应当按照委托人的指示处理委托事务。需要变更委托人指示的，应当经委托人同意；因情况紧急，难以和委托人取得联系的，受托人应当妥善处理委托事务，但是事后应当将该情况及时报告委托人。

受托人应当亲自处理委托事务。经委托人同意，受托人可以转委托。转委托经同意或者追认的，委托人可以就委托事务直接指示转委托的第三人，受托人仅就第三人的选任及其对第三人的指示承担责任。转委托未经同意或者追认的，受托人应当对转委托的第三人的行为承担责任；但是，在紧急情况下受托人为了维护委托人的利益需要转委托第三人的除外。

受托人应当按照委托人的要求，报告委托事务的处理情况。委托合同终止时，受托人应当报告委托事务的结果。

3.1.2.16 物业服务合同

物业服务合同是物业服务人在物业服务区域内，为业主提供建筑物及其附属设施的维修养护、环境卫生和相关秩序的管理维护等物业服务，业主支付物业费的合同。物业服务人包括物业服务企业和其他管理人。

物业服务合同的内容一般包括服务事项、服务质量、服务费用的标准和收取办法、维修资金的使用、服务用房的管理和使用、服务期限、服务交接等条款。物业服务人公开作出的有利于业主的服务承诺，为物业服务合同的组成部分。物业服务合同应当采用书面形式。

3.1.2.17 行纪合同

行纪合同是行纪人以自己的名义为委托人从事贸易活动，委托人支付报酬的合同。行纪人处理委托事务支出的费用，由行纪人负担，但是当事人另有约定的除外。行纪人占有委托物的，应当妥善保管委托物。

委托物交付给行纪人时有瑕疵或者容易腐烂、变质的，经委托人同意，行纪人可以处分该物；不能与委托人及时取得联系的，行纪人可以合理处分。

行纪人低于委托人指定的价格卖出或者高于委托人指定的价格买入的，应当经委托人同意；未经委托人同意，行纪人补偿其差额的，该买卖对委托人发生效力。行纪人高于委托人指定的价格卖出或者低于委托人指定的价格买入的，可以按照约定增加报酬；没有约定或者约定不明确，依据民法典第五百一十条的规定仍不能确定的，该利益属于委托人。委托人对价格有特别指示的，行纪人不得违背该指示卖出或者买入。

3.1.2.18 中介合同

中介合同是中介人向委托人报告订立合同的机会或者提供订立合同的媒介服务，委托人支付报酬的合同。中介人应当就有关订立合同的事项向委托人如实报告。

中介人故意隐瞒与订立合同有关的重要事实或者提供虚假情况，损害委托人利益的，不得请求支付报酬并应当承担赔偿责任。中介人促成合同成立的，委托人应当按照约定支付报酬。对中介人的报酬没有约定或者约定不明确，依据民法典第五百一十条的规定仍不能确定的，根据中介人的劳务合理确定。因中介人提供订立合同的媒介服务而促成合同成立的，由该合同的当事人平均负担中介人的报酬。

中介人促成合同成立的，中介活动的费用，由中介人负担。中介人未促成合同成立的，不得请求支付报酬；但是，可以按照约定请求委托人支付从事中介活动支出的必要费用。

3.1.2.19 合伙合同

合伙合同是两个以上合伙人为了共同的事业目的，订立的共享利益、共担风险的协议。合伙人应当按照约定的出资方式、数额和缴付期限，履行出资义务。合伙人的出资、因合伙事务依法取得的收益和其他财产，属于合伙财产。合伙合同终止前，合伙人不得请求分割合伙财产。

合伙人就合伙事务作出决定的，除合伙合同另有约定外，应当经全体合伙人一致同意。

合伙事务由全体合伙人共同执行。按照合伙合同的约定或者全体合伙人的决定，可以委托一个或者数个合伙人执行合伙事务；其他合伙人不再执行合伙事务，但是有权监督执行情况。

合伙人分别执行合伙事务的，执行事务合伙人可以对其他合伙人执行的事务提出异议；提出异议后，其他合伙人应当暂停该项事务的执行。

合伙的利润分配和亏损分担，按照合伙合同的约定办理；合伙合同没有约定或者约定不明确的，由合伙人协商决定；协商不成的，由合伙人按照实缴出资比例分配、分担；无法确定出资比例的，由合伙人平均分配、分担。

合伙人对合伙债务承担连带责任。清偿合伙债务超过自己应当承担份额的合伙人，有权向其他合伙人追偿。除合伙合同另有约定外，合伙人向合伙人以外的人转让其全部或者部分财产份额的，须经其他合伙人一致同意。

合伙人的债权人不得代位行使合伙人依照规定和合伙合同享有的权利，但是合伙人享有的利益分配请求权除外。合伙人对合伙期限没有约定或者约定不明确，依据民法典第五百一十条的规定仍不能确定的，视为不定期合伙。

合伙期限届满，合伙人继续执行合伙事务，其他合伙人没有提出异议的，原合伙合同继续有效，但是合伙期限为不定期。合伙人可以随时解除不定期合伙合同，但是应当在合理期限之前通知其他合伙人。

合伙人死亡、丧失民事行为能力或者终止的，合伙合同终止；但是，合伙合同另有约定或者根据合伙事务的性质不宜终止的除外。合伙合同终止后，合伙财产在支付因终止而产生的费用以及清偿合伙债务后有剩余的，依据民法典第九百七十二条的规定进行分配。

3.2 合同的订立

3.2.1 合同的形式与内容

3.2.1.1 合同的形式

合同的形式是签约双方经协商共同意思的表达形式，包括书面形式、口头形式和其他形式。其中，书面形式又包括合同书、信件和数据电文。另外，合同还有公证、审批、登记等形式。

3.2.1.2 合同的内容

合同内容应由当事人双方约定，主要包括：当事人的名称或者姓名和住所；标的；数量；质量；价款或酬款；履行期限、地点和方式；违约责任；解决争议的方法等组成。当事人也可以参照各类示范合同文本订立合同。

3.2.2 要约与承诺

【案例 3-2】 甲公司向包括乙公司在内的十余家公司发出关于某建设项目的招标书，标底 9000 万。乙公司在接到招标书后向甲公司发出了投标书，报价 8000 万。甲公司经过决标，确定乙公司中标，并向其发出中标通知书。请分析甲公司发出招标书和乙公司发出投标书行为的性质。

【案例分析】 甲公司发出招标书的行为在性质上属于要约邀请；乙公司发出投标书的行为在性质上属于要约。因为甲公司发出招标书的行为是希望收到招标书的公司能够向自己发出要约的意思表示，故属于要约邀请；而乙公司发出投标书的行为是希望能够和甲公司订立合同的意思表示，故属于要约，甲公司向乙公司发出中标通知书属于承诺。

3.2.2.1 要约与要约邀请

要约是希望和他人订立合同的意思表示。要约可以是书面的，也可以是口头的。提出要约的一方为要约人，接受要约的一方为受要约人。

要约具有以下两个特点。

（1）要约的内容必须明确具体，不能含糊其辞、模棱两可。对方也不得对要约的内容作出实质性变更，否则视为对方的新要约。

（2）要约一经受要约人承诺，要约人即受该意思表示的约束，不得因条件的改变而对要约的内容反悔，即所谓“一言既出，驷马难追”。

要约邀请是希望他人向自己发出要约的意思表示。如寄送的价目表、拍卖公告、招标公告、招股说明书、商业广告等就是要约邀请。但商品广告的内容符合要约规定的，则视为要约。要约邀请可以向不特定的任何人发出，也不需要在要约邀请中详细表示。无论对于发出邀请人还是接受邀请人，要约邀请都没有约束力。

【案例 3-3】 A 安装公司于 2018 年 5 月 6 日向 B 公司发出购买安装设备的要约，称对方如果同意该要约条件，请在10日内予以答复，否则将另找其他公司签约。第3天正当B公司准备回函同意要约时，A安装公司又发一函，称前述要约作废，已与别家公司签订合同，B公司认为10日尚未届满，要约仍然有效，自己同意要约条件，要求对方遵守要约。双方发生争议，起诉至法院。

【问题】 分析A安装公司的要约是否生效？要约能否撤回或撤销？

【案例分析】 A安装公司的要约已经生效。

因为根据《民法典》第三篇合同法的规定，要约到达受要约人时生效。A安装公司发出的要约已经到达受要约人，所以该要约已经生效。

A安装公司的要约不能撤回也不能撤销。

根据《民法典》第三篇合同法的规定，在要约生效前，要约可以撤回。A安装公司发出的要约已经生效，因此不能撤回。要约人在要约生效后、受要约人承诺前，可以撤销要约，但是《民法典》第三篇合同法规定，要约中规定了承诺期限或者以其他形式表明要约是不可撤销的，则要约不能撤销。本案中，A安装公司的要约称对方如果同意该要约条件，请在10日内予以答复，属于要约中明确规定了承诺期限，所以不得撤销。

3.2.2.2　要约的撤回、撤销与失效

要约撤回是指要约在发生法律效力之前，欲使其不发生法律效力而取消要约的意思表示。要约人可以撤回要约，撤回要约的通知应当在要约到达受要约人前或同时到达受要约人。

要约撤销是要约在发生法律效力之后，要约人欲使其丧失法律效力而取消该项要约的意思表示。撤销要约的通知应当在受要约人发出承诺通知之前到达受要约人。但是，对于受要约人确定承诺期限或者其他形式明示要约的，以及受要约人有理由认为要约是不可撤销，并已经为履行合同作了准备工作的，要约不能撤销。

要约失效的情况包括：①拒绝要约的通知到达要约人；②要约人依法撤销要约；③承诺期限届满，受要约人未作出承诺；④受要约人对要约的内容作出实质性变更。

3.2.2.3　承诺

承诺是指受要约人同意要约的意思表示。承诺应以明示方式作出，而且要在要约规定的期限内到达要约人才发生效力。根据《民法典》合同篇的规定，承诺要通知要约人的，承诺通知到达要约人时生效；承诺不需要通知的，根据交易习惯或者要约的要求作出承诺的行为时生效。承诺的内容应当和要约的内容一致。承诺对要约的内容作出实质性变更的，视为对原要约的新要约。但承诺对要约的内容作出非实质性变更的，要约人又不表示反对的，承诺仍有效，合同的内容以承诺的内容为准。

承诺具有以下条件。

（1）承诺必须由受要约人作出　非受要约人向要约人作出的接受要约的意思表示，是一种要约而非承诺。

（2）承诺只能向要约人作出　如果要约人根本没有与其订立合同的意愿，非要约对象向要约人作出的完全接受要约的意思表示也不是承诺。

（3）承诺的内容应当与要约内容一致　但近年来，国际上出现了允许受要约人对要约内容进行非实质性变更的趋势。受要约人对要约内容作出实质性变更的，视为新要约。有关合同标的、数量、质量、价款或报酬、履行期限和地点以及方式、违约责任和解决

争议方法等的变更，是对要约内容的实质性变更。承诺对要约的内容作出非实质性变更的，除要约人及时反对或要约表明不得对要约内容作任何变更以外，该承诺有效，合同以承诺的内容为准。

(4) 承诺必须在承诺期限内发出　超过期限，除要约人及时通知受要约人该承诺有效外，为新要约。

3.2.2.4 承诺的期限

承诺必须以明示的方式，在要约规定的期限内作出。如果要约没有规定承诺期限，则应根据要约的方式来决定承诺期限。如果要约是以对话方式作出的，应当即时作出承诺，但当事人另有约定的除外；如果要约是以非对话方式作出的，承诺应当在合理期限内到达。

承诺的期限应当与要约相对应。承诺的合理期限应根据要约发出的客观情况和交易习惯确定，并应兼顾当事人双方的利益。承诺期限的计算方法有：

(1) 要约以信件或者电报作出的，承诺期限自信件载明的日期或者电报交发之日开始计算；

(2) 信件未载明具体日期的，自投寄信件的邮戳日期开始计算；

(3) 要约以电话、传真等通信方式作出的，承诺期限自要约到达受要约人时开始计算。

受要约人在承诺期限内发出承诺，按照通常情形能够及时到达要约人，但因其他原因承诺到达要约人时超过承诺期限的，除要约人及时通知受要约人因承诺超期不接受该承诺的以外，该承诺有效。

3.2.2.5 迟到的承诺

超过承诺期限到达要约人的承诺称为迟到的承诺。根据迟到的原因不同，《民法典》对迟到的承诺的有效性进行了如下规定。

(1) 受要约人超过承诺期限发出的承诺　除非要约人及时通知受要约人该承诺有效，否则视该超期的承诺为新要约，对要约人不具备法律效力。

(2) 非受要约人责任原因延误到达的承诺　受要约人在承诺期限内发出承诺，按照通常情况能够及时到达要约人，但因其他原因，承诺到达要约人时超过了承诺期限，对于这种情况，除非要约人及时通知受要约人因承诺超过期限不接受该承诺，否则承诺有效。

3.2.2.6 承诺的撤回

承诺的撤回是承诺人阻止或者消灭承诺法律效力的意思表示。承诺可以撤回，但撤回承诺的通知应当在承诺通知到达要约人之前或者与承诺通知同时到达要约人。

3.2.3 合同示范文本和格式条款

3.2.3.1 合同示范文本

合同示范文本是由一定机关预先拟定的，只作当事人签订合同时参考。而格式条款合同是指合同当事人一方为了重复使用而预先拟定的，并在订立合同时未与对方协商的具有一定格式条款的文本。采用格式条款合同文件，必须应当按照《民法典》的合同篇中规定的要求协商有关的合同条件。

住建部与国家工商行政管理总局联合颁布了《建设工程施工合同（示范文本）》《建设工

程勘察合同（示范文本）》《建设工程设计合同（示范文本）》和《建设工程监理合同（示范文本）》。这些示范文本更适合市场经济的要求，对完善建设工程合同管理制度起到了极大的推动作用。

3.2.3.2　格式条款

格式条款又称格式合同、标准条款，包括保险合同、拍卖成交确认书。《民法典》的合同篇从维护公平、保护弱者出发，对格式条款从以下三个方面予以限制。

（1）提供格式条款一方有提示、说明的义务，应当提请对方注意免除或者限制其责任的条款，并按照对方的要求予以说明；

（2）免除提供格式条款一方当事人主要义务、排除对方当事人主要权利的格式条款无效；

（3）对格式条款的理解发生争议的，应当作出不利于提供格式条款一方的解释。

3.2.4　缔约过失及其责任

缔约过失是指当事人一方或双方在缔约过程中因为过失，导致合同不能成立、无效或被撤销，使他方当事人受到损害；或者因当事人违反对他人的照顾和保护义务，使他方当事人受有人身或财产损害的情形。在订立合同过程中，有的合同虽然还没有成立，但因一方当事人的过错也会给对方造成损失，有过错的当事人应当承担赔偿责任。

缔约过失责任是一种独立的责任，它不同于违约责任和侵权责任。缔约过失责任的规定常常用于解决由于过失给当事人造成损失但合同尚未成立的情况下的责任承担问题。

3.3　合同的效力

3.3.1　合同的生效

《民法典》合同篇规定依法成立的合同，自成立时生效，但是法律另有规定或者当事人另有约定的除外。

依照法律、行政法规的规定，合同应当办理批准等手续的，依照其规定。未办理批准等手续影响合同生效的，不影响合同中履行报批等义务条款以及相关条款的效力。应当办理申请批准等手续的当事人未履行义务的，对方可以请求其承担违反该义务的责任。《民法典》合同篇第五百零四条规定，法人的法定代表人或者非法人组织的负责人超越权限订立的合同，除相对人知道或者应当知道其超越权限外，该代表行为有效，订立的合同对法人或者非法人组织发生效力。

3.3.2　无效合同

《民法典》合同篇第五百零六条规定合同中的下列免责条款无效：

（1）造成对方人身损害的；

（2）因故意或者重大过失造成对方财产损失的。

《民法典》合同篇第五百零七条规定，合同不生效、无效、被撤销或者终止的，不影响合同中有关解决争议方法的条款的效力。

3.4 合同的履行、保全、变更和转让

3.4.1 合同的履行

3.4.1.1 合同履行的原则

《民法典》合同篇规定当事人应当按照约定全面履行自己的义务。当事人应当遵循诚信原则，根据合同的性质、目的和交易习惯履行通知、协助、保密等义务。当事人在履行合同过程中，应当避免浪费资源、污染环境和破坏生态。

合同生效后，当事人就质量、价款或者报酬、履行地点等内容没有约定或者约定不明确的，可以协议补充；不能达成补充协议的，按照合同相关条款或者交易习惯确定。当事人就有关合同内容约定不明确，依据前条规定仍不能确定的，适用下列规定：

（1）质量要求不明确的，按照强制性国家标准履行；没有强制性国家标准的，按照推荐性国家标准履行；没有推荐性国家标准的，按照行业标准履行；没有国家标准、行业标准的，按照通常标准或者符合合同目的的特定标准履行。

（2）价款或者报酬不明确的，按照订立合同时履行地的市场价格履行；依法应当执行政府定价或者政府指导价的，依照规定履行。

（3）履行地点不明确，给付货币的，在接受货币一方所在地履行；交付不动产的，在不动产所在地履行；其他标的，在履行义务一方所在地履行。

（4）履行期限不明确的，债务人可以随时履行，债权人也可以随时请求履行，但是应当给对方必要的准备时间。

（5）履行方式不明确的，按照有利于实现合同目的的方式履行。

（6）履行费用的负担不明确的，由履行义务一方负担；因债权人原因增加的履行费用，由债权人负担。

通过互联网等信息网络订立的电子合同的标的为交付商品并采用快递物流方式交付的，收货人的签收时间为交付时间。电子合同的标的为提供服务的，生成的电子凭证或者实物凭证中载明的时间为提供服务时间；前述凭证没有载明时间或者载明时间与实际提供服务时间不一致的，以实际提供服务的时间为准。电子合同的标的物为采用在线传输方式交付的，合同标的物进入对方当事人指定的特定系统且能够检索识别的时间为交付时间。电子合同当事人对交付商品或者提供服务的方式、时间另有约定的，按照其约定。

执行政府定价或者政府指导价的，在合同约定的交付期限内政府价格调整时，按照交付时的价格计价。逾期交付标的物的，遇价格上涨时，按照原价格执行；价格下降时，按照新价格执行。逾期提取标的物或者逾期付款的，遇价格上涨时，按照新价格执行；价格下降时，按照原价格执行。以支付金钱为内容的债，除法律另有规定或者当事人另有约定外，债权人可以请求债务人以实际履行地的法定货币履行。

3.4.1.2 合同履行中的几项权利

（1）选择权　《民法典》合同篇规定标的有多项而债务人只需履行其中一项的，债务人享有选择权；但是，法律另有规定、当事人另有约定或者另有交易习惯的除外。

享有选择权的当事人在约定期限内或者履行期限届满未作选择，经催告后在合理期限内

仍未选择的，选择权转移至对方。《民法典》合同篇第五百一十六条规定　当事人行使选择权应当及时通知对方，通知到达对方时，标的确定。标的确定后不得变更，但是经对方同意的除外。

可选择的标的发生不能履行情形的，享有选择权的当事人不得选择不能履行的标的，但是该不能履行的情形是由对方造成的除外。《民法典》合同篇第五百一十七条规定　债权人为二人以上，标的可分，按照份额各自享有债权的，为按份债权；债务人为二人以上，标的可分，按照份额各自负担债务的，为按份债务。按份债权人或者按份债务人的份额难以确定的，视为份额相同。

（2）连带债权　《民法典》合同篇规定债权人为二人以上，部分或者全部债权人均可以请求债务人履行债务的，为连带债权；债务人为二人以上，债权人可以请求部分或者全部债务人履行全部债务的，为连带债务。连带债权或者连带债务，由法律规定或者当事人约定。《民法典》合同篇第五百一十九条规定　连带债务人之间的份额难以确定的，视为份额相同。

实际承担债务超过自己份额的连带债务人，有权就超出部分在其他连带债务人未履行的份额范围内向其追偿，并相应地享有债权人的权利，但是不得损害债权人的利益。其他连带债务人对债权人的抗辩，可以向该债务人主张。被追偿的连带债务人不能履行其应分担份额的，其他连带债务人应当在相应范围内按比例分担。部分连带债务人履行、抵销债务或者提存标的物的，其他债务人对债权人的债务在相应范围内消灭；该债务人可以依据前条规定向其他债务人追偿。部分连带债务人的债务被债权人免除的，在该连带债务人应当承担的份额范围内，其他债务人对债权人的债务消灭。

部分连带债务人的债务与债权人的债权同归于一人的，在扣除该债务人应当承担的份额后，债权人对其他债务人的债权继续存在。债权人对部分连带债务人的给付受领迟延的，对其他连带债务人发生效力。连带债权人之间的份额难以确定的，视为份额相同。实际受领债权的连带债权人，应当按比例向其他连带债权人返还。连带债权参照适用连带债务的有关规定。

（3）第三人履行义务　《民法典》合同篇规定当事人约定由债务人向第三人履行债务，债务人未向第三人履行债务或者履行债务不符合约定的，应当向债权人承担违约责任。

法律规定或者当事人约定第三人可以直接请求债务人向其履行债务，第三人未在合理期限内明确拒绝，债务人未向第三人履行债务或者履行债务不符合约定的，第三人可以请求债务人承担违约责任；债务人对债权人的抗辩，可以向第三人主张。《民法典》合同篇第五百二十三条规定，当事人约定由第三人向债权人履行债务，第三人不履行债务或者履行债务不符合约定的，债务人应当向债权人承担违约责任。

债务人不履行债务，第三人对履行该债务具有合法利益的，第三人有权向债权人代为履行；但是，根据债务性质、按照当事人约定或者依照法律规定只能由债务人履行的除外。债权人接受第三人履行后，其对债务人的债权转让给第三人，但是债务人和第三人另有约定的除外。当事人互负债务，没有先后履行顺序的，应当同时履行。一方在对方履行之前有权拒绝其履行请求。一方在对方履行债务不符合约定时，有权拒绝其相应的履行请求。

（4）中止履行　《民法典》合同篇规定应当先履行债务的当事人，有确切证据证明对方有下列情形之一的，可以中止履行：

① 经营状况严重恶化；

② 转移财产、抽逃资金，以逃避债务；

③ 丧失商业信誉；

④ 有丧失或者可能丧失履行债务能力的其他情形。

当事人没有确切证据中止履行的，应当承担违约责任。

当事人依据前条规定中止履行的，应当及时通知对方。对方提供适当担保的，应当恢复履行。中止履行后，对方在合理期限内未恢复履行能力且未提供适当担保的，视为以自己的行为表明不履行主要债务，中止履行的一方可以解除合同并可以请求对方承担违约责任。

债权人分立、合并或者变更住所没有通知债务人，致使履行债务发生困难的，债务人可以中止履行或者将标的物提存。债权人可以拒绝债务人提前履行债务，但是提前履行不损害债权人利益的除外。债务人提前履行债务给债权人增加的费用，由债务人负担。

对当事人利用合同实施危害国家利益、社会公共利益行为的，市场监督管理和其他有关行政主管部门依照法律、行政法规的规定负责监督处理。

3.4.2 合同的保全

3.4.2.1 代位权

《民法典》合同篇规定因债务人怠于行使其债权或者与该债权有关的从权利，影响债权人的到期债权实现的，债权人可以向人民法院请求以自己的名义代位行使债务人对相对人的权利，但是该权利专属于债务人自身的除外。

代位权的行使范围以债权人的到期债权为限。债权人行使代位权的必要费用，由债务人负担。相对人对债务人的抗辩，可以向债权人主张。债权人的债权到期前，债务人的债权或者与该债权有关的从权利存在诉讼时效期间即将届满或者未及时申报破产债权等情形，影响债权人的债权实现的，债权人可以代位向债务人的相对人请求其向债务人履行、向破产管理人申报或者作出其他必要的行为。

人民法院认定代位权成立的，由债务人的相对人向债权人履行义务，债权人接受履行后，债权人与债务人、债务人与相对人之间相应的权利义务终止。债务人对相对人的债权或者与该债权有关的从权利被采取保全、执行措施，或者债务人破产的，依照相关法律的规定处理。

3.4.2.2 撤销权

债务人以放弃其债权、放弃债权担保、无偿转让财产等方式无偿处分财产权益，或者恶意延长其到期债权的履行期限，影响债权人的债权实现的，债权人可以请求人民法院撤销债务人的行为。

债务人以明显不合理的低价转让财产、以明显不合理的高价受让他人财产或者为他人的债务提供担保，影响债权人的债权实现，债务人的相对人知道或者应当知道该情形的，债权人可以请求人民法院撤销债务人的行为。撤销权的行使范围以债权人的债权为限。债权人行使撤销权的必要费用，由债务人负担。撤销权自债权人知道或者应当知道撤销事由之日起一年内行使。自债务人的行为发生之日起五年内没有行使撤销权的，该撤销权消灭。债务人影响债权人的债权实现的行为被撤销的，自始没有法律约束力。

3.4.3 合同的变更与转让

3.4.3.1 合同的变更

《民法典》合同篇规定当事人协商一致，可以变更合同。当事人对合同变更的内容约定不明确的，推定为未变更。债权人可以将债权的全部或者部分转让给第三人，但是有下列情形之一的除外：

（1）根据债权性质不得转让；

（2）按照当事人约定不得转让；

（3）依照法律规定不得转让。

3.4.3.2 合同的转让

当事人约定非金钱债权不得转让的，不得对抗善意第三人。当事人约定金钱债权不得转让的，不得对抗第三人。

债权人转让债权，未通知债务人的，该转让对债务人不发生效力。债权转让的通知不得撤销，但是经受让人同意的除外。债权人转让债权的，受让人取得与债权有关的从权利，但是该从权利专属于债权人自身的除外。债务人接到债权转让通知后，债务人对让与人的抗辩，可以向受让人主张。有下列情形之一的，债务人可以向受让人主张抵销：

（1）债务人接到债权转让通知时，债务人对让与人享有债权，且债务人的债权先于转让的债权到期或者同时到期；

（2）债务人的债权与转让的债权是基于同一合同产生。

债务人转移债务的，新债务人应当承担与主债务有关的从债务，但是该从债务专属于原债务人自身的除外。当事人一方经对方同意，可以将自己在合同中的权利和义务一并转让给第三人。合同的权利和义务一并转让的，适用债权转让、债务转移的有关规定。

【案例3-4】 李女士于2021年3月和“学府雅苑”的开发商签订了购房合同，购买该小区二期的商品房一套，并先期付款20万元，合同约定交房时间为2021年5月1日。后来开发商经营不善，工程由于无后续资金投入而停止。到了2021年5月10日的时候，开发商经李女士等购房者催促仍不能交房，并无继续开工的意思（无后续开发资金）。于是李女士认为开发商违约，不能交房实现合同目的。

【问题】 请分析本案应该如何解决。

【案例分析】 李女士可以依法通知开发商解除合同，并要求开发商返还先期付款的20万元，并且可以同时要求赔偿损失。

因为我国《民法典》第三篇合同法规定，当事人一方迟延履行债务或者有其他违约行为致使不能实现合同目的的，对方可以通知解除合同；合同解除后，尚未履行的，终止履行；已经履行的，根据履行情况和合同性质，当事人可以要求恢复原状或采取其他补救措施，并有权要求赔偿损失。

可变更或可撤销的合同是指欠缺生效条件，但一方当事人可以按自己的意思使合同的内容变更或者使合同的效力归于消灭的合同。可变更或可撤销的合同不是无效合同。

无效合同当事人对合同的可变更或可撤销发生争议，只有人民法院或仲裁机构有权变更或者撤销合同。合同被变更、撤销的前提是当事人提出请求，即人民法院或者仲裁机构不得主动变更或者撤销合同。当事人如果只要求变更，人民法院或者仲裁机构不得撤销其合同。

3.5 合同权利义务终止

3.5.1 合同终止

合同终止，又称为合同关系消灭，是指合同当事人双方依法使相互间的权利和义务关系的终止。合同终止是随着一定法律事实发生而发生的，与合同中止的区别在于，合同中止只是在法定的特殊情况下，当事人暂时停止履行合同，当这种特殊情况消失以后，当事人仍然承担继续履行的义务；而合同终止是合同关系的消灭，不可能恢复。

合同终止的情形有：①债务已经履行；②债务相互抵销；③债务人依法将标的物提存；④债权人免除债务；⑤债权债务同归于一人；⑥法律规定或者当事人约定终止的其他情形。合同解除的，该合同的权利义务关系终止。

3.5.2 合同解除

合同解除是当事人协商一致，可以解除合同。当事人可以约定一方解除合同的事由。解除合同的事由发生时，解除权人可以解除合同。有下列情形之一的，当事人可以解除合同：

（1）因不可抗力致使不能实现合同目的的；

（2）在履行期限届满之前，当事人一方明确表示或者以自己的行为表明不履行主要债务；

（3）当事人一方延迟履行主要债务，经催告后在合理的期限内仍未履行；

（4）当事人一方延迟履行债务或者其他违法行为，致使不能实现合同目的的；

（5）法律规定的其他情形。

法律规定或当事人约定解除权行使期限，期限届满当事人不行使的，该权利消灭。法律没有规定或当事人没有约定解除权行使期限，自解除权人知道或者应当知道解除事由之日起一年内不行使，或者经对方催告后在合理期限内不行使的，该权利消灭。

当事人一方依法主张解除合同的，应当通知对方。合同自通知到达对方时解除；通知载明债务人在一定期限内不履行债务则合同自动解除，债务人在该期限内未履行债务的，合同自通知载明的期限届满时解除。对方对解除合同有异议的，任何一方当事人均可以请求人民法院或者仲裁机构确认解除。

当事人一方未通知对方，直接以提起诉讼或者申请仲裁的方式依法主张解除合同，人民法院或者仲裁机构确认该主张的，合同自起诉状副本或者仲裁申请书副本送达对方时解除。合同解除后，尚未履行的，终止履行；已经履行的，根据履行情况和合同性质，当事人可以请求恢复原状或者采取其他补救措施，并有权请求赔偿损失。

合同因违约解除的，解除权人可以请求违约方承担违约责任，但是当事人另有约定的除外。

主合同解除后，担保人对债务人应当承担的民事责任仍应当承担担保责任，但是担保合同另有约定的除外。

3.6 违约责任

3.6.1 违约行为

《民法典》合同篇规定当事人一方不履行合同义务或者履行合同义务不符合约定的，应当承担继续履行、采取补救措施或者赔偿损失等违约责任。当事人一方明确表示或者以自己的行为表明不履行合同义务的，对方可以在履行期限届满前请求其承担违约责任。当事人一方未支付价款、报酬、租金、利息，或者不履行其他金钱债务的，对方可以请求其支付。当事人一方不履行非金钱债务或者履行非金钱债务不符合约定的，对方可以请求履行，但是有下列情形之一的除外：

(1) 法律上或者事实上不能履行；

(2) 债务的标的不适于强制履行或者履行费用过高；

(3) 债权人在合理期限内未请求履行。

当事人一方不履行债务或者履行债务不符合约定，根据债务的性质不得强制履行的，对方可以请求其负担由第三人替代履行的费用。履行不符合约定的，应当按照当事人的约定承担违约责任。对违约责任没有约定或者约定不明确，受损害方根据标的的性质以及损失的大小，可以合理选择请求对方承担修理、重作、更换、退货、减少价款或者报酬等违约责任。

3.6.2 违约责任

当事人一方不履行合同义务或者履行合同义务不符合约定，造成对方损失的，损失赔偿额应当相当于因违约所造成的损失，包括合同履行后可以获得的利益；但是，不得超过违约一方订立合同时预见到或者应当预见到的因违约可能造成的损失。违约责任是指合同当事人因违反合同及约定所应承担的继续履行、采取补救措施或赔偿损失等民事责任。违约责任制度是保障实现和债务履行的重要措施。合同债务是违约责任的前提，设立违约责任制度能够促使债务人履行债务。预期违约责任是指当事人一方明确表示或者以自己的行为表明不履行合同义务的，对方可以在履行期限届满之前要求其承担违约责任。

当事人可以约定一方违约时应当根据违约情况向对方支付一定数额的违约金，也可以约定因违约产生的损失赔偿额的计算方法。约定的违约金低于造成的损失的，人民法院或者仲裁机构可以根据当事人的请求予以增加；约定的违约金过分高于造成的损失的，人民法院或者仲裁机构可以根据当事人的请求予以适当减少。

当事人可以约定一方向对方给付定金作为债权的担保。定金合同自实际交付定金时成立。定金的数额由当事人约定；但是，不得超过主合同标的额的百分之二十，超过部分不产生定金的效力。实际交付的定金数额多于或者少于约定数额的，视为变更约定的定金数额。

债务人履行债务的，定金应当抵作价款或者收回。给付定金的一方不履行债务或者履行债务不符合约定，致使不能实现合同目的的，无权请求返还定金；收受定金的一方不履行债务或者履行债务不符合约定，致使不能实现合同目的的，应当双倍返还定金。

当事人既约定违约金，又约定定金的，一方违约时，对方可以选择适用违约金或者定金条款。定金不足以弥补一方违约造成的损失的，对方可以请求赔偿超过定金数额的损失。债务人按照约定履行债务，债权人无正当理由拒绝受领的，债务人可以请求债权人赔偿增加的费用。在债权人受领迟延期间，债务人无须支付利息。

当事人一方因不可抗力不能履行合同的，根据不可抗力的影响，部分或者全部免除责任，但是法律另有规定的除外。因不可抗力不能履行合同的，应当及时通知对方，以减轻可能给对方造成的损失，并应当在合理期限内提供证明。当事人迟延履行后发生不可抗力的，不免除其违约责任。当事人因防止损失扩大而支出的合理费用，由违约方负担。当事人都违反合同的，应当各自承担相应的责任。

3.7 合同争议的解决

3.7.1 合同争议的解决方式

合同争议又称合同纠纷，是指合同当事人对合同规定的权利和义务产生了不同的理解。合同争议的解决方式有以下四种。

（1）和解　指合同纠纷当事人在自愿友好的基础上，互相沟通、互相谅解，从而解决纠纷的一种方式。采用和解的办法简便易行，能经济、及时地解决纠纷，有利于维护合同双方的友好合作关系。

（2）调解　指在产生合同纠纷的时候，邀请第三人或者有关部门进行调解的一种方式。进行第三人调解时，应当做到客观公正，且应建立在合同双方当事人自愿的基础上。

（3）仲裁（也称公断）　指当事人双方在争议发生前或争议发生后达成协议，自愿将争议交给第三者作出裁决，并负有自动履行义务的一种解决争议的方式。仲裁这种争议解决方式必须是自愿的，因此必须有仲裁协议。

（4）诉讼　指合同当事人依法请求人民法院行使审判权，审理双方之间发生的合同争议，作出由国家强制保证实现其合法权益从而解决纠纷的审判活动。合同双方当事人如果未约定仲裁协议，则只能以诉讼作为解决争议的最终方式。

3.7.2 仲裁

3.7.2.1 仲裁的原则

（1）自愿原则　当事人采用仲裁方式解决纠纷，应当贯彻双方自愿原则，达成仲裁协议。如有一方不同意进行仲裁的，仲裁机构无权受理合同纠纷。

（2）公平合理原则　公平合理原则要求仲裁机构要充分收集证据，听取纠纷双方的意见。仲裁应当根据事实，同时，仲裁也应当符合法律规定。

（3）仲裁依法独立进行原则　仲裁机构是独立的组织，相互间也无隶属关系。仲裁依法独立进行，不受行政机关、社会团体和个人的干涉。

（4）一裁终局原则　仲裁是当事人基于对仲裁机构的信任作出的选择，因此其裁决是立即生效的。裁决作出后，当事人就同一纠纷再申请仲裁或者向人民法院起诉的，仲裁委员会或人民法院将不予受理。

3.7.2.2 仲裁委员会

仲裁委员会可以在直辖市和省、自治区人民政府所在地的市设立，也可以根据需要在其他的市设立，不按行政区划层层设立。

仲裁委员会由主任1人、副主任2～4人和委员7～11人组成。仲裁委员会应当从公道正派的人员中聘任仲裁员。

仲裁委员会独立于行政机关，与行政机关没有隶属关系。同时仲裁委员会之间也没有隶属关系。

3.7.2.3 仲裁协议

仲裁协议是指纠纷当事人愿意将纠纷提交仲裁机构仲裁的协议。仲裁协议的内容主要包括：

（1）请求仲裁的意思表示；

（2）仲裁事项；

（3）选定的仲裁委员会。

由于仲裁没有法定管辖，如果当事人不约定明确的仲裁委员会，仲裁将无法操作，仲裁协议将是无效的。至于请求仲裁的意思表示和仲裁事项则可以通过默示的方式来体现。可以认为在合同中选定仲裁委员会就是希望通过仲裁解决争议，同时，合同范围内的争议就是仲裁事项。

3.7.2.4 仲裁庭的组成

仲裁庭的组成有两种方式：

（1）当事人约定由3名仲裁员组成仲裁庭　当事人如果约定由3名仲裁员组成仲裁庭，应当各自选定或者各自委托仲裁委员会主任指定1名仲裁员，第3名仲裁员由当事人共同选定或者共同委托仲裁委员会主任指定。第3名仲裁员是首席仲裁员。

（2）当事人约定由1名仲裁员组成仲裁庭也可以由1名仲裁员组成　当事人如果约定由1名仲裁员组成仲裁庭的，应当由当事人共同选定或者共同委托仲裁委员会主任指定仲裁员。

3.7.2.5 开庭和裁决

（1）开庭　仲裁应当开庭进行。当事人协议不开庭的，仲裁庭可以根据仲裁申请书、答辩书以及其他材料作出裁决，仲裁不公开进行。申请人经书面通知，无正当理由不到庭或者未经仲裁庭许可中途退庭的，可以视为撤回仲裁申请。被申请人经书面通知，无正当理由不到庭或者未经仲裁庭许可中途退庭的，可以缺席裁决。

（2）证据　当事人应当对自己的主张提供证据。仲裁庭对专门性问题认为需要鉴定的，可以交由当事人约定的鉴定部门鉴定，也可以由仲裁庭指定的鉴定部门鉴定。

（3）辩论　当事人在仲裁过程中有权进行辩论。辩论结束后，由首席仲裁员或独任仲裁员征询当事人的最后意见。

（4）裁决　应当按照多数仲裁员的意见作出，少数仲裁员的不同意见可以记入笔录。仲裁庭不能形成多数意见时，裁决应当按照首席仲裁员的意见作出。仲裁庭仲裁纠纷时，其中一部分事实已经清楚，可以就该部分先行裁决。

对裁决书中的文字、计算错误或者仲裁庭已经裁决但在裁决书中遗漏的事项，仲裁庭应当补正。当事人自收到裁决书之日起30日内，可以请求仲裁补正。裁决书自作出之日起发生法律效力。

3.7.2.6 申请撤销裁决

当事人提出证据证明裁决有下列情形之一的，可以向仲裁委员会所在地的中级人民法院申请撤销裁决。

（1）没有仲裁协议的；

（2）裁决的事项不属于仲裁协议的范围或者仲裁委员会无权仲裁的；

（3）仲裁庭的组成或者仲裁的程序违反法定程序的；

（4）裁决所根据的证据是伪造的；

（5）对方当事人隐瞒了足以影响公正裁决的证据的；

（6）仲裁员在仲裁该案时有索贿受贿、徇私舞弊、枉法裁决行为的。

人民法院经组成合议庭审查核实裁决有前款规定情形之一的，应当裁定撤销。当事人申请撤销裁决的，应当自收到裁决书之日起 6 个月内提出。人民法院应当在受理撤销裁决申请之日起 2 个月内作出撤销裁决或者驳回申请的裁定。

人民法院受理撤销裁决的申请后，认为可以由仲裁庭重新仲裁的，通知仲裁庭在一定期限内重新仲裁，并裁定中止撤销程序。仲裁庭拒绝重新仲裁的，人民法院应当裁定恢复撤销程序。

3.7.2.7 执行

仲裁委员会的裁决作出后，当事人应当履行。由于仲裁委员会本身并无强制执行的权力，因此，当一方当事人不履行仲裁裁决时，另一方当事人可以依照《民事诉讼法》的有关规定向人民法院申请执行。接受申请的人民法院应当执行。

3.7.3 诉讼

如果当事人没有在合同中约定通过仲裁解决争议，则只能通过诉讼作为解决争议的最终方式。人民法院审理民事案件，依照法律规定实行合议、回避、公开审判和两审终审制度。

3.7.3.1 诉讼中的证据

证据有下列几种：①书证；②物证；③视听资料；④证人证言；⑤当事人的陈述；⑥鉴定结论；⑦勘验笔录。

当事人对自己提出的主张，有责任提供证据。当事人及其诉讼代理人因客观原因不能自行收集的证据，或者人民法院认为审理案件需要的证据，人民法院应当调查收集。人民法院应当按照法定程序，全面、客观地审查核实证据。

证据应当在法庭上出示，并由当事人互相质证。对于涉及国家秘密、商业秘密或个人隐私的证据应当保密，需要在法庭出示的，不得在公开开庭时出示。经过法定程序公证证明的法律行为、法律事实和文书，人民法院应作为认定事实的根据，但有相反证据足以推翻公证证明的除外。书证应提交复制品、照片、副本、节录本。提交外文书证，必须附有中文译本。

人民法院对视听资料，应当辨别真伪，并结合本案的其他证据，审查确定能否作为认定事实的根据。人民法院对专门性问题认为需要鉴定的，应当交由法定鉴定部门鉴定；没有法定鉴定部门的，由人民法院指定的鉴定部门鉴定。鉴定部门及其指定的鉴定人有权了解进行鉴定所需要的案件材料，必要时可以询问当事人、证人。鉴定部门和鉴定人应当提出书面鉴定结论，在鉴定书上签名或盖章。与仲裁中的情况相似，建设工程合同纠纷往往涉及工程质量、工程造价等专门性的问题，在诉讼中一般也需要进行鉴定。

3.7.3.2 诉讼的时效

诉讼时效的概念，诉讼时效是指权利人依照民事诉讼程序，请求人民法院依法强制义务人向其履行义务，以保护其权利的时间效率，在法律规定的诉讼时间内。向人民法院请求保护民事权利的诉讼时效期间为三年。法律另有规定的，依照其规定。

诉讼时效期间自权利人知道或者应当知道权利受到损害以及义务人之日起计算。法律另有规定的，依照其规定。但是，自权利受到损害之日起超过二十年的，人民法院不予保护，有特殊情况的，人民法院可以根据权利人的申请决定延长。在诉讼时效期间的最后六个月内，因下列障碍，不能行使请求权的，诉讼时效中止：

（1）不可抗力；

（2）无民事行为能力人或者限制民事行为能力人没有法定代理人，或者法定代理人死亡、丧失民事行为能力、丧失代理权；

（3）继承开始后未确定继承人或者遗产管理人；

（4）权利人被义务人或者其他人控制；

（5）其他导致权利人不能行使请求权的障碍。

自中止时效的原因消除之日起满六个月，诉讼时效期间届满。

能力训练题

一、单选题

1. 合同是平等主体的（　　）之间设立、变更、终止民事权利义务关系的协议。

A. 法人　　B. 法人和其他组织

C. 自然人　　D. 自然人、法人和其他组织

2. 某施工企业为上级行政主管部门承担办公大楼的施工，双方签订合同后即时建立了（　　）关系。

A. 主管部门对施工单位的监督　　B. 主管部门对施工单位的领导

C. 主管部门对施工单位的管理　　D. 主管部门与施工单位平等的合同

3. 以包工包料方式承包的施工合同，施工企业的项目经理在建筑材料采购合同履行中有过错而出现违约。该违约责任应当由（　　）承担。

A. 建设单位　　B. 施工企业　　C. 项目经理　　D. 采购人员

4. 要约相对人对要约主要条款部分同意，部分作出变更的答复文件，可视为（　　）。

A. 承诺　　B. 部分承诺　　C. 新要约　　D. 拒绝

5. 属于法律行为的要约发出后，则对（　　）具有法律约束力。

A. 要约人　　B. 受要约人　　C. 合同担保人　　D. 要约人和受要约人

6. 施工招的招标广告属于（　　）。

A. 要约　　B. 有效承诺　　C. 无效承诺　　D. 要约邀请

7. 要约人从自身利益考虑希望使发出的要约不生效，构成要约撤回的条件是，撤回通知（　　）。

A. 应在不迟于对方收到要约的时间到达对方

B. 应在对方作出承诺以前到达对方

C. 应在对方承诺到达要约人以前到达对方

D. 发出和到达时间不受限制

8. 下列属于要约的行为是（　　）。

A. 投标报价　　B. 招标广告

C. 电视直销产品目录　　D. 产品设备报价清单

9. 当事人在订立合同过程中，一方故意隐瞒与订立合同有关的重要事实，给对方造成损失的，应当承担（　　）责任。

A. 风险损害赔偿　　B. 双倍返还定金

C. 缔约过失　　D. 违约赔偿

10. 某水泥厂因技术问题使生产的水泥达不到国家规定的标准，该厂用其他厂家的水

泥换上自己的包装后作为样品与乙方签订水泥供应合同。则该合同属于（　　）签订的合同。

A. 采购欺诈手段　　B. 采购胁迫手段

C. 超越经营范围　　D. 无权代理

11. 一方缺乏经验因重大误解订立了对自己利益有重大损害的合同，则他可以（　　）。

A. 单方宣布合同无效　　B. 拒绝履行合同义务

C. 向行政主管部门申请撤销合同　　D. 向法院请求裁定撤销合同

12. 合同转让属于（　　）。

A. 主体变更　　B. 标的变更　　C. 权利变更　　D. 义务变更

二、多选题

1. 合同有效的条件包括（　　）。

A. 当事人具有相应的民事行为能力　　B. 意思表示真实

C. 合同的内容具体，条理清晰　　D. 合同的内容符合道德准则

E. 合同的内容确定、可能

2. 合同履行要遵循的原则有（　　）。

A. 片面履行原则　　B. 局部负责原则　　C. 全面负责原则

D. 全面适当履行原则　　E. 诚实信用原则

3. 合同的成立必须经过（　　）。

A. 要约邀请　　B. 要约

C. 承诺　　D. 鉴证

E. 公证

4. 水泥供货合同约定采购方接货 10 天内支付货款。供货商在合同约定的时间之前将 300t 水泥通过铁路发运到施工现场，此时采购方仓库内的水泥尚存放很多没有足够的仓储场地。对此事件采购方接收水泥后（　　）。

A. 应在 10 天内支付货款

B. 通知供货方他的行为构成违约

C. 在合同约定的到货时间后 10 天内支付货款

D. 前供货方承担露天存放部分水泥实际支出的保管费用

E. 要求供货方双倍返回定金

5. 违约责任制度的意义是（　　）。

A. 加强合同当事人履行合同的责任心　　B. 加强合同当事人继续履行合同的责任心

C. 保护当事人的合法权益　　D. 保护当事人的合法利益

E. 预防和减少违反合同现象的发生

6. 承担违约责任的形式可以是（　　）。

A. 受损害方向保险公司索赔　　B. 继续履行

C. 采购补救措施　　D. 赔偿损失

E. 罚金

7. 解决合同争议的方法有（　　）四种。

A. 公断　　B. 和解　　C. 调解　　D. 仲裁　　E. 诉讼

8. 合同纠纷时，当事人应首先考虑通过和解解决纠纷，因为和解解决纠纷有如下优点（　　）。

A. 简便易行，能经济、及时地解决纠纷

B. 有利于维护合同双方的合作关系，使合同能更好地得到履行

C. 有利于和解协议的执行

D. 有利于消除当事人的对立情绪，维护双方的长期合作

E. 有利于当事人长期的经济效益

9. 诉讼中的证据有下列几种：（ ）。

A. 书证和物证

B. 书证的复印件

C. 书证的复印件视听资料和证人证言

D. 当事人的陈述

E. 鉴定结论和勘验笔录

项目4 建设工程招标投标概述

教学目标

- 了解招标投标的概念、性质与原则
- 掌握招标投标的分类、范围、方式、条件
- 了解招标投标代理机构
- 掌握招标投标的法律责任

思政目标

- 遵守招标投标法，依靠自身的优势和业务水平投标报价

4.1 招标投标概述

【案例 4-1】 鲁布革水电站引水工程招标投标

鲁布革水电站装机容量60万kW·h，位于云贵交界的黄泥河上。1981年6月经国家批准，列为重点建设工程。1982年7月，国家决定将鲁布革水电站的引水工程作为水利电力部第一个对外开放、利用世界银行贷款的工程，并按世界银行规定，实行新中国成立以来第一次的国际公开（竞争性）招标。该工程由一条长8.8km、内径8m的引水隧洞和调压井等组成。招标范围包括其引水隧洞、调压井和通往电站的压力钢管等。招标工作由水利电力部委托中国进出口公司进行，其招标程序及合同履行情况如表4-1所示，其评标折算报价见表4-2。

表 4-1 鲁布革水电站引水工程国际公开招标程序

时间	工作内容	说　明
1982年9月	刊登招标通告及编制招标文件	
1982年9～12月	第一阶段资格预审	从13个国家32家公司中选定20家合格公司，包括中国公司3家

续表

时间	工作内容	说　　明
1983 年 2～7 月	第二阶段资格预审	与世界银行磋商第一阶段预审结果，中外公司为组成联合投标公司进行谈判
1983 年 6 月 15 日	发售招标文件(标书)	15 家外商及 3 家国内公司购买了标书，8 家投了标
1983 年 11 月 8 日	当众开标	共 8 家公司投标，其中 1 家为废标
1983 年 11 月～1984 年 4 月	评标	确定大成(日)、前田(日)和英波吉洛公司(意美联合)3 家为评标对象，最后确定日本大成公司中标，与之签订合同，合同价 8463 万元，比标底 12958 万元低 43%，合同工期 1597 天
1984 年 11 月	引水工程正式开工	
1988 年 8 月 13 日	正式竣工	工程师签署了工程竣工移交证书，工程初步结算价 9100 万元，仅为标底的 60.8%，比合同价增加 7.53%，实际工期 1475 天，比合同工期提前 122 天

表 4-2　鲁布革水电站引水工程国际公开招标评标折算报价

公司	折算报价/万元	公司	折算报价/万元
大成公司	8460	中国闽昆与挪威 FHS 联合公司	12210
前田公司	8800	南斯拉夫能源公司	13220
英波吉洛公司(意美联合)	9280	法国 SBTP 联合公司	17940
中国贵华与前西德霍尔兹曼联合公司	12000	前西德某公司	废标

【问题】　为什么国内未中标？鲁布革水电站引水工程对我们有哪些启示？

【案例分析】

1. 国内未中标的原因分析

这次国际竞争性招标，虽然国内公司享受 7.5%的优惠，条件颇为有利，但未中标。事后分析，原因可能如下：

(1) 标底计算过高，束缚了自己的手脚。

(2) 外商标价中费用项目比我国概算要少得多。国内一个公司就负担着一个小社会，费用名目繁多，再加上人员设备工效低，临建数量大，这些因素都会使报价增高，工期较长，削弱投标竞争能力。

(3) 国内公司的施工技术和管理水平在当时与外国大公司比，有一定差距。此外，投标过程中对市场信息掌握也稍差。

差距首先表现在工效上。当时国内隧洞开挖进度每月最高为 12m，仅达到国外公司平均工效的 50%左右。

其次是施工工艺落后。日本大成公司每立方米混凝土的水泥用量比国内公司少用 70kg。国内公司与挪威联营的公司所用水泥比大成公司多了 4 万多吨，按进口水泥运达工地价计算，差额约为 1000 万元。

此外，国内设备利用率低而国外高于我国。由于上述因素，国内公司报价的主要指标一般高于此次投低标的外国公司而处于不利地位，具体见表 4-3。

表 4-3 主要指标对比

项目	单位	大成公司	前田公司	意美联合公司	闽挪联合	标底
隧洞开挖	元/m^3	37	35	26	56	79
隧洞衬砌	元/m^3	200	218	269	291	444
混凝土衬砌水泥单方用量	元/m^3	270	308		360	320～350
水泥总用量	t	52500	65500	64000	92400	77890
劳动量总计	工日/月	22490	19250	19520	28970	
隧洞超挖	cm	12～15（圆形）	12～15（圆形）	10（圆形）	20（马蹄形）	20（马蹄形）
隧洞开挖月进尺	m/月	190	220	140	180	

大成公司采用总承包制，管理及技术人员仅30人左右，雇用我国某公司为分包单位，采用科学的项目管理方法。合同工期为1597天，竣工工期为1475天，提前122天。工程质量综合评价为优良。包括除汇率风险以外的设计变更、物价涨落、索赔及附加工程量等增加费用在内的工程初步结算为9100万元，仅为标底的60.8%，比合同价增加了7.53%。“鲁布革工程”的管理经验不但得到了世界银行的充分肯定，也受到我国政府的重视，号召建筑施工企业进行学习。建设部和国家计委等五单位于1987年7月发布《关于第一批推广鲁布革工程管理经验企业有关问题的通知》后，于1988年8月确定了15个试点企业共66个项目。1991年将试点企业调整为50家。1991年9月，建设部提出了《关于加强分类指导、专题突破、分步实施、全面深化施工管理体制综合改革工作的指导意见》，将试点工作转变为全行业的综合改革。

2.鲁布革水电站引水工程对我们的启示

鲁布革水电站引水工程进行国际招标和实行国际合同管理，在当时具有很大的超前性。鲁布革工程管理局作为既是“代理业主”又是“监理工程师”的机构设置，按合同进行项目管理的实践，使人耳目一新，所以当时到鲁布革水电站引水工程考察被称为“不出国的出国考察”。这是在20世纪80年代初我国计划经济体制还没有根本改变，建筑市场还没形成，外部条件尚未充分具备的情况下进行的。而且只是在水电站引水工程进行国际招标。这正好给了人们一个充分比较、研究、分析两种管理体制差异的极好机会。鲁布革水电站引水工程的国际招标实践和一个工程两种体制的鲜明对比，在中国工程界引起了强烈的反响。到鲁布革水电站引水工程参观考察的人几乎遍及全国各省市，鲁布革水电站引水工程的实践激发了人们对基本建设管理体制改革的强烈愿望。

鲁布革水电站引水工程的管理经验主要有以下几点：

（1）核心的经验是把竞争机制引入工程建设领域。

（2）工程施工采用全过程总承包方式和科学的项目管理。

（3）严格的合同管理和工程监理制。

在中国工程建设发展和改革过程中，鲁布革水电站的建设都占有一定的历史地位，发挥了其重要的历史作用。通过以中外合作方式建设鲁布革水电站，中国建设者学会了国际合同编标、招标、评标的程序和方法；运用了FIDIC合同管理；引进了处理变更、索赔等合同管理业务知识；还引进了先进的国外技术规范和施工控制方法。可以说，这是一次共享经验，完成大型水电工程项目的成功实践。

4.1.1 招标投标的概念与性质

4.1.1.1 招标投标的概念

招标投标是商品经济中，运用于大宗商品或建设工程的一种交易方式，招标过程中由专一的买主设定包括商品质量、价格、时限为主的标的，邀请若干卖主通过秘密报价实行竞争，由买主选择中标人的一种市场竞争行为。

建设工程招标投标是建设单位对拟建的建设工程项目，通过法定的程序和方式，吸引承包商，进行公平竞争，并从中选择条件优越者来完成建设工程任务的行为，这是在市场经济条件下常用的一种建设工程项目的交易方式。

4.1.1.2 招标投标的性质

我国法学界一般认为，建设工程招标是要约邀请，而投标是要约，中标通知书是承诺。我国民法典也明确规定，招标公告是要约邀请。也就是说，招标实际上是邀请投标人对其提出要约（即报价），属于要约邀请。投标则是一种要约，它符合要约的所有条件，如具有缔结合同的主观目的；一旦中标，投标人将受投标书的约束；投标书的内容具有足以使合同成立的主要条件等。招标人向中标的投标人发出的中标通知书，则是招标人同意接受中标的投标人的投标条件，即同意接受该投标人的要约的意思表示，应属于承诺。

4.1.2 招标投标的基本原则

（1）公开原则　招标投标法的公开原则主要是要求招标活动的信息要公开。采用公开招标方式，应当发布招标公告，依法必须进行招标的项目的招标公告，必须通过国家指定的报刊、信息网络或者其他公共媒体发布。

（2）公平原则　招标投标法的公平原则，要求招标人严格按照规定的条件和程序办事，同等地对待每一个投标竞争者，不得对不同的投标竞争者采取不同的标准，招标人不得以任何方式限制或者排斥本地区、本系统以外的法人或者其他组织参加投标。

（3）公正原则　在招标投标过程中，招标人应对所有的投标竞争者平等对待，不能有特殊。特别是在评标时，评标标准应当明确、程序应当严格，对所有在投标截止日期以后送达的投标书都应拒收，与投标人有利害关系的人员都不得作为评标委员会的成员，招标投标双方在招标投标过程中的地位平等，任何一方不得向另一方提出不合理的要求，不得将自己的意志强加给对方。

（4）诚实信用原则　诚实信用原则是市场经济的前提，也是订立合同的基本原则之一，并有“帝王条款”之称，违反诚实信用原则的行为是无效的，且应对由此造成的损失和损害承担责任。招标投标是以订立合同为最终目的，诚实信用是订立合同的前提和保证。

4.1.3 工程招投标的意义

（1）有利于控制工程投资。历年的工程招投标证明，经过工程招投标的工程最终造价可控制，这些费用的节省主要来自施工技术的提高、施工组织的更加合理化。此外，能够减少交易费用，节省人力、物力、财力，从而使工程造价有所降低。

（2）有利于鼓励施工企业公平竞争，不断降低社会平均劳动消耗水平，使施工单位之间的竞争更加公开、公平、公正，对施工单位既是一种冲击，又是一种激励。可促进企业加强内部管理，提高生产效率。

（3）有利于保证工程质量。已建工程是企业的业绩，以后不但会对其资质的评估起到作用，而且会对其以后承接其他项目有至关重要的影响，因而企业会将工程质量放到重要位置。

（4）有利于形成由市场定价的价格体制，使工程造价更加趋于合理。

（5）有利于供求双方更好地相互选择，使工程造价更加符合价值基础。

（6）有利于规范价格行为，使公开、公平、公正的原则得以贯彻。

（7）有利于预防职务犯罪和商业犯罪。

4.2 建设工程招标的范围与分类

【案例 4-2】 某房地产开发公司用自有资金开发一商品房项目，工程概算 5500 万元，开发商委托某工程招标代理机构组织招标投标事宜，于 2021 年 3 月 15 日向三个具备总承包能力且资信良好的建筑企业 A、B、C 发出了招标邀请书，三家公司均表示接受邀请。

【问题】

1. 什么是招标投标？该项目是否要实行招标投标？招标投标分哪几类？
2. 招标投标的方式有哪几种？该工程采用了哪种形式？
3. 该工程开发商能自行招标吗？招标代理机构应该具备哪些条件？
4. 该工程如为某政府投资的高校工程能采用这种投标方式吗？
5. 该工程设计阶段、施工阶段招标应满足什么条件？

【案例分析】 见教材。

4.2.1 建设工程招标的范围

《中华人民共和国招标投标法》（以下简称《招标投标法》）规定，在中华人民共和国境内进行下列工程建设项目的勘察、设计、施工、监理以及与工程建设有关的重要设备、材料等的采购，必须进行招标。

（1）大型基础设施、公用事业等关系社会公共利益、公众安全的项目；

（2）全部或者部分使用国有资金投资或者国家融资的项目；

（3）使用国际组织或者外国政府贷款、援助资金的项目。

2018 年 3 月经修改后公布的《中华人民共和国招标投标法实施条例》（以下简称《招标投标法实施条例》）指出，工程建设项目是指工程以及与工程建设有关的货物、服务。工程是指建设工程，包括建筑物和构筑物的新建、改建、扩建及其相关的装修、拆除、修缮等；与工程建设有关的货物，是指构成工程不可分割的组成部分，且为实现工程基本功能所必需的设备、材料等；与工程建设有关的服务，是指为完成工程所需的勘察、设计、监理等服务。

4.2.2 招标的工程项目的规模标准

4.2.2.1 必须招标的工程项目的规模标准

国家发展和改革委员会发布的《必须招标的工程项目规定》。全部或者部分使用国有资金投资或者国家融资的项目包括：

（1）使用预算资金200万元人民币以上，并且国有资金占投资额10%以上的项目；

（2）施工单项合同估算价在400万元人民币以上的；

（3）重要设备、材料等货物的采购，单项合同估算价在200万元人民币以上的；

（4）勘察、设计、监理等服务的采购单项合同估算价在100万元人民币以上的；

（5）使用国际组织或者外国政府贷款，援助的资金包括使用世界银行、亚洲开发银行等国际组织贷款、援助资金的项目，使用外国政府及其机构贷款、援助资金的项目；

（6）不属于以上规定情形的大型基础设施、公用设施、公用事业等关系社会公共利益、公众安全的项目，必须招标的范围由国务院发展改革部门会同国务院有关部门，按照确有必要、严格规定的原则制定，报国务院批准。

4.2.2.2 可以不进行招标的工程项目

《招标投标法》规定，涉及国家安全、国家秘密、抢险救灾或者属于利用扶贫资金实行以工代赈、需要使用农民工等特殊情况，不适宜进行招标的项目，按照国家有关规定可以不进行招标。

《招标投标法实施条例》还规定，除《招标投标法》规定可以不进行招标的特殊情况外，有下列情形之一的，可以不进行招标：①需要采用不可替代的专利或者专有技术；②采购人依法能够自行建设、生产或者提供；③已通过招标方式选定的特许经营项目投资人依法能够自行建设、生产或者提供；④需要向原中标人采购工程、货物或者服务，否则将影响施工或者功能配套要求；⑤国家规定的其他特殊情形。

4.2.2.3 可以邀请招标工程项目

招标投标法实施条例进一步规定，国有资金占控股或主导地位的，依法应当公开招标的项目，有下列情形之一的可以邀请招标：①项目技术复杂，若有特殊要求，或受自然地域环境限制，只有少量几家潜在投标人可供选择。②采用公开招标的费用，占合同金额的比重过大。

4.2.2.4 招标公告

《招标投标法实施条例》关于招标公告的规定：

（1）依法必须招标项目的招标公告和公示信息，除依法需要保密或者涉及商业秘密的内容外，应当按照公益服务、公开透明、高效、便捷、集中共享的原则，依法向社会公开。

（2）依法必须招标项目的资格预审公告和招标公告，应当载明以下内容：①招标项目名称、内容、范围、规模、资金来源。②投标资格能力要求，以及是否接受联合体投标。③获取资格预审文件或招标文件的时间方式。④递交资格预审文件和投标文件的截止时间方式。⑤招标人及其招标代理机构的名称地址，联系人及联系方式。⑥采用电子招标投标方式的，潜在投标人访问电子招标投标交易平台的网址和方法。⑦其他依法应当载明的内容。

4.2.2.5 中标候选人

依法必须招标项目的中标候选人公示，应当载明以下内容：

（1）中标候选人排序名称投标报价，质量工期交货期以及评标情况。

（2）中标候选人按照招标文件的要求承诺项目负责人姓名及相关证书名称和编号。

（3）中标候选人响应招标文件要求的资格能力条件。

（4）提出异议的渠道和方式。

（5）招标文件规定公示的其他内容。依法必须招标项目的中标结果公示，应当载明中标人名称。

4.2.3 我国工程项目招标的种类

工程项目招标投标多种多样，按照不同的标准可以进行不同的分类。

4.2.3.1 按照工程建设程序分类

按照工程建设程序，可以将建设工程招标投标分为建设项目前期咨询招标、工程勘察设计招标、材料设备采购招标、工程施工招标。

（1）建设项目前期咨询招标　指对建设项目的可行性研究任务进行的招标投标。

项目投资者有的缺乏建设管理经验，通过招标选择项目咨询者及建设管理者，即工程投资方在缺乏工程实施管理经验时，通过招标方式选择具有专业的管理经验工程咨询单位，为其制订科学、合理的投资开发建设方案，并组织控制方案的实施。这种集项目咨询与管理于一体的招标类型的投标人一般也为工程咨询单位。

（2）工程勘察设计招标　勘察设计招标指根据批准的可行性研究报告，择优选择勘察设计单位的招标。勘察和设计是两种不同性质的工作，可由勘察单位和设计单位分别完成。勘察单位最终提出施工现场的地理位置、地形、地貌、地质、水文等在内的勘察报告。设计单位最终提供设计图纸和成本预算结果。当施工图设计不是由专业的设计单位承担，而是由施工单位承担，一般不进行单独招标。

（3）材料设备采购招标　是指在工程项目初步设计完成后，对建设项目所需的建筑材料和设备（如电梯、供配电系统、空调系统等）采购任务进行的招标。投标方通常为材料供应商、成套设备供应商。

（4）工程施工招标　在工程项目的初步设计或施工图设计完成后，用招标的方式选择施工单位的招标。施工单位最终向业主交付按招标设计文件规定的建筑产品。

国内外招标投标现行做法中经常采用将工程建设程序中各个阶段合为一体进行全过程招标，通常又称其为总包。

4.2.3.2 按工程项目承包的范围分类

按工程承包的范围可将工程招标划分为项目全过程总承包招标、工程分承包招标及专项工程承包招标。

（1）项目全过程总承包招标　即选择项目全过程总承包人招标，又可分为两种类型，其一是指工程项目实施阶段的全过程招标；其二是指工程项目建设全过程的招标。前者是在设计任务书完成后，从项目勘察、设计到施工交付使用进行一次性招标；后者则是从项目的可行性研究到交付使用进行一次性招标，业主只需提供项目投资和使用要求及竣工、交付使用期限，其可行性研究、勘察设计、材料和设备采购、土建施工设备安装及调试、生产准备和试运行、交付使用，均由一个总承包商负责承包，即所谓“交钥匙工程”。承揽“交钥匙工程”的承包商被称为总承包商，绝大多数情况下，总承包商要将工程部分阶段的实施任务分包出去。

无论是项目实施的全过程还是某一阶段或程序，按照工程建设项目的构成，可以将建设工程招标投标分为全部工程招标投标、单项工程招标投标、单位工程招标投标、分部工程招标投标、分项工程招标投标。

① 全部工程招标投标，是指对一个建设项目（如一所学校）的全部工程进行的招标。

② 单项工程招标，是指对一个工程建设项目中所包含的单项工程（如一所学校的教学楼、图书馆、食堂等）进行的招标。

③ 单位工程（招标是指对一个单项工程所包含的若干单位工程（实验楼的土建工程）进行招标。

④ 分部工程招标是指对一项单位工包含的分部工程（如土石方工程、深基坑工程、楼地面工程、装饰工程）进行招标。

应当强调指出的是，为了防止对将工程支解后进行发包，我国一般不允许对分部工程招标，允许特殊专业工程招标，如深基础施工、大型土石方工程施工等。但是，国内工程招标中的所谓项目总承包招标往往是指对一个项目施工过程全部单项工程或单位工程进行的总招标，与国际惯例所指的总承包尚有相当大的差距。为与国际接轨，提高我国建筑企业在国际建筑市场的竞争能力，深化施工管理体制的改革，造就一批具有真正总包能力的智力密集型的龙头企业，它是我国建筑业发展的重要战略目标。

（2）工程分承包招标　指中标的工程总承包人作为其中标范围内的工程任务的招标人，将其中标范围内的工程任务，通过招标投标的方式，分包给具有相应资质的分承包人，中标的分承包人只对招标的总承包人负责。

（3）专项工程承包招标　指在工程承包招标中，对其中某项比较复杂或专业性强、施工和制作要求特殊的单项工程进行单独招标。

4.2.3.3 按行业或专业类别分类

按与工程建设相关的业务性质及专业类别划分，可将工程招标分为土木工程招标、勘察设计招标、材料设备采购招标、安装工程招标、建筑装饰装修招标、生产工艺技术转让招标、咨询服务（工程咨询）及建设监理招标等。

（1）土木工程招标　指对建设工程中木工程施工任务进行的招标。

（2）勘察设计招标　指对建设项目的勘察设计任务进行的招标。

（3）材料设备采购招标　指对建设项目所需的建筑材料和设备采购任务进行的招标。

（4）安装工程招标　指对建设项目的设备安装任务进行的招标。

（5）建筑装饰装修招标　指对建设项目的建筑装饰装修的施工任务进行的招标。

（6）生产工艺技术转让招标　指对建设工程生产工艺技术转让进行的招标。

（7）工程咨询和建设监理招标　指对工程咨询和建设监理任务进行的招标。

4.2.3.4 按工程承发包模式分类

随着建筑市场运作模式与国际接轨进程的深入，我国承发包模式也逐渐呈多样化，主要包括工程咨询承包、交钥匙工程承包模式、设计施工承包模式、设计管理承包模式、BOT工程模式、CM模式。

按承发包模式分类可将工程招标划分为工程咨询招标、交钥匙工程招标、工程设计施工招标、工程设计-管理招标、BOT工程招标。

（1）工程咨询招标　指以工程咨询服务为对象的招标行为。工程咨询服务的内容主要包括工程立项决策阶段的规划研究、项目选定与决策；建设准备阶段的工程设计、工程招标；施工阶段的监理、竣工验收等工作。

（2）交钥匙工程招标　“交钥匙”模式即承包商向业主提供包括融资、设计、施工、设备采购、安装和调试直至竣工移交的全套服务。交钥匙工程招标是指发包商将上述全部工作作为一个标的招标，承包商通常将部分阶段的工程分包，亦即全过程招标。

（3）工程设计施工招标　设计施工招标是指将设计及施工作为一个整体标的以招标的方式进行发包，投标人必须为同时具有设计能力和施工能力的承包商。我国由于长期采取设计与施工分开的管理体制，目前具备设计、施工双重能力的施工企业为数较少。

设计-建造模式是一种项目组管理方式：业主和设计-建造承包商密切合作，完成项目的规划、设计、成本控制、进度安排等工作，甚至负责项目融资。使用一个承包商对整个项目负责，避免了设计和施工的矛盾，可显著减少项目的成本和工期。同时，在选定承包商时，把设计方案的优劣作为主要的评标因素，可保证业主得到高质量的工程项目。

（4）工程设计-管理招标　设计-管理模式是指由同一实体向业主提供设计和施工管理服务的工程管理模式。这种模式下，业主只签订一份既包括设计也包括工程管理服务的合同，在这种情况下，设计机构与管理机构是同一实体。这一实体常常是设计机构施工管理企业的联合体。设计管理招标即为以设计管理为标的进行的工程招标。

（5）BOT 工程招标　BOT（Build-Operate-Transfer）即建造-运营-移交模式。这是指东道国政府开放本国基础设施建设和运营市场，吸收国外资金，授给项目公司以特许权由该公司负责融资和组织建设，建成后负责运营及偿还贷款。在特许期满时将工程移交给东道国政府。BOT 工程招标即是对这些工程环节的招标。

4.2.3.5 按照工程是否具有涉外因素分类

按照工程是否具有涉外因素，可以将建设工程招标分为国内工程招标和国际工程招标。

（1）国内工程招标　指对本国没有涉外因素的建设工程进行的招标投标。

（2）国际工程招标　指对有不同国家或国际组织参与的建设工程进行的招标投标。国际工程招标投标包括本国的国际工程（习惯上称涉外工程）招标投标和国外的国际工程招标投标两个部分。国内工程招标和国际工程招标的基本原则是一致的，但在具体做法上有差异。随着社会经济的发展和与国际接轨的深化，国内工程招标和国际工程招标在做法上的区别已越来越小。

4.2.4 建设工程招标的方式

工程项目招标的方式在国际上通行的为公开招标、邀请招标和议标，但招标投标法未将议标作为法定的招标方式，即法律所规定的强制招标项目不允许采用议标方式，主要因为我国国情与建筑市场的现状条件，不宜采用议标方式，但法律并不排除议标方式。

4.2.4.1 公开招标

（1）定义　公开招标又称为无限竞争招标，是由招标单位通过报刊、广播、电视等方式发布招标广告，有投标意向的承包商均可参加投标资格审查，审查合格的承包商可购买或领取招标文件，参加投标的招标方式。

（2）公开招标的特点　公开招标方式的优点是：投标的承包商多、竞争范围大，业主有较大的选择余地，有利于降低工程造价，提高工程质量和缩短工期。其缺点是：由于投标的承包商多，招标工作最大，组织工作复杂，需投入较多的人力、物力，招标过程所需时间较长，因而此类招标方式主要适用于投资额度大、工艺、结构复杂的较大型工程建设项目。

4.2.4.2 邀请招标

（1）定义　邀请招标又称为有限竞争性招标。这种方式不发布广告，业主根据自己的经验和所掌握的各种信息资料，向有承担该项工程施工能力的三个以上（含三个）承包商发出投标邀请书，收到邀请书的单位按招标文件的规定进行投标，也可选择放弃投标。

（2）邀请招标的特点　邀请招标方式的优点是：参加竞争的投标商数目可由招标单位控制，目标集中，招标的组织工作较容易，工作量比较小。其缺点是：由于参加的投标单位相对较少，竞争性范围较小，使招标单位对投标单位的选择余地较少，如果招标单位在选择被邀请的承包商前所掌握信息资料不足，则会失去发现最适合承担该项目的承包商的机会。

4.2.4.3 总承包招标和两阶段招标

招标投标法实施条例规定，招标人可以依法对工程以及与工程建设有关的货物、服务全部或者部分实行总承包招标。以暂估价形式包括在总承包范围内的工程、货物、服务属于依法必须进行招标的项目范围且达到国家规定规模标准的，应当依法进行招标。以上所称暂估价，是指总承包招标时不能确定价格而由招标人在招标文件中暂时估定的工程、货物、服务的金额。

对技术复杂或者无法精确拟定技术规格的项目，招标人可以分两阶段进行招标。第一阶段，投标人按照招标公告或者投标邀请书的要求提交不带报价的技术建议，招标人根据投标人提交的技术建议确定技术标准和要求，编制招标文件。第二阶段，招标人向在第一阶段提交技术建议的投标人提供招标文件，投标人按照招标文件的要求提交包括最终技术方案和投标报价的投标文件。

4.2.5 建设工程招标的条件

建设项目招标应具备以下条件：

（1）项目概算已经批准，招标范围内所需资金已经落实。

（2）建设项目已正式列入国家、部门或地方的年度固定资产投资计划。

（3）已经依法取得建设用地的使用权。

（4）招标所需的设计图纸和技术资料已经编制完成，并经过审批。

（5）建设资金、主要建筑材料和设备的来源已经落实。

（6）已经向招标投标管理机构办理报建登记。

（7）其他条件。

不同性质的工程招标的条件可有所不同或有所偏重，表 4-4 可供参考。

表 4-4　工程招标条件

招标类型	招标条件中宜侧重的事项
勘察设计招标	设计任务书或可行性研究报告等已批准
施工招标	(1)建设工程已列入年度投资计划 (2)建设资金已按规定存入银行 (3)施工前期工作已基本完成 (4)有正式设计院设计的施工图纸和设计文件

续表

招标类型	招标条件中宜侧重的事项
建设监理招标	设计任务书或初步设计已经批准
材料设备供应招标	(1)建设项目已列入年度投资计划 (2)建设资金已按规定存入银行
工程总承包招标	(1)设计任务书已批准 (2)建设资金和场地已落实

4.3 建设工程招标代理机构

在市场经济中，中介服务机构是指受当事人的委托，向当事人提供有偿服务，以代理人的身份，为委托方（即被代理人）与第三方进行某种经济行为的社会组织，如咨询监理公司、会计师事务所、审计师事务所、律师事务所、资产评估公司和仲裁委员会等。建设工程招标投标中为当事人提供有偿服务的社会中介代理机构包括各种招标公司、招标代理中心和标底编制单位等。它们必须是法人或依法成立的经济组织并取得建设行政主管部门核发的招标代理、标底编制、工程咨询和监理等资质证书。

4.3.1 招标投标代理机构的特征

招标投标代理机构有以下几个特征：

（1）代理人必须以被代理人（招标人或投标人）的名义办理招标或投标事务，但在一个招标项目中，只能或者做招标代理人，或者做某一个投标人的代理人。

（2）招标投标代理人应具有独立进行意思表示的职能，这样才能使招标投标正常进行，因为他是以其专业知识和经验为被代理人提供高智能的服务，不具有独立意思表示的行为或不以他人名义进行的行为，如代人保管物品、举证、抵押权人依法处理抵押物等都不是代理行为。

（3）建设工程招标投标代理人的行为必须符合代理委托授权范围。这是因为招标投标代理在法律上属于委托代理，超出委托授权范围的代理行为属于无权代理。同样，未经被代理人（招标人或投标人）委托授权而发生的代理行为也属于无权代理。被代理人对代理人的无权代理行为有拒绝权和追认权。如被代理人知道中介机构以其名义做了无权代理行为而不做否认表示时，则视为被代理人同意。在被代理人不追认和不视为同意的情况下，无权代理行为即成为无效代理行为，且代理人应负民事法律责任，并赔偿损失。

（4）建设工程招标投标代理行为的法律效果由被代理人承担。

4.3.2 招标投标代理人的权利和义务

4.3.2.1 招标投标代理人的权利

（1）组织和参与招标或投标活动，这是招标投标代理人的权利，也是其义务。

（2）依据招标文件的要求，审查或报送投标人的资质。

（3）按规定标准收取代理费用。代理费用的收取标准一般按工程造价、标底、合同价或中标价的一定百分率确定。

（4）招标人或投标人授予的其他权利。

4.3.2.2　招标投标代理人的义务

（1）遵守国家的方针、政策、法律及法规、规章等。招标投标代理人的违法、违规、违章等行为应承担相应的责任。

（2）维护授予委托的招标人或投标人的合法权益。

（3）招标文件或投标文件的编制和解释，对其中提出的技术方案、数据和分析计算、建议和决策等的科学性和正确性负责。

（4）接受招标投标管理机构的监督管理及招标投标行业协会的指导。

（5）履行依法约定的其他义务。

对投标代理机构的条件和资格，目前尚无国家统一规定。有些地方将投标代理机构的资质等级分为甲、乙、丙三级。

4.4　建设工程招标投标责任

4.4.1　招标人及其责任

招标人是提出招标项目、进行招标的法人或者其他组织。招标人责任如下。

（1）建设工程招标实行业主负责制。招标人负责为招标工程创造法律规定的招标条件，组织建设工程招标、开标、评标、定标等各项工作。

（2）招标人不具备自行招标能力的，必须委托招标代理机构代理招标。

（3）招标人不得将依法必须进行公开招标的工程采用其他形式招标或直接发包，不得将招标项目化整为零或者以其他任何方式规避招标。

（4）招标人不得以不合理条件限制或排斥潜在投标人。

（5）招标人应根据批准的施工图预算，结合市场供求状况，综合考虑投资、工期和质量等方面的因素，合理确定招标工程的投标报价控制上限。

（6）招标人不得与投标人串通招标投标。

（7）招标人必须依法组建评标委员会评标。

（8）招标人不得在中标候选人以外确定中标人，也不得在所有投标被评标委员会否决后自行确定中标人。

（9）招标人应按照中标价和招标文件与中标人订立合同，不得订立背离合同实质性内容的协议，或者拒绝与中标人签订合同。

（10）招标人应当接受建设行政主管部门和纪检、行政监察部门依法实施的监督。

4.4.2　投标人责任

（1）投标人是响应招标、参加投标竞争的法人或者其他组织。投标人应当具备承担招标工程的能力，具有相应的施工企业资质，无招标公告载明的不良行为记录。

（2）投标人应在招标公告发布的有效期内报名投标。投标报名材料须真实有效，投标人不能以他人名义投标或允许他人以自己名义投标。

（3）投标人编制的投标不得抄袭，否则在评标过程中可能会被评标委员会定为废标。

（4）投标人参加开标会应自觉遵守有关纪律，服从监督管理。

（5）投标人对招标投标有异议的，可以通过正当渠道进行投诉。

4.4.3 工程招标投标活动中的法律责任

4.4.3.1 法律责任种类

法律责任是指行为人因违反法律规定的或合同约定的义务而应当承担强制性的不良后果。按照招投标人承担责任的不同法律性质，其法律责任分为民事责任、行政责任和刑事责任。

民事责任是指行为人因违反民事法律所规定的义务而应当承担的不利后果。行政责任是指行为人违反行政法律规范而依法应当承担的法律后果。刑事责任是指行为人因实施刑法所规定的犯罪行为应当承担的刑事法律后果。

4.4.3.2 依据

工程招投标活动中依据的法律为《招标投标法》和《招标投标法实施条例》。

4.4.4 违法的法律责任与处理

4.4.4.1 招标人违法的法律责任与处理

（1）规避招标　任何单位和个人不得将依法必须进行招标的项目化整为零或者以其他任何方式规避招标。按《招标投标法》和《招标投标法实施条例》的规定，凡依法应公开招标的项目，采取化整为零或弄虚作假等方式不进行公开招标的，或不按照规定发布资格预审公告或者招标公告且又构成规避招标的，都属于规避招标的情况。

必须进行公开招标的项目而不招标的，将必须进行公开招标的项目化整为零或者以其他任何方式规避招标的，责令限期改正，可以处项目合同金额0.5%以上1%以下的罚款。对全部或者部分使用国有资金的项目，可以暂停项目执行或者暂停资金拨付，对单位直接负责的主管人员和其他直接责任人员依法给予处分，是国家工作人员的，可以撤职、降级或开除，情节严重的，依法追究刑事责任。

（2）限制或排斥潜在投标人或者投标人　招标人以不合理的条件限制或者排斥潜在投标人或者投标人的。对潜在投标人或者投标人实行歧视待遇的，强制要求投标人组成联合体共同投标的，或者限制投标人之间竞争的，责令整改，可以处1万元以上5万元以下的罚款。

（3）招标人多收保证金　招标人超过规定的比例收取投标保证金或者不按照规定退还投标保证金及银行同期存款利息的，由有关行政监督部门责令改正，可以处5万元以下的罚款。给他人造成损失的，依法承担赔偿责任。

（4）招标人不按规定与中标人订立中标合同。

①无正当理由不发出中标通知书；②不按照规定确定中标人；③在中标通知书发出后无正当理由改变中标结果；④无正当理由不与中标人订立合同；⑤在订立合同时向中标人提出附加条件。

对于此种情况，由行政监督部门责令改正，可以处中标项目金额1%以下的罚款。给他人造成损失的，依法承担赔偿责任。对单位直接负责的主管人员和其他直接责任人员依法给予处分。

4.4.4.2　投标人违法的法律责任与处理

投标人相互串通投标的，投标人以向招标人或者评标委员会成员行贿的手段谋取中标的，中标无效，以处中标项目金额的0.5%以上1%以下的罚款，对单位直接负责的主管人员和其他直接责任人员处单位罚缴金额的5%以上10%以下的罚款。有违法所得的，并处没收违法所得。情节严重的，取消其1年至2年内参加依法必须进行招标的项目的投标资格并予以公告，直至由工商行政管理机关吊销营业执照。构成犯罪的，依法追究刑事责任。给他人造成损失的，依法承担赔偿责任。

由于招标人与投标人串通投标，对招标人的处罚，无论是《招标投标法》还是《招标投标法实施条例》，都没有进行具体的规定，有一些具体的处罚细节，招标人和投标人串通投标，对投标人的处罚与投标人之间相互串标的处理是一致的。

（1）投标人弄虚作假骗取中标　投标人以行贿手段谋取中标，属于《招标投标法》规定的情节严重行为的，由有关行政监督部门取消其1年至2年内参加依法必须进行招标的项目的投标资格。

（2）投标人以他人名义投标　投标人有下列行为之一的，属于情节严重行为，由有关行政监督部门取消其1年至3年内参加依法必须进行招标的项目的投标资格。

①伪造或编造资格、资质证书或者其他许可证件骗取中标；②3年内2次以上使用他人名义投标；③弄虚作假骗取中标，给招标人造成直接经济损失在30万元以上；④其他弄虚作假骗取中标情节严重的行为。

投标人以他人名义投标或者以其他方式弄虚作假骗取中标的，中标无效。构成犯罪的，依法追究刑事责任。尚不构成犯罪的，依照《招标投标法》第五十四条的规定处罚。出让或者出租资格、资质证书供他人投标的，依照法律、行政法规的规定给予行政处罚。构成犯罪的，依法追究刑事责任。

4.4.4.3　招标代理机构违法的法律责任与处理

招标代理机构违反规定，所代理的招标项目中投标、代理投标或者向该项目投标人提供咨询的，接受委托编制标底的中介机构参加受编制标底项目的投标或者为该项目的投标人编制投标文件、提供咨询的，泄露应当保密的与招标投标活动有关的情况和资料的，与招标人或投标人串通损害同家利益、社会公共利益或者他人合法权益的，处5万元以上25万元以下的罚款，对单位直接负责的主管人员和其他间接责任人员处单位罚款数额的5%以上10%以下的罚款。有违法所得的，并处没收违法所得。情节严重的，暂停直至取消招标代理资格。构成犯罪的，依法追究刑事责任。给他人造成损失的，依法承担赔偿责任。

如果招标代理机构的违法行为影响中标结果，则中标无效。

4.4.4.4　评标专家违法的法律责任与处理

评标委员会成员有下列行为之一的，由有关行政监督部门责令改正。情节严重的，禁止其在一定期限内参加依法必须进行招标的项目的评标。

（1）应当回避而不避；

（2）擅离职守；

（3）不按照招标文件规定的评标标准和方法评标；

（4）私下接触投标人；

（5）向招标人征询确定中标人的意向，或者接受任何单位或个人的明示或者暗示提出的倾向或者排斥特定投标人的要求；

（6）依法应当否决的投标人不提出否决意见；

（7）暗示或者诱导投标人作出澄清、说明，或者接受投标人主动提出的澄清、说明；

（8）其他不客观、不公正履行职务的行为。

评标委员会成员收受投标人的财物或者其他好处的，没收收受的财物，处3000元以上5万元以下的罚款，取消其担任评标委员会成员的资格，不得再参加依法必须进行招标的项目的评标。构成犯罪的，依法追究刑事责任。

4.4.4.5 监管机构违法的法律责任与处理

项目审批和核准部分不依法审批与核准项目招标范围、招标方式、招标组织形式的，对单位直接负责的主管人员和其他直接责任人员依法给予处分。

有关行政监督部门不依法履行职责，对违反《招标投标法》和《招标投标法实施条例》规定的行为不依法查处，或者不按照规定处理投诉，不依法公告对招标投标当事人违法行为的行政处理决定的，对单位直接负责的主管人员和其他直接责任人员依法给予处分。

项目审批和核准部可以及有关行政监督部门的工作人员徇私舞弊、滥用职权、玩忽职守，构成犯罪的，依法追究刑事责任。

4.4.4.6 国家工作人员违法的法律责任与处理

国家工作人员利用职务便利，以直接或者间接，明示或者暗示等方式非法干涉招投标活动，有下列情形之一的，依法给予记过或者记大过处分；情节严重的，依法给予降级或者撤职处分；情节特别严重的，依法给予开除处分；构成犯罪的，依法追究刑事责任。

（1）要求对依法必须进行招标的项目不进行招标，或者要求对依法应当公开招标的项目不进行公开招标。

（2）要求评标委员会成员或者招标人将其指定的投标人作为中标候选人或者中标人，或者以其他方式非法干涉评标活动，影响中标结果。

（3）以其他方式非法干涉招投标活动。

【案例4-3】 柴某与姜某是老乡，两人在外打拼了多年，一直想承揽一项大的建筑装饰业务。某市一商业大厦的装饰工程公开招标，当时柴某、姜某均没有符合承揽该工程的资质等级证书。为了得到该装饰工程，柴某、姜某以缴纳高额管理费和其他优厚条件，分别借用了A装饰公司、B装饰公司的资质证书，并以其名义报名投标，这两家装饰公司均通过了资格预审。之后，柴某与姜某商议，由柴某负责与招标方协调，姜某负责联系另外一家入围装饰公司的法定代表人张某，与张某串通投标价格，约定事成之后利益共享，并签订利益共享协议。为了增加中标的可能性，他们故意让入围的一家资质等级较低的装饰公司在投标时报高价，而柴某借用的资质等级高的A装饰公司则报较低价格。就这样，柴某终以借用的A装饰公司名义成功中标，拿下了该项装饰工程。

【问题】

1. 柴某与姜某有哪些违法行为？

2. 该违法行为应当受到何种处罚？

【案例分析】

1. 柴某与姜某有两项违法行为：一是弄虚作假，以他人名义投标。《招标投标法》第33条规定："投标人不得以低于成本的报价竞标，也不得以他人名义投标或者以其他方式弄虚作假，骗取中标。”《招标投标法实施条例》第42条进一步规定：“使用通过受让或者租借等方式获取的资格、资质证书投标的，属于招标投标法第33条规定的以他人名义投标。”二是串通投标。《招标投标法》第32条规定：“投标人不得相互串通投标报价，不得排挤其他投标人的公平竞争，损害招标人或者其他投标人的合法权益。投标人不得与招标人串通投标，损害国家利益、社会公共利益或者他人的合法权益。”《招标投标法实施条例》第39条进一步规定：“有下列情形之一的，属投标人相互串通投标：(1) 投标人之间协商投标报价等投标文件的实质性内容；(2) 投标人之间约定中标人；(3) 投标人之间约定部分投标人放弃投标或者中标；…… (5) 投标人之间为谋取中者排斥特定投标人而采取的其他联合行动。”

2. 对于以他人名义投标的违法行为，《招标投标法》第54条规定：“投标人以他人名义投标或者以其他方式弄虚作假，骗取中标的，中标无效，给招标人造成损失的，依法承担赔偿责任；构成犯罪的，依法追究刑事责任。依法必须进行招标的项目的投标人有前款所列行为尚未构成犯罪的，处中标项目金额5‰以上10‰以下的罚款，对单位直接负责的主管人员和其他直接责任人员处单位罚款数额5%以上10%以下的罚款；有违法所得，并处没收违法所得；情节严重的，取消其1年至3年内参加依法必须进行招标的项目的投标资格并予以公告，直至由工商行政管理机关吊销营业执照。”

此外，对出让或者出租资质证书供他人投标的，依照法律、行政法规的规定给予行政处罚；构成犯罪的，依法追究刑事责任。

对于构成犯罪的，《刑法》第223条规定：“投标人相互串通投标报价，损害招标人或者其他投标人利益，情节严重的，处3年以下有期徒刑或者拘役，并处或者单处罚金。投标人与招标人串通投标，损害国家、集体，公民的合法利益的，依照前款的规定处罚。”

一、单选题

1. 招标投标是市场经济条件下进行大宗货物的买卖，工程建设项目的发包与承包，以及服务项目的采购与提供时，所采用的一种（　　）。

A. 管理方式　　B. 交易方式　　C. 承包方式　　D. 买卖方式

2.《招标投标法》的基本宗旨是，招标投标活动属于当事人在法律规定范围内自主进行的市场行为，但必须接受（　　）的监督。

A. 政府行政主管部门　　B. 建设质量监督部门

C. 建筑行业协会　　D. 工商管理部门

3. 对于国家或地方重点建设项目进行招标，选择招标方式时，招标人（　　）。

A. 可自愿选择公开或邀请招标方式

B. 可自愿选择公开招标方式，而选择邀请招标方式应经过批准

C. 可自愿选择邀请招标方式，而选择公开招标方式应经过批准

D. 选择邀请或公开招标方式均应得到批准

4. 根据有关规定，施工合同的估算价在（　　）万元人民币以上，必须进行招标。

A. 50　　B. 100　　C. 200　　D. 400

5. 某建设项目的施工单项合同估算价为1000万元人民币，在施工中需要采用专有技术，该施工项目（　　）方式发包。

A. 应该采用公开招标　　B. 应该采用邀请招标

C. 应该采用议标　　D. 可以采用直接委托

6. 公开招标与邀请招标，在程序上的主要差异之一表现为（　　）。

A. 编制招标文件　　B. 进行资格预审

C. 进行公开开标　　D. 组织现场考察

7. 在招标时由于邀请范围较小、选择面窄，可能排斥了某些技术或报价上有竞争实力的潜在投标人，竞争激烈程度相对较差，这是（　　）的缺点。

A. 公开招标　　B. 邀请招标

C. 公开招标和邀请招标　　D. 秘密招标

8. 招标人可以在较广的范围内选择中标人，投标竞争激烈，有利于将工程项目的建设交予可靠的中标人实施并取得有竞争性的报价，这是（　　）的优点。

A. 公开招标　　B. 邀请招标

C. 公开招标和邀请招标　　D. 秘密招标

9. 考虑到特殊行业施工内容的专业要求，设备安装工程一般采用（　　）方式为宜。

A. 公开招标　　B. 邀请招标　　C. 议标　　D. 方案竞赛

10. 邀请招标中，邀请对象的数目不应少于（　　）家。

A. 2　　B. 3　　C. 5　　D. 7

11.《招标投标法》规定，招标人具有（　　）的，可以自行办理招标事宜，向有关行政监督部门进行备案即可。

A. 组织评标能力　　B. 自主招标能力

C. 编制招标文件和组织评标能力　　D. 编制招标文件

12. 全部使用国有资金投资或者国有资金投资占控股或者主导地位，依法必须进行施工招标的工程项目，应当进入（　　）进行招标投标活动。

A. 县级以上有形建筑市场　　B. 市级有形建筑市场

C. 无形建筑市场　　D. 有形建筑市场

13. 某建设项目采用评标价法评标，其中一位投标人的投标报价为 3000 万元，工期前获得评标优惠 100 万元，评标时未考虑其他因素，则评标价和合同价分别为（　　）。

A. 2900 万元，3000 万元　　B. 2900 万元，2900 万元

C. 3100 万元，3000 万元　　D. 3100 万元，2900 万元

14. 某大型基础设施建设中，必须依法进行招标的项目是（　　）。

A. 勘察、设计、施工、劳务分包　　B. 勘察、设计、施工、监理

C. 勘察、施工、重要设备、土方开挖　　D. 勘察、设计、施工、周转材料租赁

15. 关于投标人投标必须具备条件的说法，正确的是（　　）。

A. 投标人近两年内没有发生重大质量事故

B. 投标人近两年内没有发生特大安全事故

C. 投标人投标当年内没有发生重大质量和特大安全事故

D. 投标人近两年内没有发生重大质量和特大安全事故

二、多选题

1. 下列工程项目中，必须进行招投标的有（　　）。

A. 中学教学楼（4 层）　　B. 卫星发射中心主控楼

C. 地铁站候车楼　　D. 医院

E. 农民自建房

2. 凡在国内使用国有资金的项目，必须进行招标的情况包括（　　）。
A. 勘察、设计、监理等服务的采购，单项合同估算价在 50 万元人民币以上
B. 重要设备、材料采购等货物的采购，单项合同估算价在 100 万元人民币以上
C. 施工单项合同估算价在 200 万元人民币以上
D. 项目总投资额在 1000 万元人民币以上
E. 项目总投资额在 2000 万元人民币以上

3. 按照《招标投标法》的规定，（　　）可以不进行招标，采用直接发包的方式委托设计任务。
A. 施工单项合同估算价 150 万元人民币
B. 重要设备的采购，单项合同估算价 150 万元人民币
C. 监理合同，单项合同估算价 150 万元人民币
D. 项目总投资 4000 万元，监理合同单项合同估算价 30 万元人民币
E. 项目总投资 2000 万元，监理合同单项合同估算价 30 万元人民币

4. 在中华人民共和国境内，下列项目中必须招标的有（　　）。
A. 大型基础设施、公用事业等关系社会公共利益、公众安全的项目
B. 全部或者部分使用国有资金投资或者国家融资的项目
C. 使用国际组织或者外国政府贷款、援助资金的项目
D. 采购人依法自行生产的材料
E. 抢险、救灾工程

5. 工程建设项目进行施工招标应具备的条件有（　　）。
A. 招标人已经依法成立　　B. 有相应资金或资金来源已经落实
C. 已刊登资审通告、招标通告　　D. 建立了评标组织
E. 施工所需设计图纸全部完成

6.《招标投标法》规定建设单位具备（　　）条件时，可以自行招标工作。
A. 法人资格
B. 有与招标工作相适应的经济、法律咨询和技术管理人员
C. 有组织编制招标文件的能力
D. 有审查投标单位资质的能力
E. 有组织开标、评标、定标的能力

7. 按照《招标投标法》的要求，招标人如果自行办理招标事宜，应具备的条件包括（　　）。
A. 有编制招标文件的能力　　B. 已发布招标公告
C. 具有开标场地　　D. 有组织评标的能力
E. 已委托公证机关公证

8. 公开招标条件下，所发布的招标公告主要内容包括（　　）。
A. 工程概况　　B. 项目资金来源　　C. 投标须知
D. 评标方法　　E. 招标范围

9. 公开招标过程中，招标阶段的主要工作内容包括（　　）。
A. 办理招标备案　　B. 编制招标有关文件　　C. 发布招标公告
D. 发售招标文件　　E. 组织现场考察

10. 招标方式中，邀请招标与公开招标比较，其缺点主要有（　　）等。

A. 选择面窄，排斥了某些有竞争实力的潜在投标人

B. 竞争的激烈程度相对较差

C. 招标时间长

D. 招标费用高

E. 评标工作量较大

三、简答题

1. 简述招投标的概念与性质。

2. 简述建设工程招标范围。

3. 简述公开招标和邀请招标的特点。

项目5 施工项目招标投标及管理

教学目标

- 了解施工项目招标投标程序
- 掌握施工项目招标投标文件的编制方法
- 掌握投标报价技巧

思政目标

- 科学合理报价，避免不正当竞争

5.1 施工项目招标投标程序

【案例 5-1】 某高校教学楼工程施工项目，概算造价 5000 万。经当地主管部门批准后，由建设单位自行编制招标文件，实行公开招标。

招标工作主要内容确定为：①成立招标工作小组；②发布招标公告；③编制招标文件；④编制标底；⑤发放招标文件；⑥组织现场踏勘和招标答疑；⑦投标单位资格审查；⑧接收投标文件；⑨开标；⑩确定中标单位；⑪评标；⑫签订承发包合同；⑬发出中标通知书。

【问题】 该工程招标程序顺序是否妥当？如果不妥，请确定合理的顺序。

【案例分析】 在解答施工公开招标程序内容时应注意以下两个方面：

（1）各个环节的先后顺序 在施工公开招标的 12 个环节中，有规定的顺序。有些环节规定比较灵活，如“标底编制”，可以在“招标申请批准”后至“标底价格报审”前这个阶段里灵活安排；但也有一些环节的顺序规定比较严格，如若进行“资格预审”，则该环节应安排在“发放招标文件”前，并且在开标后不再进行“资格后审”等。

（2）主要环节的工作内容及规定

① 项目报建环节办理工程报建时应交验的文件资料；

② 资格审查环节资格审查的内容；

③ 发放招标文件环节招标人对招标文件进行修改与补充的规定；

④ 投标文件的编制与提交环节投标人对投标文件修改、补充的规定；

⑤ 开标阶段标书无效的情况，以及对开标时间、地点的规定等；

⑥ 招标程序各环节中对时间的有关规定，如依法必须进行招标的项目，自招标文件开始发出之日起至投标人提交投标文件截止之日止，最短不得少于20天等。

题中所列招标顺序不妥。正确的顺序应当是：①成立招标工作小组；②编制招标文件；③编制标底；④发布招标公告；⑤招标单位资格审查；⑥发放招标文件；⑦组织现场踏勘和招标答疑；⑧接收投标文件；⑨开标；⑩评标；⑪确定中标单位；⑫发出中标通知书；⑬签订承发包合同。

《招标投标法》规定的招标投标的程序为：招标、投标、开标、评标、定标和订立合同六个程序。整个公开招标投标程序见图5-1。

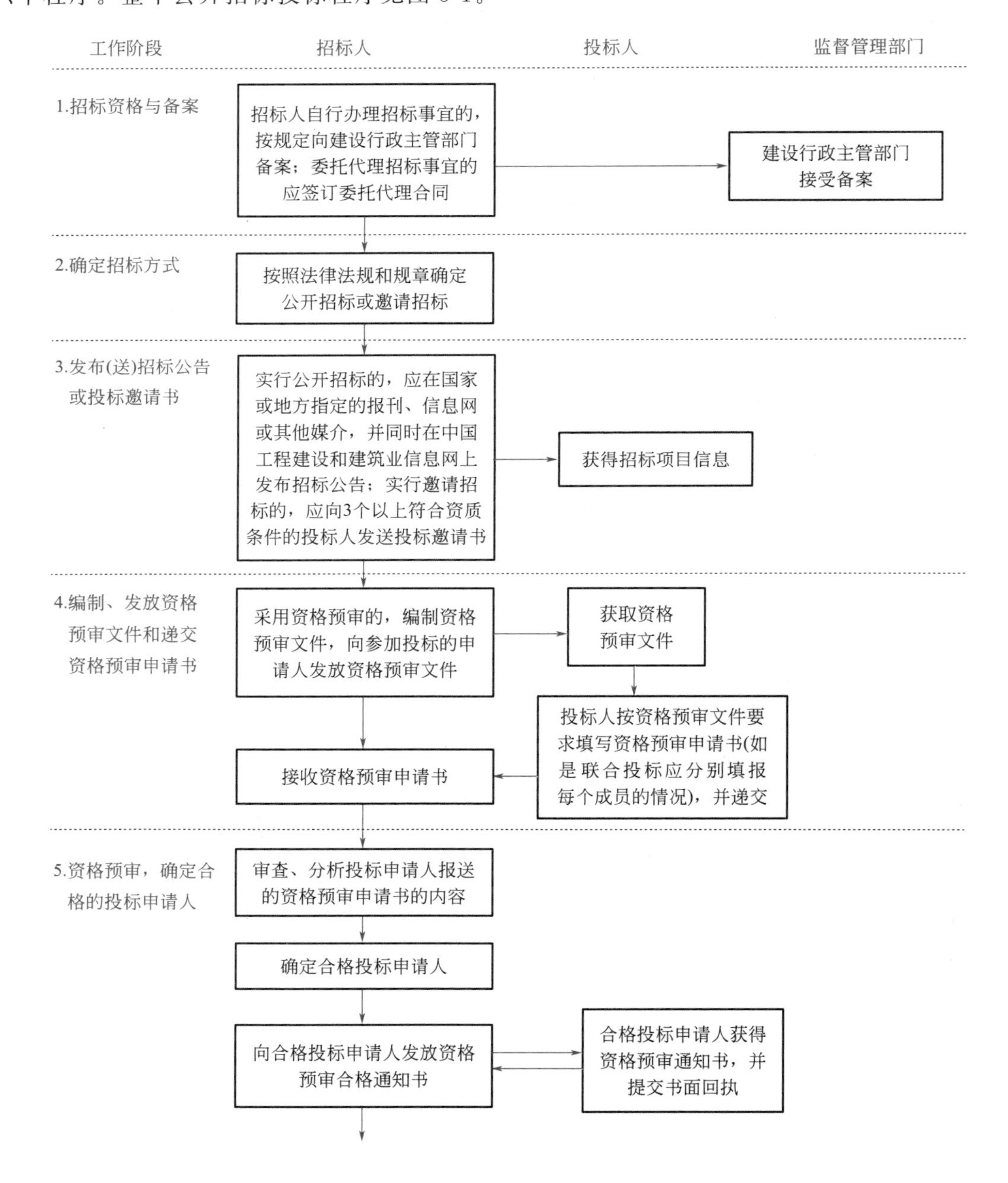

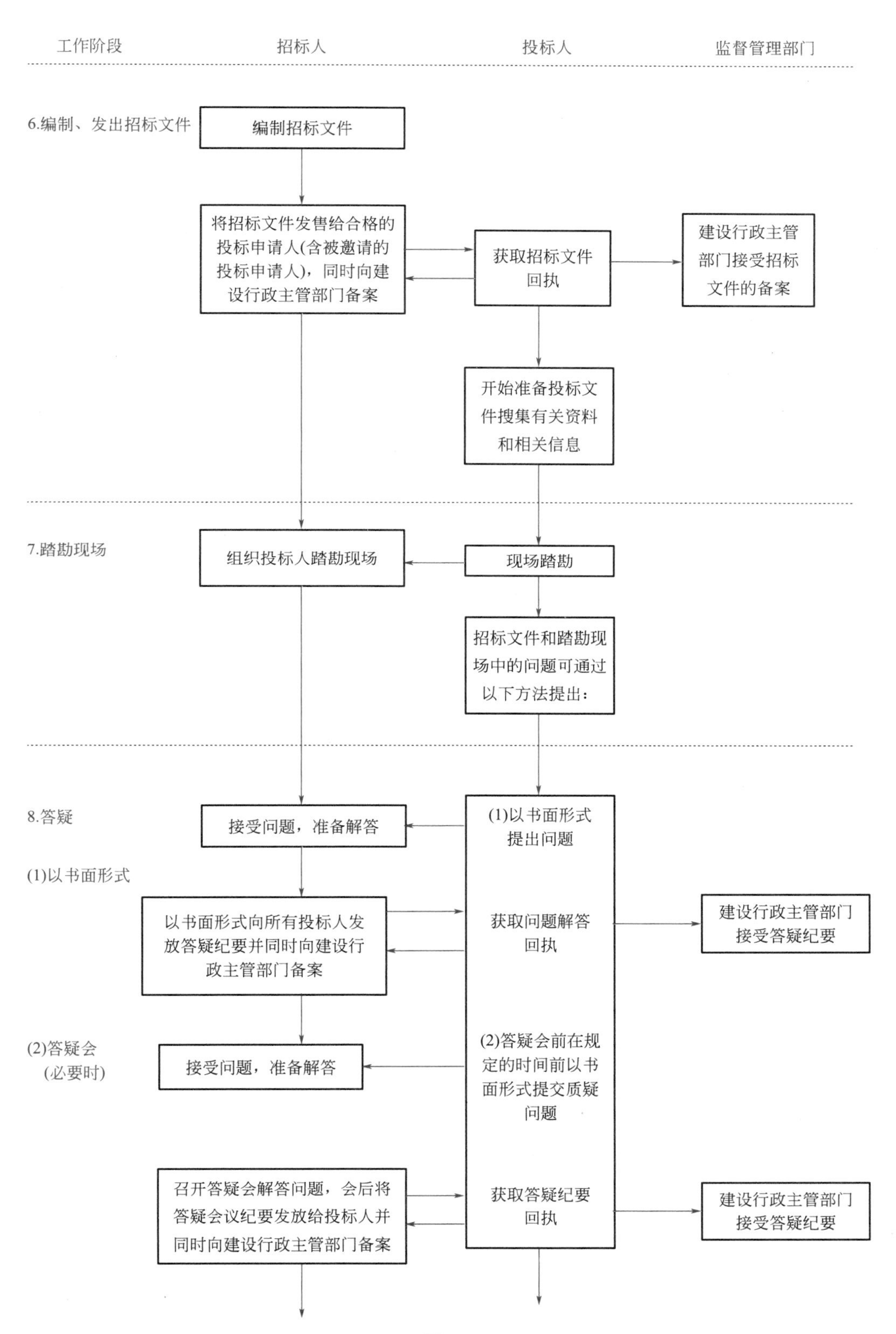

工作阶段
招标人
投标人
监督管理部门
6.编制、发出招标文件
编制招标文件
将招标文件发售给合格的投标申请人(含被邀请的投标申请人)，同时向建设行政主管部门备案
获取招标文件回执
建设行政主管部门接受招标文件的备案
开始准备投标文件搜集有关资料和相关信息
7.踏勘现场
组织投标人踏勘现场
现场踏勘
招标文件和踏勘现场中的问题可通过以下方法提出：
8.答疑
接受问题，准备解答
(1)以书面形式提出问题
(1)以书面形式
以书面形式向所有投标人发放答疑纪要并同时向建设行政主管部门备案
获取问题解答回执
建设行政主管部门接受答疑纪要
(2)答疑会
(必要时)
接受问题，准备解答
(2)答疑会前在规定的时间前以书面形式提交质疑问题
召开答疑会解答问题，会后将答疑会议纪要发放给投标人并同时向建设行政主管部门备案
获取答疑纪要回执
建设行政主管部门接受答疑纪要

图 5-1

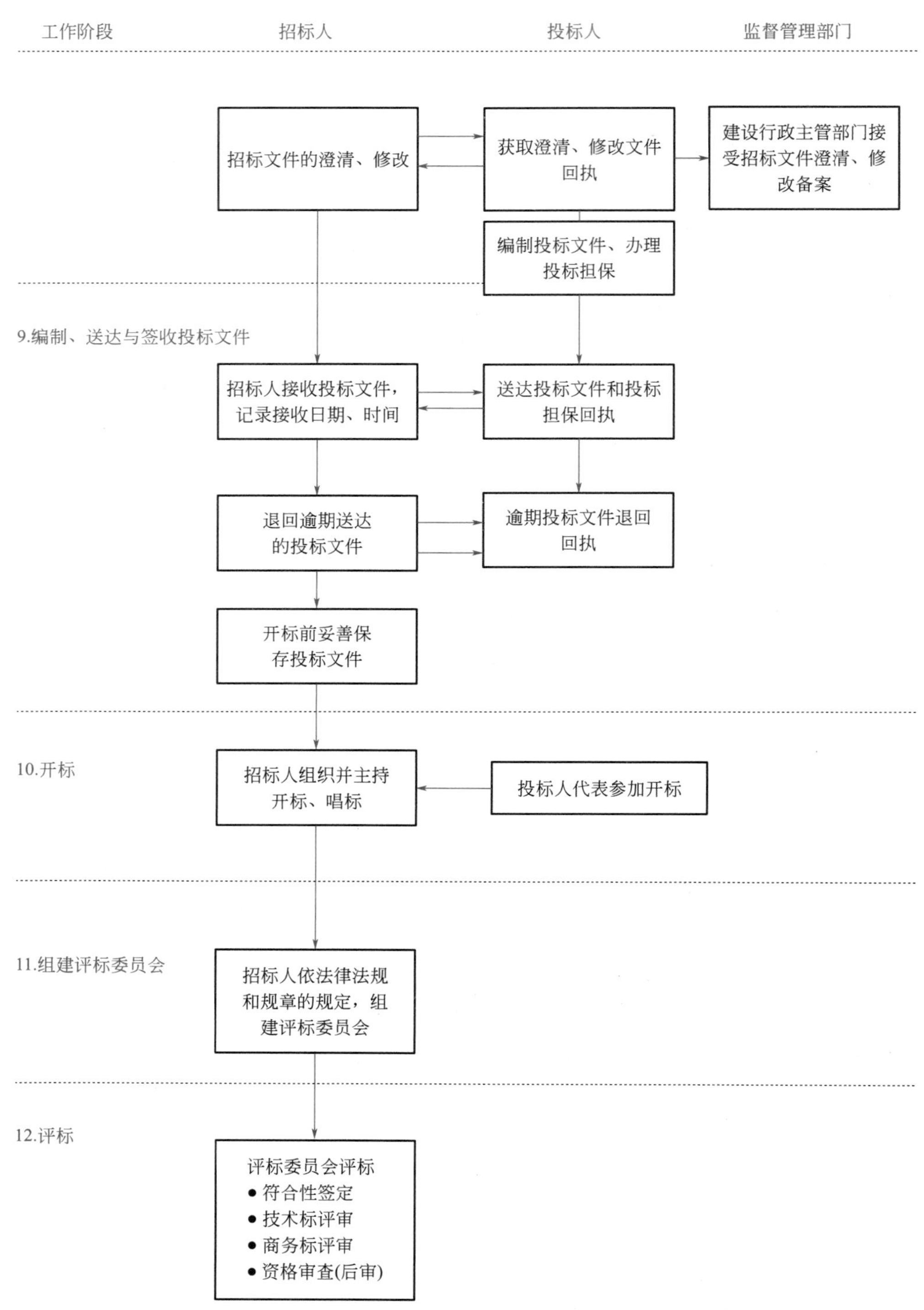

图 5-1　公开招标投标程序

图 5-1 表示出公开招标程序，邀请招标可以参照实行。按照招标人和投标人参与程序，可将招标投标过程概括划分成招标准备阶段、招标投标阶段和决标成交阶段。

5.2 施工项目招标内容

【案例 5-2】 某建设单位经上级主管部门批准拟新建建筑面积为 $3000m^2$ 的综合办公楼，经工程造价咨询部门估算该工程造价为 3450 万元。该工程项目决定采用施工总承包的招标方式进行招标。在招标过程中，发生如下事件：

事件一：由于经资格预审合格的投标申请人过多，为了提高工作效率，招标人从中只选择了 8 家资格预审合格的申请人，向其发出资格预审合格通知书。

事件二：招标文件中明确说明该项目的资金来源落实了 2600 万元。

事件三：招标文件中规定，投标单位在收到招标文件后，若有问题需要澄清，只能以书面形式提出，招标单位将答复只可以书面形式送给提出问题的投标单位。

事件四：招标文件中规定，从招标文件发放之日起，在 15 日内递交投标文件。

【问题】

1. 该工程招标是否可以采用邀请招标方式进行招标？并说明理由。

2. 事件一中，招标人的做法是否正确？为什么？

3. 就事件二，谈谈你对这一说明的理解。

4. 事件三中，招标文件的规定是否正确？如不正确，请改正。

5. 事件四的规定是否妥当？说明理由。

【案例分析】

1. 该工程招标可以采用邀请招标的方式进行。

理由：《招标投标法》规定，项目总投资在 3000 万元人民币以上的，必须进行招标，并未规定不可采用邀请招标。

2. 事件一中，招标人的做法正确。

理由：《招标投标法》规定，在资格预审合格的投标申请人过多时，可以由招标人从中选择不少于 7 家资格预审合格的投标申请人。事件一符合这一规定。

3. 工程施工招标应当具备的条件中有一条是这样规定的：工程资金或者资金来源已经确定。该工程项目还有 850 万元的资金尚未落实，是不可以进行招标的。

4. 事件三中，招标文件的规定不正确。

正确做法：招标单位将以书面形式或投标预备会的方式予以解答，答复将送给所有获得招标文件的投标单位。

5. 事件四中的规定不妥。

理由：《招标投标法》规定，从开始发放招标文件之日起，至投标截止时间的期限最短不得少于 20 天。

5.2.1 招标准备阶段主要工作

招标准备阶段的工作由招标人单独完成，投标人不参与。主要工作包括以下几个方面。

5.2.1.1 招标项目审批

招标项目审批，主要是审核资金落实情况，核准招标范围、招标方式和招标组织形式等。

5.2.1.2 招标方式的选择

我国建设工程施工招标投标从竞争程度进行分类，可分为公开招标和邀请招标。

（1）应当公开招标的工程范围

① 国务院发展计划部门确定的国家重点建设项目。

② 各省、自治区、直辖市人民政府确定的地方重点建设项目。

③ 部分使用国有资金投资或者国有资金投资占控股或者主导地位的工程建设项目。

（2）可以采取邀请招标的工程范围

① 项目技术复杂或有特殊要求，只有少量几家潜在投标人可供选择的。

② 受自然地域环境限制的。

③ 涉及国家安全、国家秘密或者抢险救灾，适宜招标但不宜公开招标的。

④ 拟公开招标的费用与项目的价值相比，不值得的。

⑤ 法律、法规规定不宜公开招标的。

国家重点建设项目的邀请招标，应当经国务院发展计划部门批准；地方重点建设项目的邀请招标，应当经各省、自治区、直辖市人民政府批准。

5.2.1.3 招标的组织方式

（1）招标人自行组织招标　招标人要具有编制招标文件和组织评标的能力，可以自行办理招标事宜。依法必须进行招标的项目，招标人自行办理招标事宜的，应当向有关行政监督部门备案。

（2）招标人委托代理机构招标　招标人不具备自行办理招标能力的，可以委托具有相应资质的代理机构办理招标事宜。招标代理机构应当具备下列条件：

①有从事招标代理业务的营业场所和相应资金；②有能够编制招标文件和组织评标的相应专业力量。招标代理机构在招标人委托的范围内承担招标事宜，不得在所代理的招标项目中投标或代理投标，或者为投标人提供咨询。

5.2.1.4 编制要约邀请文件

针对不同的招标方式，要约邀请文件的形式不同。对实行资格预审的，要约邀请文件为招标人编制的资格预审公告；实行公开招标的，要约邀请文件为招标人编制的招标公告；采用邀请招标的，要约邀请文件为招标人编制的投标邀请书。

资格预审公告的内容包括：招标条件、项目概况与招标范围、申请人的资格要求、资格预审的方法、资格预审申请文件的递交、发布公告的媒介、联系方式。

招标公告的内容包括：招标条件、项目概况与招标范围、投标人的资格要求、投标文件的递交、发布公告的媒介、联系方式。

5.2.1.5 编制资格预审文件

资格预审文件的内容包括资格预审公告、申请人须知、资格审查办法、资格预审申请文件格式、项目建设概况等。

招标人对投标人进行资格预审应包括以下内容：

① 投标人签订合同的权利：营业执照、资质证书和安全生产许可证。

② 投标人履行合同的能力：人员情况、财务状况、技术装备情况、业绩等。

③ 投标人目前的状况：投标资格是否被取消、账户是否被冻结等。

④ 近三年情况：是否发生过重大安全事故和质量事故。

⑤ 法律、行政法规规定的其他内容。

5.2.1.6　编制招标文件

招标文件的内容：①招标公告（或投标邀请书）；②投标人须知；③工程量清单；④图纸；⑤技术标准和要求；⑥评标办法；⑦合同条款及格式；⑧投标文件格式；⑨投标人须知前附表中规定的其他材料。

5.2.2　招标投标阶段

5.2.2.1　发布招标公告

招标公告应当载明招标人的名称和地址、招标项目的性质、数量、实施地点和时间以及获取招标文件的办法等事项。招标人采用邀请招标方式的，应当向三个以上具备承担招标项目的能力、资信良好的特定的法人或者其他组织发出投标邀请书。投标邀请书也应当载明招标人的名称和地址，招标项目的性质、数量、实施地点和时间以及获取招标文件的办法等事项。

在国务院发展改革部门指定的报刊、信息网络或者其他媒介发布，在不同媒介发布的统一招标项目的资格预审公告或者招标公告的内容应一致，不得收取费用。

5.2.2.2　发布资格预审文件

（1）资格预审文件的发售期不得少于5日。

（2）提交资格预审申请文件的时间，自资格预审文件停止发售之日起不得少于5日。

（3）招标人可以对已发出的资格预审文件进行必要的澄清或者修改。澄清或者修改的内容可能影响资格预审申请文件的编制的，招标人应当在提交资格预审申请文件截止时间至少3日前，以书面形式通知所有获取资格预审文件的潜在投标人；不足3日的，招标人应当顺延提交资格预审申请文件的截止时间。

（4）潜在投标人或者其他利害关系人对资格预审文件有异议的，应当在提交资格预审申请文件截止时间2日前提出。招标人应当自收到异议之日起3日内作出答复；作出答复前，应当暂停招标投标活动。

5.2.2.3　发布招标文件

（1）招标文件的发售期不得少于5日。

（2）给投标人准备投标文件的时间，自招标文件发出之日起至投标人提交投标文件截止之日止，不得少于20日。

（3）招标人可以对已发出的招标文件进行必要的澄清或者修改。澄清或者修改的内容可能影响投标文件编制的，招标人应当在提交投标文件截止时间至少15日前，以书面形式通知所有获取投标文件的潜在投标人；不足15日的，招标人应当顺延提交招标文件的截止时间。

（4）潜在投标人或者其他利害关系人对招标文件有异议的，应当在提交资格预审申请文件截止时10日前提出。招标人应当自收到异议之日起3日内作出答复；作出答复前，应当暂停招标投标活动。

（5）招标人发售资格预审文件、招标文件收取的费用应当限于补偿印刷、邮寄的成本支出，不得以营利为目的。

5.2.2.4 组织现场踏勘

招标人在“投标须知”规定的时间组织投标人自费进行现场考察。设置此程序的目的，一方面是为了让投标人了解工程项目的现场情况、自然条件、施工条件及周围环境条件，以便于投标人编制投标书；另一方面是要求投标人通过自己的实地考察确定投标的原则和策略，避免合同履行过程中其以不了解现场情况为理由推卸应承担的合同责任。

（1）现场踏勘是非必经程序。

（2）现场勘察一般安排在投标预备会的前1～2天。

（3）招标人不得组织单个或者部分潜在投标人踏勘项目现场。

（4）招标人按招标文件中规定的时间、地点组织投标人踏勘项目现场。

（5）投标人踏勘现场发生的费用自理；除招标人的原因外，投标人自行负责在踏勘现场中所发生的人员伤亡和财产损失；除招标人在踏勘现场中介绍的工程场地和相关的周边环境情况，供投标人在编制投标文件时参考，招标人不对投标人据此作出的判断和决策负责。

【案例5-3】 某施工项目采用邀请招标，邀请三家建筑企业进行投标。招标代理机构分别于当年3月18日、19日、20日组织了三家建筑企业进行了现场踏勘，并在踏勘后发售了招标文件。

【问题】 上述做法是否合理？

【案例分析】

（1）分别组织三家建筑企业进行现场踏勘不合理。招标人应该组织投标人踏勘项目现场，不得单独或分别组织任何单个投标人进行现场踏勘。否则有违公平原则。

（2）在现场踏勘后发售招标文件不合理。应先发售招标文件，让投标人在熟悉招标文件内容的前提下，带着问题去踏勘现场。

5.2.2.5 投标预备会

投标人研究招标文件和现场考察后会以书面形式提出某些质疑问题，招标人可以及时给予书面解答，也可以留待标前会议上解答。如果对某一投标人提出的问题给予书面解答时，所回答的问题必须发送给每一位投标人，以保证招标的公开和公平，但不必说明问题的来源。回答函件作为招标文件的组成部分，如果书面解答的问题与招标文件中的规定不一致，以函件的解答为准。

投标预备会议是投标截止日期以前，按投标须知规定时间和地点召开的会议，又称交底会。投标预备会议上招标单位负责人除了介绍工程概况外，还可对招标文件中的某些内容加以修改（需报经招标投标管理机构核准）或予以补充说明，以及对投标人书面提出的问题和会议上即席提出的问题给予解答。会议结束后，招标人应将会议记录用书面通知的形式发给每一位投标人。补充文件作为招标文件的组成部分，具有同等的法律效力。《招标投标法》第二十三条规定，招标人对已发出的招标文件进行必要的澄清或必要修改时，应当在招标文件要求提交投标文件截止时间至少15日前以书面形式通知所有招标文件收受人，以便于他们修改投标书。

5.2.2.6 投标

（1）投标文件内容

①投标涵及投标函附录；②资格审查资料；③法定代表人身份证明或附有法定身份证明的授权委托书；④项目管理机构；⑤施工组织设计；⑥已标价的工程量清单；⑦拟分包项目情况；⑧联合体协议书；⑨投标保证金。

（2）联合体投标

① 联合体各方应当签订共同投标协议，明确牵头人和各方权利义务，并将共同投标协议连同投标文件提交招标人。联合体中标的，联合体各方应当共同与招标人签订合同，就中标项目向招标人承担连带责任。

② 联合体各方均应具备相应资格条件，由同一专业的单位组成的联合体，按照资质等级较低的单位确定资质等级。

③ 联合体投标的，应当以联合体各方或者联合体中牵头人的名义提交投标保证金。以联合体中牵头人名义提交的投标保证金，对联合体各成员具有约束力。

④ 联合体各方不得再以自己名义单独或参加其他联合体在同一标段中的投标。否则，相关投标均无效。

⑤ 不得随意改变联合体的构成。招标人接受联合体并进行资格预审的，联合体应当在提交资格预审申请文件前组成。资格预审后联合体增减、更换成员的，其投标失效。

（3）投标保证金

① 依法必须进行招标的项目的境内投标单位，以现金或者支票形式提交的投标保证金应当从其基本账户转出。

② 投标保证金有效期与投标有效期一致，投标有效期从投标截止时间起开始计算，主要用作组织评标委员会评标、招标人定标、发出中标通知书，以及签订合同等工作。

③ 投标保证金不得超过项目估算价的2%，且最高不超过80万。

④ 退保。

a. 招标人终止招标，及时退还投标人的投标保证金及银行同期存款利息。

b. 投标截止日前撤回投标文件的，自收到投标人书面撤回通知之日起5日内退还投标保证金。

c. 中标合同签订后，签订合同后5日内向中标人和未中标人退还投标保证金及银行同期存款。

⑤ 没收。

a. 投标人在规定的投标有效期内撤销或修改投标文件。

b. 中标人在收到中标通知书后，无正当理由拒签合同或未按招标文件规定提交履约担保。

（4）投标文件的递交　投标人应当在招标文件规定的提交投标文件的截止时间前，将投标文件密封送返投标地点，招标人收到投标文件后，应当向投标人出具标明签收人和签收时间的凭证，在开标前任何单位和个人不得开启投标文件。在招标文件要求提交投标文件的截止时间后送达或未送达指定地点的投标文件，为无效的投标文件，招标人不予受理。

5.2.3　决标成交阶段的主要工作内容

【案例5-4】　A、B、C三家建筑企业在4月12日前均递交了投标文件，A于4月12日早上8点30分向招标代理机构递交了投标文件。开标会议9点如期举行，到场的有开发公司负责人、当地招标投标办的工作人员、当地建设行政主管部门的负责人、公证机构的工作人员、招标代理机构的负责人和工作人员，A、B、C三家建筑企业均到场。开标会议由建设行政主管部门的负责人主持，在招标代理机构负责人检查了投标文件的密封情况后，对三份投标文件开封，宣读，当场唱标。由于有公证机构出席，整个开标过程没有记录，由公证机构出具相关公证证明。

在招标文件中还写明了评标的标准和评标专家的名单。评标专家进行了详细的评审，由于招标人的授权，评标专家委员会直接确定得到了最高分的B为中标人。招标代理机构于4月16日向B发出了中标通知书，同时通知了未中标的A、C。开发公司在与B签订合同过程中，要求B以其投标报价的95%为合同价款，在遭到B的拒绝后，开发公司与C进行了协商，按B的投标报价的95%与C签订了合同。

【问题】 上述过程有哪些不妥？

【案例分析】

（1）招标文件中写明了评标专家的名单。在评标结果公布前，评标专家的名单必须保密。

（2）开标会议由建设行政主管部门的负责人主持。开标会议应由招标人主持，在本例中，可以由招标代理机构主持开标会议。

（3）招标代理机构负责人检查了投标文件的密封情况。在开标前，应由投标人、投标人推举的代表或公证人员检查投标文件的密封情况。

从开标日到签订合同这一期间称为决标成交阶段，是对各投标书进行评审比较，最终确定中标人的过程。

5.2.3.1 开标

（1）投标人少于3个的，不得开标，招标人应当重新招标。投标人对开标有异议的，应当在开标现场提出，招标人应当当场作出答复，并制作记录。

（2）开标地点应为招标文件中确定的地点；开标应当在招标文件确定的提交投标文件截止时间的同一时间公开进行。

（3）开标由招标人主持，邀请所有投标人参加。

（4）由投标人或者其推选的代表检查投标文件的密封情况，也可以由招标人委托的公证机构检查并公证。

5.2.3.2 清标

招标人可以委托工程造价咨询企业在开标后评标前进行清标工作。清标工作应包括下列内容：

（1）对招标文件的实质性响应。

（2）错漏项分析。

（3）分部分项工程量清单项目综合单价的合理性分析。

（4）措施项目清单的完整性和合理性分析，以及其中不可竞争性费用正确性分析。

（5）其他项目清单项目完整性和合理性分析。

（6）不平衡报价分析。

（7）暂列金额、暂估价正确性复核。

（8）总价与合价的算术性复核及修正建议。

（9）其他应分析和澄清的问题。

5.2.3.3 评标

（1）评标委员会　评标委员会由招标人负责组建，负责评标活动，向招标人推荐中标候选人或者根据招标人的授权直接确定中标人。

评标委员会由招标人或其委托的招标代理机构熟悉相关业务的代表，以及有关技术、经济等方面的专家组成，成员人数为5人以上的单数，其中技术、经济等方面的专家不得少于成员总数的2/3。评标委员会设负责人的，负责人由评标委员会成员推举产生或者由招标人确定，评标委员会负责人与评标委员会的其他成员有同等的表决权。

评标委员会的专家成员应当从省级以上人民政府有关部门提供的专家名册或者招标代理机构专家库内的相关专家名单中确定。确定评标专家，可以采取随机抽取或者直接确定的方式。一般项目，可以采取随机抽取的方式；技术特别复杂、专业性要求特别高或者国家有特殊要求的招标项目，采取随机抽取方式确定的专家难以胜任的，可以经过规定的程序由招标人直接确定。任何单位和个人不得以明示、暗示等任何方式指定或者变相指定参加评标委员会的专家成员。评标委员会成员与投标人有利害关系的，应主动回避。

对评标委员会成员的要求。评标委员会中的专家成员应符合下列条件。

① 从事相关专业领域工作满八年并具有高级职称或者同等专业水平。

② 熟悉有关招标投标的法律法规，并具有与招标项目相关的实践经验。

③ 能够认真、公正、诚实、廉洁地履行职责。

有下列情形之一的，不得担任评标委员会成员，应当回避。

① 招标人或投标人主要负责人的近亲属。

② 项目主管部门或者行政监督部门的人员。

③ 与投标人有经济利益关系，可能影响对投标公正评审的。

④ 曾因在招标、评标以及其他与招标投标有关活动中从事违法行为而受过行政处罚或刑事处罚的。

(2) 初评　初评包括四个方面：形式评审标准、资格评审标准、响应性评审标准、施工组织设计和项目管理机构评审标准。

投标文件中有含义不明确的内容、明显文字或者计算错误，评标委员会认为需要投标人作出必要澄清、说明的，应当书面通知该投标人。投标人的澄清、说明应当采用书面形式，并不得超出投标文件的范围或者改变投标文件的实质性内容。评标委员会不得暗示或者诱导投标人作出澄清、说明，不得接受投标人主动提出的澄清、说明。

(3) 有下列情形之一的，评标委员会应当否决其投标。

① 投标文件未经投标单位盖章和单位负责人签字。

② 投标联合体没有提交共同投标协议。

③ 投标人不符合国家或者招标文件规定的资格条件。

④ 同一投标人提交两个以上不同的投标文件或者投标报价，但招标文件要求提交备选投标的除外。

⑤ 投标报价低于成本或者高于招标文件设定的最高投标限价。

⑥ 投标文件没有对招标文件的实质性要求和条件做出响应。

⑦ 投标人有串通投标、弄虚作假、行贿等违法行为。

(4) 详评

① 经评审的最低投标价法。经评审的最低投标价法是指评标委员会对满足招标文件实质要求的投标文件，根据详细评审标准规定的量化因素及量化标准进行价格折算，按照经评审的投标价由低到高的顺序推荐中标候选人，或根据招标人授权直接确定中标人，但投标报价低于其成本的除外。经评审的投标价相等时，投标报价低的优先；投标报价也相等的，由招标人自行确定。

适用范围：经评审的最低投标价法一般适用于具有通用技术、性能标准或者招标人对其技术、性能没有特殊要求的招标项目。这种评标方法应当是一般项目的首选评标方法。

评标要求：采用经评审的最低投标价法的，评标委员会应当根据招标文件中规定的评标价格调整方法，对所有投标人的投标报价以及投标文件的商务部分做必要的价格调整。

中标人的投标应当符合招标文件规定的技术要求和标准，但评标委员会无需对投标文件的技术部分进行价格折算。

根据经评审的最低投标价法完成详细评审后，评标委员会应当拟定 1 份“价格比较一览表”，连同书面评标报告提交招标人。“价格比较一览表”应当载明投标人的投标报价、对商务偏差的价格调整和说明以及已评审的最终投标价。

② 综合评估法。不宜采用经评审的最低投标价法的招标项目，一般应当采取综合评估法进行评审。综合评估法是指评标委员会对满足招标文件实质性要求的投标文件，按照规定的评分标准进行打分，并按得分由高到低顺序推荐中标候选人，或根据招标人授权直接确定中标人，投标报价低于其成本的除外。综合评分相等时，以投标报价低的优先；投标报价也相等的，由招标人自行确定。

评标要求：评标委员会对各个评审因素进行量化时，应当将量化指标建立在同一基础或者同一标准上，使各投标文件具有可比性。

对技术部分和商务部分进行量化后，评标委员会应当对这两部分的量化结果进行加权，计算出每一投标的综合评估价或者综合评估分。根据综合评估法完成评标后，评标委员会应当拟定一份“综合评估比较表”，连同书面评标报告提交招标人。

③ 评标完成后，评标委员会应当向招标人提交书面评标报告和中标候选人名单。中标候选人应当不超过 3 个，并标明排序。评标报告应当由评标委员会全体成员签字。对评标结果有不同意见的评标委员会成员应当以书面形式说明其不同意见和理由，评标报告应当注明该不同意见。评标委员会成员拒绝在评标报告上签字又不书面说明其不同意见和理由的，视为同意评标结果。

5.2.3.4 定标

（1）招标人或经过授权的评标委员会可以确定中标人。

（2）中标条件　能够最大限度地满足招标文件中规定的各项综合评价标准（分高）。能够满足招标文件的实质性要求，并且经评审的投标价格最低；但是投标价格低于成本的除外。

（3）中标主体　对国有资金占控股或者主导地位的依法必须进行招标的项目，应当确定排名第一的中标候选人为中标人。当排名第一的中标候选人放弃中标、因不可抗力不能履行合同、不按招标文件要求提交履约保证金或被查实存在影响中标结果的违法行为的，可确定排名第二的中标候选人作为中标人，也可重新组织招标。

中标人确定后，招标人应当向中标人发出中标通知书，并同时将中标结果通知所有未中标的投标人。中标通知舶对招标人和中标人具有法律效力。中标通知书发出后，招标人改变中标结果，或者中标人放弃中标项目的，应当依法承担法律责任。

招标人应当自确定中标人之日起 15 日内，向有关行政监督部门提交招标投标情况的书面报告。

5.2.3.5 签合同

（1）招标人和中标人应当自中标通知书发出之日起 30 日内，按照招标文件和中标人的投标文件订立书面合同。招标人和中标人不得再行订立背离合同实质性内容的其他协议。

（2）招标人与中标人签订合同后 5 个工作日内，应当向中标人和未中标的投标人退还投标保证金及银行同期存款利息。

（3）招标文件要求中标人提交履约保证金的，中标人应当按照招标文件的要求交。

（4）履约保证金不得超过中标合同金额的10％。

5.3 施工招标资格预审

由于施工过程长，消耗的资源多（工程项目建设总投资的70％～90％都是在这个建设阶段投入的），可变化的因素多，建设项目的功能和质量是在这个施工阶段形成的。因此施工承包人的资信、能力和经验就非常重要。

5.3.1 施工招标资格审查表的内容

（1）法人资格和组织机构。

（2）财务报表　投标人需要填报的内容包括：公司的资产总额（固定资产、流动资产）和负债总额（长期负债、流动负债）；近几年每年承担的建筑工程价值（国内、国外）；目前承担的工程价值；年最大施工能力；近几年经过审计的账目副本（损益表、资产负债表）；能够提供银行资信证明等。

（3）人员报表　包括公司的人员数量；其中的技术人员、管理人员、行政人员、工人和其他人员的数量；主要管理人员和技术人员的情况介绍；目前各类、各级可调用人员的数量。

（4）施工机构设备情况　包括未完成招标工程项目的施工，已有、新购、租赁设备情况调查。对已有设备按种类、型号分别填写数量、出厂期和价值；与招标工程施工有关的本企业目前闲置设备调查。

（5）近几年完成同类工程项目调查　包括项目名称、类别、合同金额、投标人在项目中参与的百分比、合同是否圆满完成等。

（6）在建工程项目调查。

（7）分包计划及分包商的资信、能力与业绩。

（8）其他资格证明　由承包商自由报送所有能表明其能力的各种书面材料。

5.3.2 资格预审方法

（1）基本条件审查

① 营业执照。其规定的业务范围是否包括了本招标工程。

② 资质等级。是否与招标工程的等级相适应。

③ 财务状况。资产负债等指标是否在正常值内。

④ 流动资金。能否满足公司运行及执行合同的需要。

⑤ 不能分包关键部分或主体工程。

⑥ 履约情况。有无毁约史及毁约原因。

（2）强制性条件审查　强制性条件并非是每个招标项目都必须设置的条件。对于大型复杂工程或有特殊专业技术要求的施工招标，通常在资格预审阶段需考察申请投标人是否具有同类工程的施工经验和能力。强制性条件可根据招标工程的施工特点设定具体要求，该项条件不一定与招标工程的实施内容完全相同，只要与本项工程的施工技术和管理能力在同一水平即可。

5.3.3 资格评分

资格评分是通过根据招标工程的特点设定的评价指标及相对的权重，综合评价投标申请人投标资格的方法，评价分是进行投标人资格比较的依据。设有最低资格分时，当投标申请人的得分低于最低资格分时，就意味着基本条件不合格，首先被排除。只有得分高于最低资格分数线的申请人才能成为投标候选人。招标人从投标候选人中确定投标人的方法一般是按申请人资格评分得分多少，从高到低择优选出 5～9 家作为投标人。投标人的数量常是在评分前确定的，但在最后选定投标人时对原定的数量作适当调整也是很正常的。例如，原计划选 6 个投标人，可评分出来发现满足最低资格分要求的只有 5 家，那最多也只能选 5 家，所以就得把原定计划的“6”家改“5”家。

（1）评价指标　施工对象不同，对施工承包商的资格要求是不一样的，但一般评价的重点是承包商的资信、能力、经验和业绩。

① 资信。包括资质等级、资信等级、企业形象。

② 财务状况。包括每年合同收入、投标财务能力、筹资能力。

③ 技术条件。包括人员设备及管理条件，在建工程数量等。

④ 经验。包括类似工程、类似环境的施工经验。

⑤ 业绩。包括已完成的工程、取得荣誉及企业管理成就。

（2）评价指标的权重及分数分配　权重是指某因素在整体评价中的相对重要程度，权重越高，则该因素越重要。评价指标的权重常用两个方法来体现。一种是主观赋权方法，即由少数专家直接根据经验并考虑反映某评价观点后，定出权重及分值。另一种方法是客观赋权法，依据历史数据研究指标之间的相关关系或指标与评估结果的影响关系来综合评价。评标常用主观赋权方法，即专家打分法来体现。

【案例 5-5】　某土建工程项目确定采用公开招标的方式招标，造价工程师测算确定该工程标底为 4000 万元，定额工期为 540 天。

在本工程招标的资格预审办法中规定投标单位应满足以下条件：①取得营业执照的建筑施工企业法人；②二级以上施工企业；③有两项以上同类工程的施工经验；④本专业系统隶属企；⑤近三年内没有违约被起诉历史；⑥技术、管理人员满足工程施工要求；⑦技术装备满足工程施工要求；⑧具有不少于合同价 20%的可为业主垫支的资金。

【问题】

1. 以上资格预审办法规定的投标单位应满足的条件是否正确？哪几项不正确？

2.“业绩与信誉”满分为 100 分，评分结果见表 5-1，计算其信誉得分。如果权重为 0.2 计算其业绩与信誉的分，哪家企业得分最高，其分值为多少？

表 5-1　评分结果

投标单位		A	B	C	D	E
业绩与信誉（100 分）	企业信誉（40 分）	35	35	36	38	34
	施工经历（40 分）	35	32	37	35	37
	质量回访（20 分）	17	18	19	15	18
	合计	87	85	92	88	89
权重 0.2 得分		17.4	17	18.4	17.6	17.8

【案例分析】 计算方法：如 A 企业得分为 (35+35+17)×0.2=17.4，同理可计算得 B、C、D、E 企业得分，将结果填入表 5-1。可知，C 投标单位最高，分值为 18.4。

5.4 施工招标文件的编制

【案例 5-6】 某滨海城市酒店项目进行施工招标，招标人编制了完整详细的招标文件，其招标文件的内容如下。

①招标公告；②投标须知；③通用条款；④专用条款；⑤合同格式；⑥图纸；⑦工程量清单；⑧中标通知书；⑨评标委员会名单；⑩标底编制人员名单。

招标人通过资格预审对申请投标人进行审查，而且确定了资格预审表的内容，提出了对申请投标人资格必要合格条件的要求，要求包括：①资质等级达到要求标准；②投标人在开户银行的存款达工程造价的 5%；③主体工程中的重点部位可分包给经验丰富的承包商来完成；④具有同类工程的施工经验和能力。

【问题】

1. 招标文件的内容中有哪些不应属于招标文件内容？
2. 资格预审主要侧重于对投标人的哪方面的审查？
3. 资格预审对投标人的必要合格条件主要包括哪几方面？
4. 背景材料中的必要合格条件不妥之处有哪些？

【案例分析】

1. 不属于招标文件的内容是：招标公告、中标通知书、评标委员会名单、标底编制人员名单。

2. 资格预审主要侧重于对承包人企业总体能力是否适合招标工程的要求进行审查。

3. 必要合格条件主要包括：营业执照、资质等级、财务状况、流动资金、分包计划、履约情况。

4. 必要合格条件中不妥之处

(1) 投标人在开户银行的存款达工程造价的 5%；

(2) 主体工程重点部位可分包给经验丰富的承包商；

(3) 具有同类工程的施工经验和能力。

5.4.1 招标文件的内容

根据建设部 2003 年 1 月 1 日实施的《房屋建筑和市政基础设施工程施工招标文件范本》(以下简称《施工招标文件范本》) 的规定，对于公开招标的招标文件，共十章，其内容的目录见表 5-2。

表 5-2 《施工招标文件范本》的内容

一	招标公告
二	投标邀请书
三	投标申请人资格预审文件 第一章 投标申请人资格预审须知 第二章 投标申请人资格预审申请书 第三章 投标申请人资格预审合格通知书

续表

四	招标文件 第一章　投标须知及投标须知前附表 第二章　合同条款(国际上称“合同条件”) 第三章　合同文件格式 第四章　工程建设标准 第五章　图纸 第六章　工程量清单 第七章　投标文件投标函部分格式 第八章　投标文件商务部分格式 第九章　投标文件技术部分格式 第十章　资格审查申请书格式
五	中标通知书

(1) 投标须知　在投标须知中应写明：招标项目的资金来源；对投标的资格要求；招标文件和投标文件澄清程序；对投标文件的内容、使用语言的要求；投标报价的具体项目范围及使用币种；投标保证金的规定；投标的程序、截止日期、有效期；开标的时间、地点；投标书的修改与撤回的规定；评标的标准及程序等。

(2) 合同通用条件　一般采用标准合同文本，如采用国家工商行政管理局和原建设部最新颁发的《建设工程施工合同（示范文本）》中的“合同条件”。

(3) 合同专用条款　包括：合同文件、双方一般责任、施工组织设计和工期、质量与验收、合同价款与支付、材料和设备供应、设计变更、竣工结算、争议、违约和索赔。

(4) 合同格式　包括：合同协议书格式、银行履约保函格式、履约担保书格式、预付款银行保函格式。

(5) 工程建设标准　包括：工程建设地点的现场条件、现场自然条件、现场施工条件、本工程采用的技术规范。

(6) 图纸。

(7) 投标文件参考格式　包括：投标文件投标函部分格式、投标文件商务部分格式、工程量清单与报价表、投标文件技术部分格式、资格审查表（未进行资格预审的用）。

5.4.2　编制招标文件的要点

(1) 说明评标原则和评价办法。

(2) 投标价格中，一般结构不太复杂或工期在12个月以内的工程，可以采用固定价格，考虑一定的风险系数。结构较复杂或大型工程，工期在12个月以上的，应采用调整价格。价格的调整方法及调整范围应在招标文件中确定。

(3) 在招标文件中应明确投标价格计算依据，主要有以下方面：工程计价类别；执行的概预算定额及费用定额；执行的人工、材料、机械设备政策性调整文件等；材料、设备计价方法及采购、运输、保管的责任；工程量清单。

(4) 质量标准必须达到国家施工验收规范合格标准，对于要求质量达到优良标准时，应计取补偿费用，补偿费用的计算方法应按国家或地方有关文件规定执行，并在招标文件中明确。

(5) 招标文件中的建设工期应参照国家或地方颁发的工期定额来确定，如果要求的工期比工期定额缩短20%以上（含20%）的，应计算赶工措施费。赶工措施费如果计取应在招标文件中明确。

（6）由于施工单位原因造成不能按合同工期竣工时，计取赶工措施费的须扣除，同时还应赔偿由于误工给建设单位带来的损失。其损失费用的计算方法或规定应在招标文件中明确。

（7）如果建设单位要求按合同工期提前竣工交付使用，应考虑计取提前工期奖，提前工期奖的计算方法应在招标文件中明确。

（8）招标文件中应明确投标准备时间，即从开始发放招标文件之日起，至投标截止时间的期限，最短不得少于20天。

（9）在招标文件中应明确投标保证金数额，一般投标保证金数额不超过投标总价的2%。投标保证金的有效期应超过投标有效期。

（10）中标单位应按规定向招标单位提交履约担保，履约担保可采用银行保函或履约担保书。履约担保比率一般为：银行出具的银行保函为合同价格的5%；履约担保书为合同价格的10%。

（11）投标有效期的确立应视工程情况而定，结构不太复杂的中小型工程的投标有效期可定为28天以内；结构复杂的大型工程投标有效期可定为56天以内。

（12）材料或设备采购、运输、保管的责任应在招标文件中明确，如建设单位提供材料或设备，应列明材料或设备名称、品种或型号、数量及提供日期和交货地点等；还应在招标文件中明确招标单位提供的材料或设备计价和结算退款的方法。

（13）关于工程量清单，招标单位按国家颁布的统一工程项目划分，统一计量单位和统一的工程量计算规则，根据施工图纸计算工程量，提供给投标单位作为投标报价的基础。结算拨付工程款时以实际工程量为依据。

（14）合同专用条款的编写。招标单位在编制招标文件时，应根据我国《民法典》《建设工程施工合同管理办法》的规定和工程具体情况确定“招标文件合同专用条款”内容。

（15）投标单位在收到招标文件后，若有问题需要澄清，应于收到招标文件后以书面形式向招标单位提出，招标单位将以书面形式或投标预备会的方式予以解答，答复将送给所有获得招标文件的投标单位。

（16）招标文件的修改，招标人对已发出的招标文件进行必要的澄清或者修改的，应当在招标文件要求提交投标文件截止时间至少15日前，以书面形式通知所有招标文件收受人。澄清或者修改的内容为招标文件的组成部分。

5.4.3 招标控制价的编制

招标控制价是建筑安装工程造价的表现之一，它由招标单位自行编制或委托具有编制招标控制价资格和能力的中介机构代理编制，并按规定经审定的招标工程的预期价格。

5.4.3.1 招标控制价的作用

招标项目的评标可以采取有招标控制价评标，也可以采取无招标控制价评标的方式。但无论评标采用招标控制价与否，招标控制价都具有以下作用：

（1）招标控制价是招标人为招标工程确定的预期价格。

（2）给上级主管部门提供核实建设规模的依据。

（3）衡量投标单位标价的准绳。只有有了招标控制价，才能正确判断投标者所投报价的合理性、可靠性。

（4）评价的重要尺度。在有标底的招标中，招标控制价是评审投标报价的重要尺度和参考依据。只有制定了科学的招标控制价，才能在定标时作出更正确的选择。

5.4.3.2 招标控制价编制的原则

（1）统一工程项目划分，统一计量单位，统一计算规则。

（2）以施工图纸、招标文件和国家规定的技术标准和工程造价定额为依据。

（3）力求与市场的实际变化吻合，有利于竞争和保证工程质量。

（4）招标控制价价格一般应控制在批准的总概算（或修正概算）及投资包干的限额内。

（5）根据我国现行的工程造价计算方法，并考虑到向国际惯例靠拢，提倡优质优价。

（6）一个工程只能编制一个招标控制价。

（7）招标控制价必须经招标管理机构审定。

5.4.3.3 招标控制价计价方法

招标控制价价格由成本、利润和税金等组成，应考虑人工、材料和机械台班等价格变化因素，还应包括不可预见费、预算包干费、措施费（赶工措施费、施工技术措施费）、现场因素费用、保险以及采用固定价格的工程风险金等。计价方法可选用我国现行规定的工料单价和综合单价两种方法计算。

5.4.3.4 招标控制价编制的基本依据

（1）招标商务条款。

（2）工程施工图纸、编制工程量清单的基础资料、编制标底所依据的施工方案、工程建设地点的现场地质、水文及地上情况的有关资料。

（3）编制招标控制价前的施工图纸设计交底及施工方案交底。

5.4.3.5 招标控制价编、审程序

（1）确定招标控制价计价内容及计算方法、编制总说明、施工方案或施工组织设计、编制（或审查确定）工程量清单、临时设施布置、临时用地表、材料设备清单、补充定额单价、钢筋铁件调整、预算包干和按工程类别的取费标准等。

（2）确定材料设备的市场价格。

（3）采用固定价格的工程，应测算施工周期内的人工、材料、设备和机械台班价格波动风险系数。

（4）确定施工方案或施工组织设计中计费内容。

（5）计算招标控制价价格。

（6）招标控制价送审。招标控制价应在投标截止日期后、开标之前报招标管理机构审查，结构不复杂的中小型工程在投标截止日期后 7 天内上报，结构复杂的大型工程在 14 天内上报。未经审查的招标控制价一律无效。

（7）招标控制价价格审定交底。

当采用工料单价计价方法时。其主要审定内容包括以下几方面。

① 招标控制价计价内容。

② 预算内容。

③ 预算外费用。

当采用综合单价计价方法，其主要审定内容包括以下几方面。

① 招标控制价计价内容。

② 工料单价组成分析。

③ 设备市场供应价格、措施费和现场因素费。

5.5 施工项目投标

5.5.1 投标文件的编制

（1）投标文件的组成　投标文件应严格按照招标文件的各项要求来编制，一般包括下列内容：①投标书；②投标书附录；③投标保证金；④法定代表人；⑤授权委托书；⑥具有标价的工程量清单与报价表；⑦施工组织设计；⑧辅助资料表；⑨资格审查表；⑩对招标文件中的合同条款内容的确认和响应；⑪按招标文件规定提交的其他资料。

（2）投标文件编制的要点

① 招标文件要研究透彻，重点是投标须知、合同条件、技术规范、工程量清单及图纸。

② 为编制好投标文件和投标报价，应收集现行定额标准、取费标准及各类标准图集。收集掌握政策性调价文件，以及材料和设备价格情况。

③ 投标文件编制中，投标单位应依据招标文件和工程技术规范要求，并根据施工现场情况编制施工方案或施工组织设计。

④ 按照招标文件中规定的各种因素和依据计算报价，并仔细核对，确保准确。在此基础上正确运用报价技巧和策略，并用科学方法作出报价决策。

⑤ 填写各种投标表格。招标文件所要求的每一种表格都要认真填写，尤其是需要签章的，一定要按要求完成，否则有可能会因此而导致废标。

⑥ 投标文件的封装。投标文件编写完成后要按招标文件要求的方式分装、贴封、签章。

5.5.2 投标报价技巧

常用的投标报价技巧有不平衡报价法、多方案报价法、增加建议方案法、突然降价法、无利润报价法、联合体投标等。

（1）不平衡报价法　在工程项目总报价基本确定后不提高总报价，通过调整项目内部各部分报价（调整范围不能过大），谋求结算时提高经济效益的方法，其应用时需和网络分析、资金时间价值分析相结合。

① 能够早日结算的项目（如前期措施费、基础工程、土石方工程等）可以适当提高报价，以利资金周转，提高资金时间价值。后期工程项目如设备安装、装饰工程等的价可适当降低。

② 经过工程量复核，预计今后工程量会增加的项目，单价适当提高，这样最终结算时可多盈利，而将来工程量有可能减少的项目单价降低，工程结算时损失不大。但是，上述两种情况要统筹考虑，即对于清单工程量有错误的早期工程，如果工程量不可能成而有可能减少的项目，则不能盲目抬高价格，要具体分析后再定。

③ 设计图纸不明确、预计修改后工程量要增加的，可以提高单价，而工程内容说明不清楚的，在工程实施阶段通过索赔再寻求提高单价的，则可以降低一些单价，在工程实施阶段通过索赔再寻求提高单价的机会。

（2）多方案报价法 招标文件中工程范围不明确，某些条款不清，在充分考虑风险的情况下，在满足原招标文件规定技术要求的条件下，不仅对原方案提出报价，还可以提出新的方案进行报价。报价时要对两种方案进行技术与经济的对比，新方案比原方案报价应低一些，以利于中标。

（3）增加建议方案法 招标文件允许投标人提出建议时，可以对原设计方案提出新的建议，投标人可以提出技术上先进、操作上可行、经济上合理的建议。提出建议后要与原报价进行对比且有所降低。但要注意对原招标方案一定也要报价。建议方案不要写得太具体，要保留方案的技术关键，防止招标人将此方案交给其他投标人。同时要强调的是，建议方案一定要比较成熟，有很好的可操作性。

（4）突然降价法 投标人对招标方案提出报价后，在充分了解投标信息的前提下，通过优化施工组织、加强内部管理、降低费用消耗的可能性分析，在投标截止日规定时间之前，突然提出一个较原报价降低的新报价，以利中标。

（5）无利润报价法 投标人在可能中标的情况下拟将部分工程转包给报价低的分包商，或对于分期投标的工程采取前段中标后段得利，或为了开拓建筑市场、扭转企业长期无标的困境时采取的策略。

（6）联合体投标 当招标文件中允许投标人之间组成联合体进行投标时，两人以上法人或者其他组织可以组成一个联合体，以一个投标人的身份共同投标，强强联合，提高中标概率。

5.5.3 投标文件的修改与撤回

投标文件的修改是指投标人对投标文件中遗漏和不足的部分进行增补，对已有的内容进行修订。投标文件的撤回是指投标人收回全部投标文件，或放弃投标，或以新的投标文件重新投标。

投标文件的修改或撤回必须在投标文件递交截止时间之前进行，《招标投标法》第 29 条规定：“投标人在招标文件要求提交投标文件的截止时间之前，可以补充、修改或者撤回已提交的投标文件，并书面通知招标人。”《标准施工招标文件》规定，书面通知应按照招标文件的要求签字或盖章，修改的投标文件还应按照招标文件的规定进行编制、密封、标记和递交，并标明“修改”字样。投标截止时间之后至投标有效期满之前，投标人对投标文件的任何补充、修改，招标人不予接受，撤回投标文件的还将被没收投标保证金。

5.5.4 投标文件的送达与签收

《招标投标法》第 28 条规定：“投标人应当在招标文件要求提交投标文件的截止时间前，将投标文件送达投标地点。招标人收到投标文件后，应当签收保存，不得开启。投标人少于三个的，招标人应依照本法重新招标。”在招标文件要求提交投标文件的截止时间后送达的投标文件，招标人应当拒收。

（1）投标文件的送达 对于投标文件的送达，应注意以下几个问题。

① 投标文件的提交截止时间。招标文件中通常会明确规定投标文件提交的时间，投标文件必须在招标文件规定的投标截止时间之前送达。

② 投标文件的送达方式。投标人递送投标文件的方式可以是直接送达，即投标人派授权代表直接将投标文件按照规定的时间和地点送达；也可以通过邮寄方式送达，邮寄方式送

达应以招标人实际收到时间为准，而不是以邮戳为准。

③ 投标文件的送达地点。投标人应严格按照招标文件规定的地址送达，特别是采用邮寄送达方式。投标人因为递交地点发生错误而逾期送达投标文件的，将被招标人拒绝接收。

(2) 投标文件的签收　投标文件按照招标文件的规定时间送达后，招标人应签收保存。《工程建设项目施工招标投标办法》第 38 条规定："招标人收到投标文件后，应当向投标人出具标明签收人和签收时间的凭证，在开标前任何单位和个人不得开启投标文件。"

(3) 投标文件的拒收　如果投标文件没有按照招标文件要求送达，招标人可以拒绝受理。《工程建设项目施工招标投标办法》第 50 条规定，投标文件有下列情形之一的，招标人不予受理。

① 逾期送达的或者未送达指定地点的。

② 未按招标文件要求密封的。

5.6 施工项目评标

5.6.1 施工项目评标指标的设置

(1) 标价　评标时的标价应不简单地等于投标人的报价，而应该是经过折算处理的报价。例如，在一个甲供主材的施工项目招标中，各投标人所报的钢材水泥及木材的用量不一样，这就需要把所报材料的差量折算成价格加到其报价中去。经这样处理的标价常称评标价。

标价的权重一般都设在 0.5 以上，但怎样的评标价得最高分是个难题，有以标底为基准的，有以标底和评标价的平均值为基准的，有以投标标价的平均值为基准的，也有以次低标的评标作为基准的。

(2) 施工方案（或施工组织设计）　包含施工方法是否先进、合理；进度计划及措施是否科学、合理、可靠；质量保证措施是否可靠；安全保证措施是否可靠；现场平面布置及文明施工措施是否合理可靠；主要施工机具及劳动力配备是否合理；项目主要管理人员及工程技术人员的数量和资历；施工组织设计是否完整等。此项评价应适当突出关键部位施工方法或特殊技术措施及保证工程质量、工期的措施。

(3) 质量　工程质量应达到国家施工验收规范合格标准或优良标准，必须符合招标文件要求，质量措施是否全面和可行。

(4) 工期　工期必须满足招标文件的要求。

(5) 信誉和业绩　包含近期施工承包合同履约情况；服务态度；是否承担过类似工程；近期获得的优良工程及优质以上的工程情况；经营作风和施工管理情况；是否获得过部、省（自治区、直辖市）、市级的表彰和奖励；企业在社会中的整体形象等。为贯彻信誉好、质量高的企业多得标，得好标的原则，使用评审指标时，应适当侧重施工方案、质量和信誉。

5.6.2 评标方法

常用评标方法有评议法、综合评分法和评标价法等。招标工程的评标方法见表 5-3。

表 5-3 招标工程的评标办法

评标方法	对招标人的有关说明
公式法	可不要求编制技术标
平均值法	可不要求编制技术标
综合评估法	应分别组建商务和技术评标委员会
先评后抽法	不编制商务标书
经评审的最低投标价法	可不要求编制技术标
其他评标方法	须经建设行政主管部门批准

5.6.2.1 公式法

（1）招标人在开标会上根据招标文件中投标文件不予受理情形的规定，对投标人的投标文件是否应当受理进行审查，然后将应当受理的投标文件提交评标委员会评审。

（2）评标委员会根据招标文件初步评审内容的规定，对所有应当受理的投标文件进行初步评审。

（3）对于初步评审通过的投标文件，评标委员会应当按照招标文件详细评审的规定对投标人的商务标进行详细评审。

（4）评标委员会根据招标文件规定的商务标、日常履约评分规则（见评标方法附件）对上述评审合格的投标文件进行商务标评分和日常履约评分。

（5）评标委员会根据各投标人的商务标得分和日常履约得分，按照下列公式计算投标人的评审总得分 N。

$$N=A_1S+A_2X$$

式中 N——评审总得分（得分取值保留到小数点后两位）；

S——商务标评审得分（得分取值保留到小数点后两位）；

X——日常履约评审得分（得分取值保留到小数点后两位）；

A_1——商务标评审得分权重，按____%计（一般为 60%～80%）；

A_2——日常履约评审得分权重，按____%计（一般为 20%～40%），$A_2=1-A_1$；

（6）评标委员会依据投标人评审总得分，按由高至低进行排序。如果招标人未要求投标人编制技术标的，排序第一的即为中标候选人；如果招标人要求投标人编制技术标的，评标委员会对投标人评审总得分排序第一名的投标人的技术标进行合格性评审，技术标合格的这一名投标人为中标候选人。如果该投标人的技术标不合格，评标委员会应当依序对评审总得分次低的投标人的技术标进行合格性评审，最终推荐技术标合格的一名投标人为中标候选人。

（7）若出现投标人评审总得分相同的情形，招标人通过公开随机抽取的方式确定一名中标候选人。

5.6.2.2 平均值法

（1）招标人在开标会上根据招标文件中投标文件不予受理情形的规定，对投标人的投标文件是否应当受理进行审查，然后将应当受理的投标文件提交评标委员会评审。

（2）评标委员会根据招标文件初步评审内容的规定，对所有应当受理的投标文件进行初步评审。

（3）对通过上述初步评审的投标文件，评标委员会首先应当按照下列方法计算投标人投标报价的算术平均值：

$$N=\mathrm{Int}\left(\frac{\text{通过初步评审的投标人个数}}{4}\right)$$

式中，Int 为取整函数，不进行四舍五入。

评标委员会将通过初步评审的投标人的投标报价按由低至高的顺序进行排序，去掉排名最靠前的 N 个投标人的投标报价以及排名最靠后的 N 个投标人的投标报价之后，再对剩余投标人的投标报价取算术平均值，此算术平均值为评标基准值。随后的评审中无论出现何种情形，该基准值不作调整。

（4）如果招标人未要求投标人编制技术标的，评标委员会在投标报价小于或等于评标基准值的投标人中，按照招标文件中详细评审的规定，依投标报价从高到低的顺序进行商务标详细评审，推荐投标报价最接近评标基准值并且商务标评审合格的一名投标人为中标候选人。

（5）如果招标人要求投标人编制技术标的，评标委员会在投标报价小于或等于评标基准值的投标人中，按照招标文件中详细评审的规定，依投标报价从高到低的顺序进行商务标和技术标详细评审，推荐投标人投标报价最接近评标基准值且商务标、技术标均合格的一名投标人为中标候选人。

（6）若出现投标报价相同的情形，招标人通过公开随机抽取的方式确定一名中标候选人。

5.6.2.3　综合评估法

（1）招标人在开标会上根据招标文件中投标文件不予受理情形的规定，对投标人的投标文件是否应当受理进行审查，然后将应当受理的投标文件分别提交商务和技术评标委员会评审。

（2）商务和技术评标委员会分别根据招标文件初步评审内容的规定，对所有应当受理的投标文件进行初步评审。

（3）商务评标委员会对其初步评审合格的投标文件进行详细评审，并根据招标文件规定的商务标、日常履约评分规则（见评标方法附件），对其评审合格的投标文件进行商务标评分和日常履约评分。

（4）技术评标委员会对其初步评审合格的投标文件进行详细评审。即各成员根据招标文件规定的技术标评分规则（见评标方法附件），对投标文件独立进行技术标评分。各成员的评分结果去掉最高、最低分后取算术平均值作为该投标人最后技术标评审得分。

（5）先结束评审工作的评标委员会将评审结果密封后交建设工程交易服务中心存放，由后结束评标工作的评标委员会将评审结果汇总。

（6）后结束评审工作的评标委员会应当按照下列公式计算评审总得分。

$$N=A_1J+A_2S+A_3X$$

式中　N——评审总得分（得分取值保留到小数点后两位）；

J——技术标评审得分（得分取值保留到小数点后两位）；

S——商务标评审得分（得分取值保留到小数点后两位）；

X——日常履约评审得分（得分取值保留到小数点后两位）；

A_1——技术标评审得分权重，按____%计；

A_2——商务标评审得分权重，按____%计；

A_3——日常履约评审得分权重，按____%计。

$A_1+A_2+A_3=1$，一般取 $0.3\leqslant A_1\leqslant 0.5$，$0.5\leqslant A_2\leqslant 0.7$，$0\leqslant A_3\leqslant 0.1$。

（7）后结束评审工作的评标委员会按评审总得分从高至低的顺序确定一名中标候选人，并形成评标报告。

（8）若出现评审总得分相同的情形，按技术标得分从高至低的顺序确定一名中标候选人；若出现技术标得分也相同的情形，按商务标得分从高至低的顺序确定一名中标候选人；若出现商务标得分也相同的情形，按日常履约得分从高至低的顺序确定一名中标候选人。

5.6.2.4 先评后抽法

（1）招标人在开标会上根据招标文件中投标文件不予受理情形的规定，对投标人的投标文件是否应当受理进行审查，然后将应当受理的投标文件提交评标委员会评审。

（2）评标委员会根据招标文件初步评审内容的规定，对所有应当受理的投标文件进行初步评审。

（3）技术评标委员会对其初步评审合格的投标文件进行详细评审。即各成员根据招标文件规定的技术标评分规则（见评标方法附件），对投标文件独立进行技术标评分。各成员的评分结果去掉最高、最低分后取算术平均值作为该投标人最后技术标评审得分。

（4）将投标人技术标评审得分按照由高至低的顺序进行排序，并形成评标报告，评标工作结束。

（5）对于技术标排名前几名（一般为3～7名）的投标人，招标人通过公开随机抽取的方式确定一名中标候选人。

5.6.2.5 经评审的最低投标价法

（1）招标人在开标会上根据招标文件中投标文件不予受理情形的规定，对投标人的投标文件是否应当受理进行审查，然后将应当受理的投标文件提交评标委员会评审。

（2）评标委员会根据招标文件初步评审内容的规定，对所有应当受理的投标文件进行初步评审。

（3）利用计算机辅助评标系统自动计算出各投标人的报价偏差，再将报价偏差折算成报价，该报价即为投标人的投标偏差价（具体偏差计算和折算规则待定）。

（4）计算投标人的评审价，投标人的评审价为投标人的投标报价与投标人的投标偏差价之和。

（5）将投标人的评审价按照由低至高的顺序进行排序，如果招标人未要求投标人编制技术标的，排序第一的即为中标候选人。

（6）如果招标人要求投标人编制有技术标的，评标委员会依投标人评审价从低到高的排序，对投标人的技术标依序进行详细评审，技术标合格且投标人评审价排序第一的投标人为中标候选人。

（7）若出现中标候选人有两个或两个以上的情形，招标人可通过公开随机抽取的方式确定有顺序的一名中标候选人。

5.6.2.6 经建设行政主管部门批准的其他评标方法

【案例5-7】 运用经评审的最低投标价法评标

某国外援助资金建设项目施工招标，该项目是职工住宅楼和普通办公大楼，标段划分为甲、乙两个标段。招标文件规定：国内投标人有7.5%的评标价优惠；同时投两个标段的投标人给予评标优惠；若甲标段中标，乙标段扣减4%的作为评标价优惠；合理工期为以24～30个月，评标工期基准为24个月，每增加1月在评标价加0.1个百万元。经资格预审有

A、B、C、D、E五个承包商的投标文件获得通过，其中A、B两投标人同时对甲、乙两个标段进行投标，B、D、E为国内承包商。承包商的投标情况见表5-4。

表 5-4　承包商投标情况

投标人	报价/百万元		投标工期/月	
	甲段	乙段	甲段	乙段
A	10	10	24	24
B	9.7	10.3	26	28
C		9.8		24
D	9.9		25	
E		9.5		30

【问题】

1. 可否按综合评标得分最高者中标的原则确定中标单位？你认为什么方式合适？并说明理由。

2. 若按经评审的最低投标价法评标，是否可以把质量承诺作为评标的投标价修正因素？为什么？

3. 确定两个标段的中标人。

【案例分析】

1. 不宜，应该采用经评审的最低投标价法评标，其一，因为经评审的最低投标价法评标一般适用于施工招标，需要竞争的是投标人的价格，报价是主要的评标内容。其二，因为经评审的最低投标价法适用于具有通用技术、性能标准或者招标人对其技术、性能没有特殊要求的普通招标项目。如一般的住宅工程的施工项目。

2. 能，因为质量承诺是技术标的内容，可以作为最低投标价法的修正因素。

3. 评标结果如下（见表5-5）。

表 5-5　甲标段评标结果

投标人	报价/百万元	修正因素		评标价/百万元
		工期因素/百万元	本国优惠/百万元	
A	10		+0.75	10.75
B	9.7	+0.2		9.9
D	9.9	+0.1		10

因此，甲标段的中标人应为投标人B。

乙标段评标结果见表5-6。

表 5-6　乙标段评标结果

投标人	报价/百万元	修正因素			评标价/百万元
		工期因素/百万元	两个标段优惠/百万元	本国优惠/百万元	
A	10			+0.75	10.75
B	10.3	+0.4	−0.412		10.288

续表

投标人	报价/百万元	修正因素			评标价/百万元
		工期因素/百万元	两个标段优惠/百万元	本国优惠/百万元	
C	9.8			+0.735	10.535
E	9.5	+0.6			10.1

乙标段的中标人应为投标人E。

【案例5-8】 国有资金投资依法必须公开招标某建设项目，采用工程量清单计价方式进行施工招标，招标控制价为7568万元，其中暂列金额379万元。招标文件中规定：

(1) 投标有效期90天，投标保证金为30天。

(2) 投标报价不得低于企业平均成本。

(3) 近三年施工完成或在建的合同价超过5000万元的类似工程项目不少于3个。

(4) 合同履行期间，综合单价在任何市场波动和政策变化下均不得调整。

(5) 缺陷责任期为5年，期满后退还预留的质量保证金。

投标过程中，投标人F在开标前1小时口头告知招标人，撤回了已提交的投标文件，要求招标人3日内退还其投标保证金。

除F外还有A、B、C、D、E五个投标人参加了投标。其总报价分别为：7489万元、7470万元、7358万元、7209万元、7542万元。评标过程中，评标委员会发现投标人B的暂列金额按360万元计取，且对招标清单中的材料暂估单价均下调5%后计入报价；发现投标人E报价中混凝土梁的综合单价为600元/m^3，招标清单工程量为520m^3，合价为76400元，其他投标人的投标文件均符合要求。

招标文件中规定的评分标准如下：商务标中的总报价评分占60分，有效报价的算术平均数为评标基准价，报价等于评标基准价者得满分（60分），在此基础上，报价比评标基准价每下降1%，扣1分；每上升1%，扣2分。

【问题】 针对投标人B、投标人E的报价，评标委员会应分别如何处理？并说明理由。计算各有效报价投标人的总报价得分（计算结果保留2位小数）。

【案例分析】

(1) 评标基准价 (3489+3358+3209)/3=3352（万元）

(2) B投标人修改了暂估价为废标，E报价超过控制价为废标。

(3) 各报价得分为：

A：3489/3352=104.09%；扣分：4.09×2=8.18（分）

A报价得分=60−8.18=51.82（分）

C：3358/3352=100.18%；扣分：0.18×2=0.36（分）

C报价得分=60−0.36=59.64（分）

D：3209/3352=95.73%；扣分 (100−95.73)×1=4.27（分）

D报价得分=60−4.27=55.73（分）

一、单选题

1.《招标投标法》规定，应由（　　）监督招标活动是否依法进行。

A. 招标人的董事会　　B. 招标代理机构
C. 仲裁机构　　D. 建设行政主管部门

2. 建设行政主管部门派出监督招标投标活动的人员可以（　　）。

A. 参加开标会　　B. 作为评标委员
C. 决定中标人　　D. 参加定标投票

3. 资格预审的目的，对（　　）进行资格审查，主要考察该企业总体能力是否具备完成招标工作所要求的条件。

A. 投标人　　B. 投标企业　　C. 潜在投标人　　D. 建筑公司

4. 当出现招标文件中的某项规定与工程交底会后，招标单位发给每位投标人的会议记录不一致时，应以（　　）为准。

A. 招标文件中的规定　　B. 招标单位在会议上的口头解答
C. 发给投标单位的会议记录　　D. 现场考察时招标单位的口头解答

5. 招标文件通常分为投标须知、合同条件、技术规范、（　　）、工程量清单几大部分内容。

A. 招标资料　　B. 图纸和技术资料　　C. 技术资料　　D. 图纸资料

6. 回答函件作为招标文件的组成部分，如果书面解答的问题与招标文件中的规定不一致，以（　　）为准。

A. 函件的解答　　B. 书面解答的问题
C. 招标文件　　D. 书面与函件任选其一

7. 招标单位组织勘察现场时，对某投标者提出的问题，应当（　　）。

A. 以书面形式向提出人作答复　　B. 以口头方式向提出人当场答复
C. 以书面形式向全部投标人作同样答复　　D. 可不向其他投标者作答复

8. 从开标日到签订合同这一期间称为（　　），是对各投标书进行评审比较，最终确定中标人的过程。

A. 选择招标阶段　　B. 招标投标阶段　　C. 招标准备阶段　　D. 决标成交阶段

9. 评标委员会成员人数为（　　）人以上单数，其中招标人以外的专家不得少于成员总数的2/3。

A. 5　　B. 7　　C. 9　　D. 11

10. 招标单位在评标委员会中人员不得超过三分之一，其他人员应来自（　　）。

A. 参与竞争的投标人　　B. 招标单位的董事会
C. 上级行政主管部门　　D. 省、市政府部门提供的专家名册

11. “评标价”是指（　　）。

A. 标底价格
B. 中标的合同价格
C. 投标书中标明的报价
D. 以价格为单位对各投标书优劣进行比较的量化值

12. 招标人在中标通知书中写明的中标合同价应是（　　）。

A. 初步设计编制的概算价　　B. 施工图设计编制的预算价
C. 投标书中标明的报价　　D. 评标委员会算出的评标价

13. 建设工程施工招标的中标单位由（　　）确定。

A. 招标单位　　B. 监理单位　　C. 主管单位　　D. 招标办

14. 按照《工程建设施工招标投标管理办法》的规定，中标通知发出（　　）内，中标单位应与建设单位签订工程承包合同。

A. 7 天　　B. 10 天　　C. 20 天　　D. 30 天

15. 投标保证金一般不得超过投标总价的（　　），但最高不得超过（　　）万元人民币。

A. 1%　80　　B. 2%　80　　C. 1%　100　　D. 2%　100

16. 提交投标文件的投标人少于（　　）个的，招标人应当依法重新招标。

A. 1　　B. 3　　C. 5　　D. 7

17. 公开招标时，对招标人和投标人均有法律约束力的投标有效期，应从（　　）起算。

A. 发布招标公告　　B. 发售招标文件　　C. 提交投标文件截止日　　D. 投标报名

18. 建设工程项目招标采用资格后审方式的，资格后审时间应为（　　）。

A. 提交投标书后，开标前　　B. 提交投标书后，评标前

C. 开标后，评标前　　D. 提交投标书前

19. 根据《招标投标法实施条例》，建设工程项目招标文件中，若要求中标人提供履约保证金的，其额度不应超过合同价格的（　　）。

A. 5%　　B. 10%　　C. 20%　　D. 30%

20. 建设工程项目的招标人发现招标文件有错误时，应在投标截止时间 15 天前通知投标人，同时进行的工作是（　　）。

A. 以书面形式修改招标文件，但不延长投标截止日期

B. 以口头形式修改招标文件，但不延长投标截止日期

C. 以书面形式修改招标文件，并延长投标截止日期

D. 以口头形式修改招标文件，并延长投标截止日期

21. 建设工程项目施工评标委员会人数应为 5 人以上单数，其中技术、经济等方面的专家不得少于总人数的（　　）。

A. 1/2　　B. 1/3　　C. 2/3　　D. 3/4

22. 在投标有效期内出现特殊情况，招标人以书面形式通知投标人延长投标有效期时，投标人的正确做法是（　　）。

A. 同意延长，并相应延长投标保证金的有效期

B. 同意延长，并要求修改投标文件

C. 同意延长，但拒绝延长投标保证金的有效期

D. 拒绝延长，但无权收回投标保证金

23. 某施工招标项目投标截止日为 4 月 30 日，评标时间为 5 个工作日，招标人发出中标通知书的时间为 5 月 15 日，招标人与中标人签订合同的时间为 6 月 14 日，则该项目施工投标保证的有效期截止时间为（　　）。

A. 4 月 30 日　　B. 5 月 5 日　　C. 5 月 15 日　　D. 6 月 14 日

24. 编制施工招标项目的资格预审文件和招标文件时，必须不加修改地引用《标准施工招标资格预审文件》和《标准施工招标文件》中的（　　）。

A. 申请人须知前附表　　B. 资格审查办法

C. 投标人须知前附表　　D. 资格预审公告

25. 根据《招标投标法》，投标人可以在（　　）期间撤回标书并收回投标保证金。

A. 收到中标通知书至签订合同　　B. 评标结束至确定中标人

C. 开标至评标结束　　D. 提交标书至投标截止时间

26. 据《标准施工招标文件》，评标委员会发现投标报价有算术错误时，正确的处理方式是（　　）。

A. 视投标书不符合评审标准，否认其投标

B. 对投标报价进行修正，修正价格须经投标人书面确认

C. 直接按投标人的总报价评审，后果由投标人承担

D. 要求投标人当场重新报价，按新报价评审

27. 工程招标工期 15 个月，投标工期每提前 1 个月，可以给招标人带来 20 万元的收益。其中一个投标人的投标报价 3000 万元，工期 14 个月，如果只考虑工作因素，则采用经最低投标价法评标时，其评标价为（　　）万元。

A. 3020　　B. 2980　　C. 3000　　D. 1980

28. 某建设工程项目施工招标，甲公司和乙公司均参与投标，并都委托了丙单位办理投标事宜，甲、乙的行为属于（　　）

A. 联合投标　　B. 合法投标　　C. 串通投标　　D. 独立投标

29. 招标人可以对已发出的资格预审文件进行必要的澄清修改，招标人应当在提交资格预审申请文件截止时间至少（　　）日前，以书面形式通知所有获取资格预审文件的潜在投标人。

A. 1　　B. 2　　C. 3　　D. 5

30. 关于招标文件的补充或修改的表述中，不正确的是（　　）。

A. 如果招标人发现招标文件中的错误，或要对招标文件中的部分内容进行修改，应在投标截止时间 15 天前，以书面形式修改招标文件

B. 如果招标人发现招标文件中的错误，或要对招标文件中的部分内容进行修改，应通知所有已购买招标文件的投标人

C. 投标预备会的会议纪要、对投标人质疑的书面解答和招标文件的修改均构成招标文件的组成部分，如果与发售的招标文件出现矛盾或歧义，以时间在前的文件为准

D. 如果修改招标文件的时间距投标截止时间不足 15 天，相应延长投标截止时间

二、多选题

1. 投标单位有以下行为时，（　　）招标单位可视其为严重违约行为而没收投标保证金。

A. 通过资格预审的不投标　　B. 不参加开标会议

C. 中标后拒绝签订合同　　D. 开标后要求撤回投标书

E. 不参加现场考察

2. 构成对投标单位有约束力的招标文件，其组成内容包括（　　）。

A. 招标通知　　B. 合同文件

C. 技术规范　　D. 工程量报价单

E. 图纸和技术资料

3. 招标备案前期准备应满足的要求（　　）。

A. 建设工程立项

B. 向建设行政主管部门履行了报建手续，并取得批准

C. 建设资金能满足建设工程的要求，符合规定的资金到位率

D. 建设用地已依法取得，并领取了建设工程规划许可证

E. 技术资料能满足招标投标的要求

4. 招标准备阶段应编制好过程中可能涉及的有关文件，保证招标活动的正常进行。这些文件大致包括（　　）以及资格预审和评标的方法。

A. 资格评审　　B. 资格预审文件　　C. 合同协议书

D. 招标文件　　E. 招标广告

5. 关于招投标过程中的投标人的说法，正确的有（　　）。

A. 投标人应当具备承担招标项目的能力

B. 投标人应当符合招标文件规定的资格条件

C. 投标人近两年内没有发生重大质量和特大安全事故

D. 投标人在其资质等级许可的范围内承揽工程

E. 投标人必须为工程所在地当地企业

6. 在开标时，如果发现投标文件出现下列情形之一，应当作为无效投标文件，不再进入评标：（　　）。

A. 投标文件按照招标文件的要求予以密封

B. 投标文件中的投标函未加盖投标人的企业及企业法定代表人印章，或者企业法定代表人委托代理人没有合法、有效的委托书（原件）及委托代理人印章

C. 投标文件的关键内容字迹模糊、无法辨认

D. 投标人未按照招标文件的要求提供投标保证金或者投标保函

E. 组成联合体投标的，投标文件未附联合体各方共同投标协议

7. 开标时可能当场宣布投标单位所投标书为废标的情况包括（　　）。

A. 未密封递送的标书　　B. 投标工期长于投标文件中要求工期的标书

C. 未按规定格式填写的标书　　D. 没有投标授权人签字的标书

E. 未参加开标会议单位的标书

8.《招投标法》规定，投标文件（　　）的投标人应确定为中标人。

A. 满足招标文件中规定的各项综合评价标准的最低要求

B. 最大限度地满足招标文件中规定的各项综合评价标准

C. 满足招标文件各项要求，并且报价最低

D. 满足招标文件各项要求，并且经评审的价格最低

E. 满足招标文件各项要求，并且经评审价格最高

9. 进行施工招标的，评标时一般主要对投标企业的（　　）进行评审。

A. 投标报价　　B. 施工方案　　C. 投标工期

D. 主要材料用量　　E. 投标技巧运用

10. 以下关于施工项目招标投标的说法正确的有（　　）。

A. 评标委员会应由招标人直接指定

B. 一个承包商只能投递一份投标文件

C. 各工程应对不同的投标单位编制不同的标底

D. 招标委员会的成员中，技术、经济等方面的专家不得少于总数的1/2

E. 在招标文件要求投标文件提交的截止时间后送达的投标文件，招标人必须拒收

11. 招标人在招标过程中对申请人的资格审查方式有（　　）。

A. 形式审查　　B. 详细审查　　C. 资格预审

D. 资格后审　　E. 资格备案

12. 根据《标准施工招标文件》，下列文件中，属于投标文件的有（　　）。

A. 投标函　　B. 投标函附录　　C. 投标保函

D. 评标委员会书面要求澄清的问题　　E. 投标人对评标委员会质疑的书面澄清

13. 房地产开发公司以招标方式将某住宅小区项目发包，乙施工单位中标。甲向有关行政监督部门提交招标投标情况的书面报告，该书面报告至少应包括（　　）。

A. 招标范围　　B. 招标方式和发布招标公告的媒介

C. 招标文件中投标人须知、技术条款、评标标准和方法、合同主要条款和内容

D. 资格预审文件　　E. 评标委员会的组成和评标报告

14. 投标人须知是招标文件的重要组成部分，投标人须知应包括的内容有（　　）。

A. 招标文件的说明　B. 投标文件的要求　C. 投标地点及截止时间

D. 对投标人报价的规定　　E. 评标办法

15. 建设工程项目施工评标步骤主要包括（　　）。

A. 评标准备　　B. 资格预审　　C. 初步评审

D. 详细评审　　E. 编写评标报告

16.《招标投标法实施条例》对于开标的规定，下列说法正确的是（　　）。

A. 投标人对开标有异议的，应当在开标现场提出，招标人应当当场作出答复，并制作记录

B. 开标地点应该为招标文件中预告确定的地点

C. 招标人聘请代理机构的，开标由招标代理机构主持

D. 投标人少于5个的，不得开标

E. 招标人在招标文件要求提交投标文件的截止时间前收到的所有投标文件，开标时都应当当众予以拆封、宣读

17. 下列选项中，符合《招标投标法》关于评标规定的有（　　）。

A. 评标应按照招标文件确定的评标标准和方法进行

B. 招标文件设有标底的，应作为评标依据

C. 评标委员会可以否决全部投标

D. 招标人授权，评标委员会可直接确定中标人

E. 评标委员会不能要求投标人澄清问题

18. 按照《招标投标法实施条例》的规定，下列投标应该被否决的有（　　）。

A. 投标文件未经投标单位盖章和单位负责人签字

B. 同一投标人主动提交了两个不同

C. 投标文件或报价投标文件没有对招标文件的实质性要求和条件作出响应

D. 投标文件中有含义不明确的内容

E. 投标联合体没有提交共同投标协议

19. 下列选项中，属于投标人不正当竞争行为的有（　　）。

A. 串通投标　　B. 以低于成本的报价竞标

C. 以他人名义投标　　D. 与资质等级高的企业联合投标

E. 弄虚作假投标

20. 下列中标人违法行为中，情节严重会被工商部门吊销营业执照的有（　　）。

A. 中标人无正当理由不与招标人订立合同的

B. 中标人非因不可抗力而不履行所签订的中标合同义务的

C. 中标人将中标工程转让给他人的

D. 中标人将中标工程的部分主体或关键性工作分包给他人的

E. 中标人在签订合同时向招标人提出附加条件的

三、简答题

1. 试述工程项目施工投标的程序及主要内容。
2. 编制招标文件主要包括哪几方面内容?
3. 投标报价综合单价包括哪几部分?
4. 投标报价技巧有哪些?
5. 招标控制价有什么作用?

项目6 建设工程施工合同

教学目标

- 理解建设工程施工合同的内容、特点
- 理解双方的权利和义务
- 熟悉施工合同的质量条款、进度条款和投资控制条款

思政目标

- 在施工合同履约中，能树立工程质量意识及精品意识

6.1 建设工程施工合同概述

【案例 6-1】 某住宅楼工程在施工图设计完成一部分后，业主通过招投标选择了一家总承包单位承包该工程的施工任务。由于设计工作还未全部完成，承包范围内待实施的工程虽性质明确，但工程量还难以确定，双方确定拟采用总价合同形式签订施工合同，以减少双方的风险。合同的部分条款摘要如下。

一、协议书中的部分条款

（一）工程概况

工程名称：某住宅楼

工程地点：某市

工程内容：建筑面积为 $4000m^2$ 的框架结构住宅楼。

（二）工程承包范围

承包范围：某建筑设计院设计的施工图所包括的土建、装饰、水暖电工程。

（三）合同工期

开工日期：2021 年 2 月 21 日；

竣工日期：2021 年 9 月 30 日；

合同工期总日历天数：220 天（扣除 5 月 1～3 日）。

（四）质量标准

工程质量标准：达到甲方规定的质量标准。

……

（八）乙方承诺的质量保修

在该项目设计规定的使用年限（50年）内，乙方承担全部保修责任。

（九）甲方承诺的合同价款支付期限与方式

1. 工程预付款

于开工之日起支付合同总价的10%作为预付款。预付款不予扣回，直接抵作工程进度款。

2. 工程进度款

基础工程完工后，支付合同总价的10%；主体结构三层完成后，支付合同总价的20%；主体结构全部封顶后，支付合同总价的20%；工程基本竣工时，支付合同总价的30%。为确保工期如期竣工，乙方不得因甲方资金的暂时不到位而停工和拖延工期。

二、补充协议条款

1. 乙方按业主代表批准的施工组织设计（或施工方案）组织施工，乙方不应承担因此引起的工期延误和费用增加的责任。

2. 甲方向乙方提供施工场地的工程地质和地下主要管网线路资料，供乙方参考使用。

3. 乙方不能将工程转包，但允许分包，也允许分包单位将分包的工程再次分包给其他施工单位。

【问题】

1. 什么是施工合同？施工合同示范文本由哪些内容组成？

2. 该项工程合同中业主与施工单位选择总价合同形式是否妥当？

3. 假如在施工招标文件中，按工期定额计算，该工程工期为200天。那么你认为该工程合同的合同工期应为多少天？该合同拟定的条款有哪些不妥当之处？应如何修改？

4. 合同价款变更的原则与程序包括哪些内容？

5. 合同争议如何解决？

【案例分析】

1. 见教材。

2. 从甲、乙双方签订的合同条款来看，该工程施工合同应属于固定总价合同。因为项目工程量难以确定，双方风险较大。

3.（1）根据合同文件的解释顺序，协议条款与招标文件在内容上有矛盾时，应以协议条款为准，应认定工期目标为220天。

（2）该合同条款存在的不妥之处及其修改如下。

① 合同工期总日历天数不应扣除节假日，可以将该节假日时间加到总日历天数中。

② 不应以甲方规定的质量标准作为该工程的质量标准，而应以《建筑工程施工质量验收统一标准》中规定的质量标准作为该工程的质量标准。

③ 质量保修条款不妥，应按《建设工程质量管理条例》的有关规定进行修改。

④ 工程价款支付条款中的“基本竣工时间”不明确，应修订为具体明确的时间；“乙方不得因甲方资金的暂时不到位而停工和拖延工期”条款显失公平，应说明甲方资金不到位在什么期限内乙方不得停工和拖延工期，且应规定逾期支付的利息如何计算。

⑤ 补充条款第2条中，“供乙方参考使用”提法不当，应修订为保证资料（数据）真

实、准确，作为乙方现场施工的依据。

⑥ 补充条款第3条不妥，不允许分包单位再次分包。

4.(1) 变更合同价款的调整应按下列原则和方法进行。

① 合同中已有适用于变更工程单价的，按合同已有的单价计算和变更合同价款。

② 合同中只有类似于变更工程的单价，可参照它来确定变更价格和变更合同价款。

③ 合同中没有上述单价时，由承包方提出相应价格，经监理工程师确认后执行。

(2) 确定变更价款的程序如下。

① 变更发生后的14天内，承包方提出变更价款报告，经监理工程师确认后调整合同价。

② 若变更发生后14天后，承包方不提出变更价款报告，则视为该变更不涉及价款变更。

③ 监理工程师收到变更价款报告日起14天内应对其予以确认；若无正当理由不确认时，自收到报告时算起14天后该报告自动生效。

5.合同双方发生争议可通过下列途径寻求解决。

(1) 协商和解；

(2) 有关部门调解；

(3) 按合同约定的仲裁条款申请仲裁；

(4) 向有管辖权的法院起诉。

6.1.1 施工合同概念和特点

6.1.1.1 施工合同的概念

建设工程施工合同是发包人（建设单位、业主或总包单位）与承包人（施工单位）之间为完成商定的建设安装工程施工任务，明确双方权利和义务关系而订立的协议。建设工程施工合同也称为建筑安装承包合同，建筑是指对工程进行营造的行为，安装主要是指与工程有关的线路、管道、设备等设施的装配。依照施工合同，承包人应完成一定的建筑、安装工程任务，发包人应提供必要的施工条件并支付工程价款。

6.1.1.2 建设工程施工合同的特点

(1) 合同标的物的特殊性　施工合同的“标的物”是特定建筑产品，不同于其他一般商品。建筑产品的固定性和施工生产的流动性是区别于其他商品的根本特点。建筑产品是不动产，其基础部分与大地相连，不能移动，这就决定了每个施工合同相互之间具有不可替代性，而且施工队伍、施工机械必须围绕建筑产品不断移动。

(2) 合同内容的多样性和复杂性　施工合同实施过程中涉及的主体有多种，且其履行期限长、标的额大。涉及的法律关系，除承包人与发包人的合同关系外，还涉及与劳务人员的劳动关系、与保险公司的保险关系、与材料设备供应商的买卖关系、与运输企业的运输关系，还涉及监理单位、分包人、保证单位等。施工合同除了应当具备合同的一般内容外，还应对安全施工、专利技术使用、地下障碍和文物发现、工程分包、不可抗力、工程设计变更、材料设备供应、运输和验收等内容作出规定。

(3) 合同履行期限的长期性　由于建设工程结构复杂、体积大、材料类型多、工作量大，使得工程生产周期都较长。因为工程建设的施工应当在合同签订后才开始，且需加上合同签订后到正式开工前的施工准备时间和工程全部竣工验收后、办理竣工结算及保修期间。

在工程的施工过程中，还可能因为不可抗力、工程变更、材料供应不及时、一方违约等原因而导致工期延误，因而施工合同的履行期限具有长期性，变更较频繁，合同争议和纠纷也比较多。

6.1.2 施工合同文件的组成

施工合同的组成部分一般包括合同协议书、中标通知书、投标函及投标函附录、专用合同条款、通用合同条款、技术标准和要求、图纸、已标价工程量清单和合同双方认可的其他合同文件。组成合同的各项文件应互相解释，互为说明。除专用合同条款另有约定外，解释合同文件的优先顺序一般如下。

(1) 双方签署的合同协议书　合同协议书是施工合同的总纲性法律文件，经过双方当事人签字盖章后合同即成立，具有最高的合同效力。

(2) 中标通知书　在经过评标并确定承包商中标后，由业主（或授权代理人）向承包商（或授权代理人）发送中标通知。

(3) 投标函及投标函附录　投标函是由承包商或其授权代表所签署的一份要约文件。投标函附录是指附在投标函后构成合同文件的投标函附录。

(4) 专用合同条款　是发包人与承包人根据法律、行政法规规定，结合具体工程实际，经协商达成一致意见的条款，是对通用条款的具体化、补充或修改。

(5) 通用合同条款　是根据法律、行政法规规定及建设工程施工的需要订立，通用于建设工程施工的条款。它代表我国的工程施工惯例。

(6) 技术标准和要求　技术标准和要求是业主对承包商的工程和工作范围、质量、工艺（工作方法）要求、计量方式的说明文件。

(7) 图纸　图纸指由业主或承包商提供，经工程师批准，具有合同地位，满足承包商施工需要的所有图纸，包括图纸、计算书、样品、图样、操作手册以及其他配套说明和有关技术资料。合同条款、技术标准和图纸是相辅相成、相互说明的。

(8) 已标价工程量清单　已标价工程量清单指构成合同文件组成部分的由承包人按照规定的格式和要求填写并标明价格的工程量清单。

(9) 其他合同文件　其他合同文件是由合同双方当事人确认，作为合同文件的组成部分，如廉政协议书、委托监理合同、承包人的履约保函、承包人的预付款保函、承包人的联营体协议（如采用联营体形式）、工程质量保修书、查询专用银行账户授权书等。

施工合同不同于其他一般的民事合同。施工合同除合同条件（合同专用条款和合同通用条款）以外，还包括技术规范、图纸、工程量清单等其他组成文件。

6.1.3 合同文件及解释顺序

(1) 合同文件应能相互解释，互为说明。除专用条款另有约定外，组成建设工程施工合同的文件及优先解释顺序如下。

① 双方签署的合同协议书。

② 中标通知书。

③ 投标书及其附件。

④ 本合同专用条款：是发包人与承包人根据法律、行政法规规定，结合具体工程实际，经协商达成一致意见的条款，是对通用条款的具体化、补充或修改。

⑤ 本合同通用条款：是根据法律、行政法规规定及建设工程施工的需要订立，通用于建设工程施工的条款。它代表我国的工程施工惯例。

⑥ 标准、规范及有关技术文件（在专用条款中约定）。

⑦ 图纸。

⑧ 工程量清单。

⑨ 工程报价单或预算书。

合同履行中，发包人和承包人有关工程的洽商、变更等书面协议或文件视为本合同的组成部分。

（2）当合同文件内容含糊不清或不相一致时，在不影响工程正常进行的情况下，由发包人与承包人协商解决。双方也可以提请负责监理的工程师作出解释。双方协商不成或不同意负责监理的工程师的解释时，按有关争议的约定处理。

（3）本合同文件使用汉语语言文字书写、解释和说明。如专用条款约定使用两种以上（含两种）语言文字时，汉语应为解释和说明本合同的标准语言文字。在少数民族地区，双方可以约定使用少数民族语言文字书写和解释、说明本合同。

6.1.4 施工合同管理涉及的主要参与方

施工合同管理涉及的主要参与方包括合同当事人、监理人和分包人。

6.1.4.1 合同当事人

（1）发包人　发包人指专用合同条款中指明并与承包人在合同协议书中签字的当事人以及取得该当事人资格的合法继承人。发包人按专用条款约定的内容和时间完成以下工作。

① 办理土地征用、拆迁补偿、平整施工场地等工作，使施工场地具备施工条件，在开工后继续负责解决以上事项遗留问题；

② 将施工所需水、电、电信线路从施工场地外部接至专用条款约定地点，保证施工期间的需要；

③ 开通施工场地与城乡公共道路的通道，以及专用条款约定的施工场地内的主要道路，满足施工运输的需要，保证施工期间的畅通；

④ 向承包人提供施工场地的工程地质和地下管线资料，对资料的真实准确性负责；

⑤ 办理施工许可证及其他施工所需证件、批件和临时用地、停水、停电、中断道路交通、爆破作业等的申请批准手续（证明承包人自身资质的证件除外）；

⑥ 确定水准点与坐标控制点，以书面形式交给承包人，进行现场交验；

⑦ 组织承包人和设计单位进行图纸会审和设计交底；

⑧ 协调处理施工场地周围地下管线和邻近建筑物、构筑物（包括文物保护建筑）、古树名木的保护工作，承担有关费用；

⑨ 发包人应做的其他工作，双方在专用条款内约定。

发包人可以将上述部分工作委托承包人办理，具体内容由双方在专用条款内约定，其费用由发包人承担。发包人未能履行以上各项义务，导致工期延误或给承包人造成损失的，赔偿承包人的有关损失，延误的工期相应顺延。

按具体工程和实际情况，在专用条款中逐款列出各项工作的名称、内容、完成时间和要求，实际存在而通用条款未列入的，要对条款或内容予以补充。

（2）承包人　承包人指与发包人签订合同协议书的当事人以及取得该当事人资格的合法

继承人。承包人按专用条款约定的内容和时间完成以下工作。

① 根据发包人委托，在其设计资质等级和业务允许的范围内，完成施工图设计或与工程配套的设计，经工程师确认后使用，发包人承担由此发生的费用。

② 向工程师提供年、季、月度工程进度计划及相应进度统计报表。

③ 根据工程需要，提供和维修非夜间施工使用的照明、围栏设施，并负责安全保卫。

④ 按专用条款约定的数量和要求，向发包人提供施工场地办公和生活的房屋及设施，发包人承担由此发生的费用。

⑤ 遵守政府有关主管部门对施工场地交通、施工噪声以及环境保护和安全生产等的管理规定，按规定办理有关手续，并以书面形式通知发包人，发包人承担由此发生的费用，因承包人责任造成的罚款除外。

⑥ 已竣工工程未交付发包人之前，承包人按专用条款约定负责已完工程的保护工作，保护期间发生损坏，承包人自费予以修复；发包人要求承包人采取特殊措施保护的工程部位和相应的追加合同价款，双方在专用条款内约定。

⑦ 按专用条款约定做好施工场地地下管线和邻近建筑物、构筑物（包括文物保护建筑）、古树名木的保护工作。

⑧ 保证施工场地清洁符合环境卫生管理的有关规定，交工前清理现场达到专用条款约定的要求，承担因自身原因违反有关规定造成的损失和罚款。

⑨ 承包人应做的其他工作，双方在专用条款内约定。

承包人未能履行上述各项义务，造成发包人损失的，承包人赔偿发包人有关损失。

在专用条款中应该写明：按具体工程和实际情况，逐款列出各项工作的名称、内容、完成时间和要求，实际需要而通用条款未列的，要对条款和内容予以补充。本条工作发包人不在签订专用条款时写明，但在施工中提出要求，征得承包人同意后双方订立协议，可作为专用条款的补充，本条还应写明承包人不能按合同要求完成有关工作应赔偿发包人损失的范围和计算方法。

从以上两个定义可以看出，施工合同签订后，当事人任何一方均不允许转让合同。因为承包人是发包人通过复杂的招标选中的实施者；发包人则是承包人在投标前出于对其信誉和支付能力的信任才参与竞争取得合同。因此，按照诚实、信用原则，订立合同后，任何一方都不能将合同转让给第三者。所谓合法继承人是指因资产重组后，合并或分立后的法人或组织可以作为合同的当事人。

6.1.4.2 监理人

监理人指在专用合同条款中指明的，受发包人委托对合同履行实施管理的法人或其他组织。

监理人作为发包人委托的合同管理人，其职责主要有两个方面，一是作为发包人的代理人，负责发出指示、检查工程质量、进度等现场管理工作；二是作为公正的第三方，负责商定或确定有关事项，如合理调整单价、变更估价、索赔等。

当监理人（工程师）角色不同，对于发包人而言，其在合同管理中发挥的作用就不同，这也确定了其合同管理的方式。

6.1.4.3 分包人

分包人指从承包人处分包合同中的某一部分工程，并与其签订分包合同的分包人。

在现在工程中，由于工程总承包商通常是技术密集型和管理型的，而专业工程施工往往由分包人完成，所以分包人在工程中起重要作用。在工程合同体系中，分包合同是施工合同的从合同。

【案例6-2】 某公司（发包人）因新建办公楼与某建设工程总公司（承包人）签订了工程承包合同。其后，经发包人同意，承包人分别与一家建筑设计院和另一家施工企业签订了勘察设计合同和施工合同。勘察设计合同约定由设计院进行办公楼水房、化粪池、给排水、空调及煤气外管线的勘察、设计服务，作出相应施工图纸资料。施工合同约定施工企业根据设计院提供的设计图纸进行施工。合同签订后，建筑设计院按时提交设计图纸和资料，施工企业依据图纸进行施工。工程竣工后，发包人会同有关质量监督部门对工程进行验收，发现工程存在严重质量问题。造成质量问题的主要原因是设计不符合规范所致，由于建筑设计院拒绝承担责任，建设工程总公司又以自己不是设计人为由推卸责任，发包人遂以建筑设计院为被告向法院起诉。法院受理后，追加建设工程总公司为共同被告，让其与建筑设计院对工程建设质量问题承担连带责任。

【案例分析】 由于建设工程总公司是总承包人，建筑设计院和施工企业是分包人。对于工程质量问题，建设工程总公司作为总承包人应承担责任。而建筑设计院和施工企业也应该依法分别向发包人承担责任。总承包人以不是自己勘察、设计和建筑安装的理由企图不对发包人承担责任，以及分包人与发包人以没有合同关系为由不向发包人承担责任是没有法律依据的。

特别提示：

《民法典》建设工程合同的有关规定：发包人可以与总承包人订立建设工程合同，也可以分别与勘察人、设计人、施工人订立勘察、设计、施工承包合同。发包人不得将应当由一个承包人完成的建设工程支解成若干部分发包给几个承包人。总承包人或者勘察、设计、施工承包人经发包人同意，可以将自己承包的部分工作交由第三人完成，第三人就其完成的工作成果与总承包人或者勘察设计、施工承包人向发包人承担连带责任，承包人不得将其承包的全部建设工程转包给第三人或者将其承包的全部建设工程支解以后以分包的名义分别转包给第三人。禁止承包人将工程分包给不具备相应资质条件的单位。禁止分包单位将其承包的工程再分包。建设工程主体结构的施工必须由承包人自行完成。

6.1.4.4 项目经理

项目经理指承包人在专用条款中指定的负责施工管理和合同履行的代表。他代表承包人负责工程施工的组织、实施。承包人施工质量、进度管理方面的好坏与项目经理的水平、能力、工作热情有很大的关系，一般都应当在投标书中明确项目经理，并作为评标的一项内容。项目经理的姓名、职务应在专用条款内写明。

承包人如需更换项目经理，应至少提前7天以书面形式通知发包人，并征得发包人同意。后任继续行使合同文件约定的前任的职权，履行前任的义务，不得更改前任作出的书面承诺，因为前任项目经理的书面承诺是代表承包人的，项目经理的易人并不意味着合同主体的变更，双方都应履行各自的义务。发包人可以与承包人协商，建议更换其认为不称职的项目经理。

项目经理有权代表承包人向发包人提出要求和通知。承包人依据合同发出的通知，以书面形式由项目经理签字后送交工程师，工程师在回执上签署姓名和收到时间后生效。

项目经理按发包人认可的施工组织设计（施工方案）和工程师依据合同发出的指令组织施工。在情况紧急且无法与工程师联系的情况下，应当采取保证人员生命和工程、财产安全的紧急措施，并在采取措施后48小时内向工程师送交报告。若责任在发包人或第三人，由发包人承担由此发生的追加合同价款，相应顺延工期；若责任在承包人，由承包人承担费用，不顺延工期。

6.1.4.5 工程师

工程师包括监理单位委派的总监理工程师或者发包人派驻施工场地（指由发包人提供的用于工程施工的场所以及发包人在图纸中具体指定的供施工使用的任何其他场所）履行合同的代表两种情况。

（1）发包人委托监理　发包人可以委托监理单位，全部或者部分负责合同的履行。国家推行工程监理制度，对于国家规定实行强制监理的工程施工，发包人必须委托监理，对于国家未规定实施强制监理的工程施工，发包人也可以委托监理。工程施工监理应当依照法律、行政法规及有关的技术标准、设计文件和建设工程施工合同，代表发包人对承包人在施工质量、建设工期和建设资金使用等方面实施监督。监理单位受发包人委托负责工程监理并应具有相应工程监理资质等级证书。发包人应在实施监理前将委托的监理单位名称、监理内容及监理权限以书面形式通知承包人。

监理单位委派的总监理工程师在施工合同中称工程师，其姓名、职务、职权由发包人、承包人在专用条款内写明。总监理工程师是经监理单位法定代表人授权，派驻施工现场监理机构的总负责人，行使监理合同赋予监理单位的权利和义务，全面负责受委托工程的建设监理工作。工程师按合同约定行使职权，发包人在专用条款内要求工程师在行使某些职权前需要征得发包人批准的，工程师应征得发包人批准。对委托监理的工程师要求其在行使认可索赔权利时，如索赔额超过一定限度，必须先征得发包人的批准。

（2）发包人派驻代表　发包人派驻施工场地履行合同的代表在施工合同中也称工程师。发包人代表是经发包人法定代表人授权、派驻施工场地的负责人，其姓名、职务、职权由发包人在专用条款内写明，但职权不得与监理单位委派的总监理工程师职权相互交叉。双方职权发生交叉或不明确时，由发包人予以明确，并以书面形式通知承包人，以避免给现场施工管理带来混乱和困难。

（3）合同履行中，发生影响发包人与承包人双方权利或义务的事件时，负责监理的工程师应依据合同在其职权范围内客观、公正地进行处理。一方对工程师的处理有异议时，按争议的约定处理。

（4）除合同内有明确约定或经发包人同意外，负责监理的工程师无权解除合同约定的承包人的任何权利与义务。

（5）工程师委派代表　在施工过程中，不可能所有的监督和管理工作都由工程师亲自完成。工程师可以委派代表，行使合同约定的自己的部分权力和职责，并可在认为必要时撤回委派。委派和撤回均应提前7天以书面形式通知承包人，负责监理的工程师还应将委派和撤回通知发包人。委派书和撤回通知作为合同附件。

工程师代表在工程师授权范围内向承包人发出的任何书面形式的函件，与工程师发出的函件具有同等效力。承包人对工程师代表向其发出的任何书面形式的函件有疑问时，可将此函件提交工程师，工程师应进行确认。工程师代表发出指令有失误时，工程师应进行纠正。除工程师或工程师代表外，发包人派驻工地的其他人员均无权向承包人发出任何指令。

（6）工程师发布指令、通知　工程师的指令、通知由其本人签字后，以书面形式交给项目经理，项目经理在回执上签署姓名和收到时间后生效。确有必要时，工程师可发出口头指令，并在48小时内给予书面确认，承包人对工程师的指令应予执行。工程师不能及时给予书面确认的，承包人应于工程师发出口头指令后7天内提出书面确认要求。工程师在承包人提出确认要求后48小时内不予答复的，视为口头指令已被确认。

承包人认为工程师指令不合理，应在收到指令后24小时内向工程师提出修改指令的书面报告，工程师在收到承包人报告后24小时内作出修改指令或继续执行原指令的决定，并以书面形式通知承包人。紧急情况下，工程师要求承包人立即执行的指令或承包人虽有异议、但工程师决定仍继续执行的指令，承包人应予执行。因指令错误发生的追加合同价款（指在合同履行中发生需要增加合同价款的情况、经发包人确认后按计算合同价款的方法增加的合同价款）和给承包人造成的损失由发包人承担，延误的工期相应顺延。

（7）工程师应当及时完成自己的职责 工程师应按合同约定，及时向承包人提供所需指令、批准并履行其他约定的义务。由于工程师未能按合同约定履行义务造成工期延误，发包人应承担延误造成的追加合同价款，并赔偿承包人有关损失，顺延延误的工期。

（8）工程师易人 如需更换工程师，发包人应至少提前7天以书面形式通知承包人，后任继续行使合同文件约定的前任的职权，履行前任的义务。

6.2 施工合同的进度控制条款

进度控制是施工合同管理的重要组成部分。施工合同的进度控制可以分为施工准备阶段、施工阶段和竣工验收阶段的进度控制。

6.2.1 施工准备阶段的进度控制

6.2.1.1 合同工期的约定

工期指发包人与承包人在协议书中约定，按总日历天数（包括法定节假日）计算的承包天数。合同工期是施工的工程从开工起到完成专用条款约定的全部内容，工程达到竣工验收标准所经历的时间。

承发包双方必须在协议书中明确约定工期，包括开工日期和竣工日期。开工日期指发包人与承包人在协议书中约定，承包人开始施工的绝对或相对的日期。竣工日期指发包人承包人在协议书中约定，承包人完成承包范围内工程的绝对或相对的日期。工程竣工验收通过，实际竣工日期为承包人送交竣工验收报告的日期；工程按发包人要求修改后通过竣工验收的，实际竣工日期为承包人修改后提请发包人验收的日期。合同当事人应当在开工日期前做好一切开工的准备工作，承包人则应当按约定的开工日期开工。

对于群体工程，双方应在合同附件一中具体约定不同单位工程的开工日期和竣工日期。对于大型、复杂工程项目，除了约定整个工程的开工日期、竣工日期和合同工期的总日历天数外，还应约定重要里程碑事件的开工与竣工日期，以确保工期总目标的顺利实现。

6.2.1.2 进度计划

承包人应按专用条款约定的日期，将施工组织设计和工程进度计划提交工程师，工程师按专用条款约定的时间予以确认或提出修改意见，逾期不确认也不提出书面意见的，则视为已经同意。群体工程中单位工程分期进行施工的，承包人应按照发包人提供图纸及有关资料的时间，按单位工程编制进度计划，其具体内容在专用条款中约定，分别向工程师提交。

工程师对进度计划予以确认或者提出修改意见，并不免除承包人施工组织设计和工程进度计划本身的缺陷所应承担的责任。工程师对进度计划予以确认的主要目的，是为工程师对进度进行控制提供依据。

6.2.1.3 其他准备工作

在开工前，合同双方还应该做好其他各项准备工作，如发包人应当按照专用条款的约定使施工场地具备施工条件、开通公共道路，承包人应当做好施工人员和设备的调配工作，按合同规定完成材料设备的采购等。

工程师需要做好水准点与坐标控制点的交验，按时提供标准、规范。为了能够按时向承包人提供设计图纸，工程师需要做好协调工作，组织图纸会审和设计交底等。

6.2.1.4 开工及延期开工

承包人应当按照协议书约定的开工日期开始施工。若承包人不能按时开工，应当不迟于协议书约定的开工日期前 7 天，以书面形式向工程师提出延期开工的理由和要求。工程师应当在接到延期开工申请后的 48 小时内以书面形式答复承包人。工程师在接到申请后 48 小时内不答复，视为已同意承包人要求，工期相应顺延。如果工程师不同意延期要求或承包人未在规定时间内提出延期开工要求，工期不予顺延。

因发包人原因不能按照协议书约定的开工日期开工，工程师应以书面形式通知承包人，推迟开工日期。承包人对延期开工的通知没有否决权，但发包人应当赔偿承包人因此造成的损失，并相应顺延工期。

6.2.2 施工阶段的进度控制

6.2.2.1 工程师对进度计划的检查与监督

开工后，承包人必须按照工程师确认的进度计划组织施工，接受工程师对进度的检查、监督，检查、督促的依据一般是双方已经确认的月度进度计划。一般情况下，工程师每月检查一次承包人的进度计划执行情况，由承包人提交一份上月进度计划实际执行情况和本月的施工计划。同时，工程师还应进行必要的现场实地检查。

工程实际进度与经确认的进度计划不符时，承包人应按工程师的要求提出改进措施，经工程师确认后执行。但是，对于因承包人自身的原因导致实际进度与进度计划不符时，所有的后果都应由承包人自行承担，承包人无权就改进措施追加合同价款，工程师也不对改进措施的效果负责。如果采用改进措施后，经过一段时间工程实际进展赶上了进度计划，则仍可按原进度计划执行。如果采用改进措施一段时间后，工程实际进展仍明显与进度计划不符，则工程师可以要求承包人修改原进度计划，并经工程师确认后执行。但是，这种确认并不是工程师对工程延期的批准，而仅仅是要求承包人在合理的状态下施工。因此，如果承包人按修改后的进度计划施工不能按期竣工的，承包人仍应承担相应的违约责任。

工程师应当随时了解施工进度计划执行过程中所存在的问题，并帮助承包人予以解决，特别是承包人无力解决的内外关系协调问题。

6.2.2.2 暂停施工

工程师认为确有必要暂停施工时，应当以书面形式要求承包人暂停施工，并在提出要求后 48 小时内提出书面处理意见。承包人应当按工程师要求停止施工，并妥善保护已完工程。承包人实施工程师作出的处理意见后，可以书面形式提出复工要求，工程师应当在 48 小时内给予答复。工程师未能在规定时间内提出处理意见，或收到承包人复工要求后 48 小时内未予答复，承包人可自行复工。

因发包人原因造成停工的，由发包人承担所发生的追加合同价款，赔偿承包人由此造成的损失，相应顺延工期；因承包人原因造成停工的，由承包人承担发生的费用，工期不予顺延。因工程师不及时作出答复，导致承包人无法复工，由发包人承担违约责任。

当发包人出现某些违约情况时，承包人可以暂停施工，这是合同赋予的承包人保护自身权益的有效措施。如发包人不按合同约定及时向承包人支付工程预付款、发包人不按合同约定及时向承包人支付工程进度款且双方未达成延期付款协议，在承包人发出要求付款通知后仍不付款的，经过一段时间后，承包人均可暂停施工。这时，发包人应当承担相应的违约责任。出现这种情况时，工程师应当尽量督促发包人履行合同，以求减少双方的损失。

在施工过程中出现一些意外情况，如果需要承包人暂停施工的，承包人则应该暂停施工。此时工期是否给予顺延，应视风险责任应由谁承担而确定。如发现有价值的文物、发生不可抗力事件等，风险责任应由发包人承担，故应给予承包人顺延工期。

6.2.2.3 工程设计变更

工程师在其可能的范围内应尽量减少设计变更，以避免影响工期。如果必须对设计进行变更，应当严格按照国家的规定和合同约定的程序进行。

（1）发包人对原设计进行变更　施工中发包人如果需要对原工程设计进行变更，应提前14天以书面形式向承包人发出变更通知。变更超过原设计标准或者批准的建设规模时，发包人应报规划管理部门和其他有关部门重新审查批准，并由原设计单位提供相应的变更图纸和说明。承包人按照工程师发出的变更通知及有关要求，进行下列需要的变更。

① 更改工程有关部分的标高、基线、位置和尺寸。

② 增减合同中约定的工程量。

③ 改变有关工程的施工时间和顺序。

④ 其他有关工程变更需要的附加工作。

由于发包人对原设计进行变更，导致合同价款的增减及造成的承包人损失，由发包人承担，延误的工期相应顺延。

合同履行中发包人要求变更工程质量标准及发生其他实质性变更，由双方协商解决。

（2）承包人要求对原设计进行变更　承包人应当严格按照图纸施工，不得对原工程设计进行变更。因承包人擅自变更设计发生的费用和由此导致发包人的直接损失，由承包人承担，延误的工期不予顺延。承包人在施工中提出的合理化建议涉及对设计图纸或施工组织设计的更改及对材料、设备的换用，须经工程师同意。工程师同意变更后，也须取得有关主管部门的批准，并由原设计单位提供相应的变更图纸和说明。未经同意擅自更改或换用时，承包人承担由此发生的费用，并赔偿发包人的有关损失，延误的工期不予顺延。工程师同意采用承包人的合理化建议，所发生的费用和获得的收益，发包人和承包人另行约定分担或分享。

6.2.2.4 工期延误

承包人应当按照合同工期完成工程施工，如果由于其自身原因造成工期延误，则应承担违约责任。但因以下原因造成工期延误，经工程师确认，工期相应顺延。

（1）发包人未能按专用条款的约定提供图纸及开工条件。

（2）发包人未能按约定日期支付工程预付款、进度款，致使施工不能正常进行。

（3）工程师未按合同约定提供所需指令、批准等，致使施工不能正常进行。

(4) 设计变更和工程量增加。

(5) 一周内非承包人原因停水、停电、停气造成停工累计超过 8 小时。

(6) 不可抗力。

(7) 专用条款中约定或工程师同意工期顺延的其他情况。

上述这些情况工期可以顺延的原因在于：这些情况属于发包人违约或者是应当由发包人承担的风险。

承包人在以上情况发生后 14 天内，就延误的工期以书面形式向工程师提出报告，工程师在收到报告后 14 天内予以确认，逾期不予确认也不提出修改意见，视为同意顺延工期。

工程师确认的工期顺延期限应当是事件造成的合理延误，由工程师根据发生事件的具体情况和工期定额、合同等的规定确认。经工程师确认的顺延工期应纳入合同总工期，如果承包人不同意工程师的确认结果，则可按合同约定的争议解决方式处理。

6.2.3 竣工验收阶段的进度控制

在竣工验收阶段，工程师进度控制的任务是督促承包人完成工程扫尾工作，协调竣工验收中的各方关系，参加竣工验收。

6.2.3.1 竣工验收的程序

承包人必须按照协议书约定的竣工日期或者工程师同意顺延的工期竣工。因承包人原因不能按照协议书约定的竣工日期或者工程师同意顺延的工期竣工的，承包人应当承担违约责任。

(1) 承包人提交竣工验收报告　当工程按合同要求全部完成后、具备竣工验收条件时，承包人按国家工程竣工验收的有关规定，向发包人提供完整的竣工资料和竣工验收报告。双方约定由承包人提供竣工图的，承包人应按专用条款内约定的日期和份数向发包人提交竣工图。

(2) 发包人组织验收　发包人收到竣工验收报告后 28 天内组织有关单位验收，并在验收后 14 天内给予认可或提出修改意见，承包人应当按要求进行修改，并承担由自身原因造成修改的费用。中间交工工程的范围和竣工时间，由双方在专用条款内约定。验收程序同上。

(3) 发包人不能按时组织验收　发包人收到承包人送交的竣工验收报告后 28 天内不组织验收，或者在验收后 14 天内不提出修改意见，则视为竣工验收报告已经被认可。发包人收到承包人竣工验收报告后 28 天内不组织验收，从第 29 天起承担工程保管及一切意外责任。

6.2.3.2 提前竣工

施工中发包人如需提前竣工，双方协商一致后应签订提前竣工协议，作为合同文件组成部分。提前竣工协议应包括：

(1) 要求提前的时间。

(2) 承包人采取的赶工措施。

(3) 发包人为提前竣工提供的条件。

(4) 承包人为保证工程质量和安全采取的措施。

(5) 提前竣工所需的追加合同价款等。

【案例 6-3】 某土建工程项目，经计算定额工期为 1080 天，实际合同工期为 661 天，合同金额为4320万元。合同规定土建工程工期提前30%以内的，按土建合同总额的2%计算赶工措施费；如再提前，每天应按其合同总额的万分之四加付工期奖，两项费用在签订合同时确定。

【问题】 计算工期提前奖和赶工措施费两项费用。

【案例分析】

工期提前30%时的工期＝1080×(1－30%)＝756(天)

实际合同工期＝661(天)

赶工措施费＝4320×2%＝86.4(万元)

工期奖＝(756－661)×4320×4/10000＝164.16(万元)

两项合计＝250.56(万元)

6.2.3.3 甩项工程

因特殊原因，发包人要求部分单位工程或工程部位须甩项竣工时，双方应另行订立甩项竣工协议，明确双方责任和工程价款的支付办法。

6.3 施工合同的质量控制条款

6.3.1 质量要求与保证措施

6.3.1.1 质量要求

工程质量标准必须符合现行国家有关工程施工质量验收规范和标准的要求。有关工程质量的特殊标准或要求由合同当事人在专用合同条款中约定。

因发包人原因造成工程质量未达到合同约定标准的，由发包人承担由此增加的费用和（或）延误的工期，并支付承包人合理的利润。

因承包人原因造成工程质量未达到合同约定标准的，发包人有权要求承包人返工直至工程质量达到合同约定的标准为止，并由承包人承担由此增加的费用和（或）延误的工期。

6.3.1.2 质量保证措施

发包人应按照法律规定及合同约定完成与工程质量有关的各项工作。

(1) 承包人的质量管理　承包人按照相关约定向发包人和监理人提交工程质量保证体系及措施文件，建立完善的质量检查制度，并提交相应的工程质量文件。对于发包人和监理人违反法律规定和合同约定的错误指示，承包人有权拒绝实施。

承包人应对施工人员进行质量教育和技术培训，定期考核施工人员的劳动技能，严格执行施工规范和操作规程。

承包人应按照法律规定和发包人的要求，对材料、工程设备以及工程的所有部位及其施工工艺进行全过程的质量检查和检验，并作详细记录，编制工程质量报表，报送监理人审查。此外，承包人还应按照法律规定和发包人的要求，进行施工现场取样试验、工程复核测量和设备性能检测，提供试验样品、提交试验报告和测量成果以及其他工作。

(2) 监理人的质量检查和检验　监理人按照法律规定和发包人授权对工程的所有部位及

其施工工艺、材料和工程设备进行检查和检验。承包人应为监理人的检查和检验提供方便，包括监理人到施工现场，或制造、加工地点，或合同约定的其他地方进行查看和查阅施工原始记录。监理人为此进行的检查和检验，不免除或减轻承包人按照合同约定应当承担的责任。

监理人的检查和检验不应影响施工正常进行。监理人的检查和检验影响施工正常进行的，且经检查检验不合格的，影响正常施工的费用由承包人承担，工期不予顺延；经检查检验合格的，由此增加的费用和（或）延误的工期由发包人承担。

6.3.1.3 隐蔽工程检查

（1）承包人自检　承包人应当对工程隐蔽部位进行自检，并经自检确认是否具备覆盖条件。

（2）检查程序　除专用合同条款另有约定外，工程隐蔽部位经承包人自检确认具备覆盖条件的，承包人应在共同检查前48小时书面通知监理人检查，通知中应载明隐蔽检查的内容、时间和地点，并应附有自检记录和必要的检查资料。

监理人应按时到场并对隐蔽工程及其施工工艺、材料和工程设备进行检查。经监理人检查确认质量符合隐蔽要求，并在验收记录上签字后，承包人才能进行覆盖。经监理人检查质量不合格的，承包人应在监理人指示的时间内完成修复，并由监理人重新检查，由此增加的费用和（或）延误的工期由承包人承担。

除专用合同条款另有约定外，监理人不能按时进行检查的，应在检查前24小时向承包人提交书面延期要求，但延期不能超过48小时，由此导致工期延误的，工期应予以顺延。监理人未按时进行检查，也未提出延期要求的，视为隐蔽工程检查合格，承包人可自行完成覆盖工作，并作相应记录报送监理人，监理人应签字确认。监理人事后对检查记录有疑问的，可按相关约定重新检查。

（3）重新检查　承包人覆盖工程隐蔽部位后，发包人或监理人对质量有疑问的，可要求承包人对已覆盖的部位进行钻孔探测或揭开重新检查，承包人应遵照执行，并在检查后重新覆盖恢复原状。经检查证明工程质量符合合同要求的，由发包人承担由此增加的费用和（或）延误的工期，并支付承包人合理的利润；经检查证明工程质量不符合合同要求的，由此增加的费用和（或）延误的工期由承包人承担。

（4）承包人私自覆盖　承包人未通知监理人到场检查，私自将工程隐蔽部位覆盖的，监理人有权指示承包人钻孔探测或揭开检查，无论工程隐蔽部位质量是否合格，由此增加的费用和（或）延误的工期均由承包人承担。

6.3.1.4 不合格工程的处理

（1）因承包人原因造成工程不合格的，发包人有权随时要求承包人采取补救措施，直至达到合同要求的质量标准，由此增加的费用和（或）延误的工期由承包人承担。无法补救的，按照相关约定执行。

（2）因发包人原因造成工程不合格的，由此增加的费用和（或）延误的工期由发包人承担，并支付承包人合理的利润。

6.3.1.5 质量争议检测

合同当事人对工程质量有争议的，由双方协商确定的工程质量检测机构鉴定，由此产生的费用及因此造成的损失，由责任方承担。合同当事人均有责任的，由双方根据其责任分别承担。合同当事人无法达成一致的，可商定或确定执行。

工程施工中的质量控制是合同履行中的重要环节。施工合同的质量控制涉及许多方面的因素，任何一个方面的缺陷和疏漏，都会使工程质量无法达到预期的标准。承包人应按照合同约定的标准、规范、图纸、质量等级以及工程师发布的指令认真施工，并达到合同约定的质量等级。在施工过程中，承包人要随时接受工程师对材料、设备、中间部位、隐蔽工程、竣工工程等质量的检查、验收与监督。

6.3.1.6 工程质量与验收

工程质量应当达到协议书约定的质量标准，质量标准的评定以国家或专业的质量检验评定标准为依据。因承包人原因工程质量达不到约定的质量标准，由承包人承担违约责任。发包人对部分或全部工程质量有特殊要求的，应支付由此增加的追加合同价款（在专用条款中写明计算方法），对工期有影响的应给予相应顺延。

双方对工程质量有争议，由双方同意的工程质量检测机构鉴定，所需费用及因此造成的损失，由责任方承担。双方均有责任，由双方根据其责任分别承担。

6.3.1.7 检查和返工

在工程施工过程中，工程师及其委派人员对工程的检查检验，是一项日常工作和重要职能。承包人应认真按照标准、规范和设计图纸要求以及工程师依据合同发出的指令施工，随时接受工程师的检查检验，为检查检验提供便利条件。工程质量达不到约定标准的部分，工程师一经发现，应要求承包人拆除和重新施工，承包人应按工程师的要求拆除和重新施工，直到符合约定标准。因承包人原因达不到约定标准，由承包人承担拆除和重新施工的费用，工期不予顺延。

工程师的检查检验不应影响施工正常进行，如影响施工正常进行，检查检验不合格时，影响正常施工的费用由承包人承担。除此之外，影响正常施工的追加合同价款由发包人承担，相应顺延工期。

因工程师指令失误或其他非承包人原因发生的追加合同价款，由发包人承担。以上检查检验合格后，又发现由承包人原因引起的质量问题，仍由承包人承担责任和发生的费用，赔偿发包人的直接损失，工期不予顺延。

6.3.1.8 隐蔽工程和中间验收

由于隐蔽工程在施工中一旦完成隐蔽，很难再对其进行质量检查（这种检查成本很大），因此必须在隐蔽前进行检查验收。对于中间验收，双方可在专用条款中约定验收的单项工程和部位的名称、验收的时间、操作程序和要求，以及发包人应该提供的便利条件等。

工程具备隐蔽条件或达到专用条款约定的中间验收部位，承包人进行自检，并在隐蔽或中间验收前 48 小时以书面形式通知工程师验收。通知包括隐蔽和中间验收的内容、验收时间和地点。承包人准备验收记录，验收合格，工程师在验收记录上签字后，承包人方可进行隐蔽和继续施工。验收不合格，承包人在工程师限定的时间内修改后重新验收。

工程师不能按时进行验收，应在验收前 24 小时以书面形式向承包人提出延期要求，延期不能超过 48 小时。工程师未能按以上时间提出延期要求，不进行验收，承包人可自行组织验收，工程师应承认验收记录。经工程师验收，工程质量符合标准、规范和设计图纸等的要求，验收 24 小时后，工程师不在验收记录上签字，视为工程师已经认可验收记录，承包人可进行隐蔽或继续施工。

6.3.1.9 重新检验

无论工程师是否进行验收，当其提出对已经隐蔽的工程重新检验的要求时，承包人应按要求进行剥离或开孔，并在检验后重新覆盖或修复。检验合格，发包人承担由此发生的全部追加合同价款，赔偿承包人损失，并相应顺延工期。检验不合格，承包人承担发生的全部费用，工期不予顺延。

6.3.1.10 工程试车

双方约定需要试车的，应当组织试车。试车内容应与承包人承包的安装范围相一致。

（1）单机无负荷试车　设备安装工程具备单机无负荷试车条件，由承包人组织试车，并在试车前48小时以书面形式通知工程师。通知包括试车内容、时间、地点。承包人准备试车记录。发包人根据承包人要求为试车提供必要条件。试车合格，工程师在试车记录上签字。只有单机试运转达到规定要求，才能进行联试。工程师不能按时参加试车，须在开始试车前24小时以书面形式向承包人提出延期要求，延期不能超过48小时。工程师未能按以上时间提出延期要求，不参加试车，承包人可自行组织试车，工程师应承认试车记录。

（2）联动无负荷试车　设备安装工程具备无负荷联动试车条件，发包人组织试车，并在试车前48小时以书面形式通知承包人。通知包括试车内容、时间、地点和对承包人的要求。承包人按要求做好准备工作。试车合格，双方在试车记录上签字。

（3）投料试车　投料试车应在工程竣工验收后由发包人负责。如发包人要求在工程竣工验收前进行或需要承包人配合时，应当征得承包人同意，双方另行签订补充协议。

双方责任如下。

① 由于设计原因试车达不到验收要求，发包人应要求设计单位修改设计，承包人按修改后的设计重新安装。发包人承担修改设计、拆除及重新安装的全部费用和追加合同价款，工期相应顺延。

② 由于设备制造原因试车达不到验收要求，由该设备采购一方负责重新购置或修理，承包人负责拆除和重新安装。设备由承包人采购的，由承包人承担修理或重新购置、拆除及重新安装的费用，工期不予顺延；设备由发包人采购的，发包人承担上述各项追加合同价款，工期相应顺延。

③ 由于承包人施工原因试车达不到验收要求，承包人按工程师要求重新安装和试车，并承担重新安装和试车的费用，工期不予顺延。

④ 试车费用除已包括在合同价款之内或专用条款另有约定外，均由发包人承担。

⑤ 工程师在试车合格后不在试车记录上签字，试车结束24小时后，视为工程师已经认可试车记录，承包人可继续施工或办理竣工手续。

6.3.1.11 竣工验收

竣工验收是全面考核建设工作，检查是否符合设计要求和工程质量的重要环节。工程未经竣工验收或竣工验收未通过的，发包人不得使用。发包人强行使用时，由此发生的质量问题及其他问题，由发包人承担责任。但在此情况下发包人主要是对强行使用直接产生的质量问题和其他问题承担责任，不能免除承包人对工程的保修等责任。

《建筑法》第58条规定：建筑施工企业对工程的施工质量负责。《建筑法》第60条规定：建筑物在合理使用寿命内，必须确保地基基础工程和主体结构的质量。建筑工程竣工时，屋顶墙面不得留有渗漏、开裂等施工缺陷，对已发现的质量缺陷，建筑施工企业应当修复。

6.3.2 质量保修

承包人应按法律、行政法规或国家关于工程质量保修的有关规定，对交付发包人使用的工程在质量保修期内承担质量保修责任。建设工程办理交工验收手续后，在规定的期限内，因勘察、设计、施工、材料等原因造成的质量缺陷，应当由施工单位负责维修。所谓质量缺陷是指工程不符合国家或行业现行的有关技术标准、设计文件以及合同中对质量的要求。

承包人应在工程竣工验收之前，与发包人签订质量保修书，作为合同附件，质量保修书的主要内容包括：

（1）工程质量保修范围和内容　质量保修范围包括地基基础工程、主体结构工程、屋面防水工程和双方约定的其他土建工程，以及电气管线、上下水管线的安装工程，供热、供冷系统工程等项目。具体质量保修内容由双方约定。

（2）质量保修期　质量保修期从工程实际竣工之日算起。分单项竣工验收的工程，按单项工程分别计算质量保修期。

（3）质量保修责任

① 属于保修范围和内容的项目，承包人应在接到修理通知之日后 7 天内派人修理。承包人不在约定期限内派人修理，发包人可委托其他人员修理，保修费用从质量保修金内扣除。

② 发生须紧急抢修事故（如上水跑水、暖气漏水、燃气漏气等），承包人接到事故通知后，应立即到达事故现场抢修。非承包人施工质量引起的事故，抢修费用由发包人承担。

③ 在国家规定的工程合理使用期限内，承包人确保地基基础工程和主体结构的质量。因承包人原因致使工程在合理使用期限内造成人身和财产损害的，承包人应承担损害赔偿责任。

（4）质量保修金的支付方法等。

6.3.3 材料设备供应的质量控制

6.3.3.1 发包人供应材料设备

实行发包人供应材料设备的，双方应当约定发包人供应材料设备的一览表，作为本合同的附件。一览表应包括发包人供应材料设备的品种、规格、型号、数量、单价、质量等级、提供时间和地点。发包人应按一览表约定的内容提供材料设备，并向承包人提供产品合格证明，对其质量负责。发包人在所供材料设备到货前 24 小时，以书面形式通知承包人，由承包人派人与发包人共同清点。

发包人供应的材料设备，承包人派人参加清点后由承包人妥善保管，发包人支付相应保管费用。因承包人原因发生丢失损坏，由承包人负责赔偿。发包人未通知承包人清点，承包人不负责材料设备的保管，丢失损坏由发包人负责。

如果发包人供应的材料设备与一览表不符时，发包人应承担有关责任。发包人应承担责任的具体内容，双方可根据以下情况在专用条款内约定。

（1）材料设备单价与一览表不符，由发包人承担所有价差。

（2）材料设备的品种、规格、型号、质量等级与一览表不符，承包人可拒绝接收保管，由发包人运出施工场地并重新采购。

（3）发包人供应的材料规格、型号与一览表不符，经发包人同意，承包人可代为调剂串换，由发包人承担相应费用。

(4) 到货地点与一览表不符，由发包人负责运至一览表指定地点。

(5) 供应数量少于一览表约定的数量时，由发包人补齐。多于一览表约定数量时，发包人负责将多余部分运出施工场地。

(6) 到货时间早于一览表约定时间，由发包人承担因此发生的保管费用。到货时间迟于一览表约定的供应时间，发包人赔偿由此造成的承包人损失。造成工期延误的，相应顺延工期。

发包人供应的材料设备使用前，由承包人负责检验或试验，不合格的不得使用，检验或试验费用由发包人承担。发包人供应材料设备的结算方法，双方在专用条款内约定。

6.3.3.2 承包人采购材料设备

承包人负责采购材料设备的，应按照专用条款约定及设计和有关标准要求采购，并提供产品合格证明，对材料设备质量负责。承包人在材料设备到货前 24 小时通知工程师清点。承包人采购的材料设备与设计或标准要求不符时，承包人应按工程师要求的时间运出施工场地，重新采购符合要求的产品，承担由此发生的费用，由此延误的工期不予顺延。

承包人采购的材料设备在使用前，承包人应按工程师的要求进行检验或试验，不合格的不得使用，检验或试验费用由承包人承担。工程师发现承包人采购并使用不符合设计或标准要求的材料设备时，应要求由承包人负责修复、拆除或重新采购，并承担发生的费用，由此延误的工期不予顺延。

根据工程需要，承包人需要使用代用材料时，应经工程师认可后才能使用，由此增减的合同价款双方以书面形式议定。由承包人采购的材料设备，发包人不得指定生产厂或供应商。

6.4 施工合同的投资控制条款

6.4.1 施工合同的价款类型

按照工程结算方式的不同，施工合同可以划分为总价合同、单价合同和成本加酬金合同三种合同类型。

(1) 总价合同　总价合同是指承包人在投标时，确定一个总价，据此完成项目全部承包内容的合同（一口价）。对于总价合同，完成承包范围内的全部工程内容，承包人是“一口价”包死的。工程量清单配合图纸、技术规范及合同条款等共同明确承包范围，工程量清单只是提供了一个报价格式，即通过清单标示投标人（承包人）的投标总价。清单报价中的总价优先于单价，单价仅仅是为工程变更时提供价格参考。如果不存在变更，总价合同的工程量清单中的一个分项工程项目，在合同履行过程中都是不再一一计量，工程量清单报价的总价也就作为最后工程结算价格。

总价合同适用于工程量不大、技术不复杂、风险不大并且有详细而全面的设计图纸和各项说明的工程。

(2) 单价合同　单价合同指承包人在投标时，按估计的工程量清单确定合同价的合同。对于单价合同，清单工程量仅作为投标报价的基础，并不作为工程结算的依据，工程结算是以经监理工程师审核的实际工程量为依据。具体地说，即招标人招标时按分项工程列出工程量清单及估算工程量，投标人投标时在工程量清单中填入分项工程单价，据此计算出“名义合同总价”，作为投标报价。在施工过程中，双方每月按实际完成的工程量结算，工程竣工时，双方按实际工程量进行竣工结算。

单价合同适用于工程内容和设计不十分确定，或工程量出入较大的项目。

一般来说，采用单价合同有利于业主得到具有竞争力的报价，但总价合同有利于“固化”建设期支出，这对于经营性项目的投资决策是十分重要的。

（3）成本加酬金合同　成本加酬金合同是与总价合同截然相反的合同类型。工程最终合同价格按照承包人的实际成本加一定比率的酬金结算。在合同签订时不能确定具体的合同价格，只能确定酬金的比率。在此类合同的招标文件中应详细说明成本组成的各项费用。

成本加酬金合同适用于工程特别复杂，工程技术、结构方案不能预先确定的项目，或抢险、应急工程。

6.4.2 施工合同价款及调整

施工合同价款指发包人、承包人在协议书中约定，发包人用以支付承包人按照合同约定完成承包范围内全部工程并承担质量保修责任的款项。招标工程的合同价款由发包人与承包人依据中标通知书中的中标价格在协议书内约定。非招标工程的合同价款由发包人与承包人依据工程预算书在协议书内约定。合同价款在协议书内约定后，任何一方不得擅自改变。下列三种确定合同价款的方式，双方可在专用条款内约定采用其中一种。

（1）固定价格合同　双方在专用条款内约定合同价款包含的风险范围和风险费用的计算方法，在约定的风险范围内合同价款不再调整。风险范围以外的合同价款调整方法，应当在专用条款内约定。如果发包人对施工期间可能出现的价格变动采取一次性付给承包人一笔风险补偿费用办法的，可在专用条款内写明补偿的金额和比例，写明补偿后是全部不予调整还是部分不予调整，及可以调整项目的名称。

（2）可调价格合同　合同价款可根据双方的约定而调整，双方在专用条款内约定合同价款的调整方法。可调价格合同中合同价款的调整因素包括：

① 法律、行政法规和国家有关政策变化影响合同价款。

② 工程造价管理部门（指国务院有关部门、县级以上人民政府建设行政主管部门或其委托的工程造价管理机构）公布的价格调整。

③ 一周内非承包人原因停水、停电、停气造成停工累计超过 8 小时。

④ 双方约定的其他因素。

此时，双方在专用条款中可写明调整的范围和条件，除材料费外是否包括机械费、人工费、管理费等，对通用条款中所列出的调整因素是否还有补充，如对工程量增减和工程变更的数量有限制的，还应写明限制的数量；调整的依据，写明是哪一级工程造价管理部门公布的价格调整文件；写明调整的方法、程序，承包人提出调价通知的时间、工程师批准和支付的时间等。

承包人应当在上述情况发生后 14 天内，将调整原因、金额以书面形式通知工程师，工程师确认调整金额后作为追加合同价款，与工程款同期支付。工程师收到承包人通知后 14 天内不予确认也不提出修改意见，视为已经同意该项调整。

（3）成本加酬金合同　合同价款包括成本和酬金两部分，双方在专用条款内约定成本构成和酬金的计算方法。

6.4.3 工程预付款

预付款是在工程开工前发包人预先支付给承包人用来进行工程准备的一笔款项。实行工程预付款的，双方应当在专用条款内约定发包人向承包人预付工程款的时间和数额，开工后按约定的时间和比例逐次扣回。预付时间应不迟于约定的开工日期前7天。发包人不按约定预付，承包人在约定预付时间7天后向发包人发出要求预付的通知，发包人收到通知后仍不能按要求预付，承包人可在发出通知后7天停止施工，发包人应从约定应付之日起向承包人支付应付款的贷款利息，并承担违约责任。

工程款的预付可根据主管部门的规定，双方协商确定后把预付工程款的时间（如于每年的1月15日前按预付款额度比例支付），金额或占合同价款总额的比例（如为合同额的5%～15%）、方法（如根据承包人的年度承包工作量）和扣回的时间、比例、方法（预付款一般应在工程竣工前全部扣回，可采取当工程进展到某一阶段如完成合同额的60%～65%时开始起扣，也可从每月的工程付款中扣回）在专用条款内写明。如果发包人不预付工程款，在合同价款中可考虑承包人垫付工程费用的补偿。

6.4.4 工程进度款

6.4.4.1 工程量的确认

对承包人已完成工程量进行计量、核实与确认，是发包人支付工程款的前提。工程量具体的确认程序如下。

（1）承包人应按专用条款约定的时间，向工程师提交已完成工程量的报告。

（2）工程师接到报告后7天内按设计图纸核实已完工程量（计量），并在计量前24小时通知承包人。承包人为计量提供便利条件并派人参加。承包人收到通知后不参加计量，计量结果有效，作为工程价款支付的依据。

（3）工程师收到承包人报告后7天内未进行计量，从第8天起，承包人报告中开列的工程量即视为已被确认，作为工程价款支付的依据。

（4）工程师不按约定时间通知承包人，致使承包人未能参加计量，计量结果无效。

（5）对承包人超出设计图纸范围和因承包人原因造成返工的工程量，工程师不予计量。

6.4.4.2 工程款（进度款）结算方式

（1）按月结算　这是国内外常见的一种工程款支付方式，一般在每个月末，承包人提交已完工程量报告，经工程师审查确认，签发月度付款证书后，由发包人按合同约定的时间支付工程款。

（2）按形象进度分段结算　这是国内一种常见的工程款支付方式，实际上是按工程形象进度分段结算。当承包人完成合同约定的工程形象进度时，承包人提出已完工程量报告，经工程师审查确认，签发付款证书后，由发包人按合同约定的时间付款。如专用条款中可约定：当承包人完成基础工程施工时，发包人支付合同价款的20%，完成主体结构工程施工时，支付合同价款的50%，完成装饰工程施工时，支付合同价款的15%，工程竣工验收通过后，再支付合同价款的10%，其余5%作为工程保修金，在保修期满后返还给承包人。

（3）竣工后一次性结算　当工程项目工期较短或合同价格较低的，可以采用工程价款每月月中预支、竣工后一次性结算的方法。

（4）其他结算方式　结算双方可以在专用条款中约定采用并经开户银行同意的其他结算方式。

6.4.4.3 工程款（进度款）支付的程序和责任

在确认计量结果后14天内，发包人应向承包人支付工程款（进度款）。同期用于工程的发包人供应的材料设备价款、按约定时间发包人应扣回的预付款，与工程款（进度款）同期结算。合同价款调整、工程师确认增加的工程变更价款及追加的合同价款、发包人或工程师同意确认的工程索赔款等，也应与工程款（进度款）同期调整支付。

发包人超过约定的支付时间不支付工程款（进度款），承包人可向发包人发出要求付款的通知，发包人收到承包人通知后仍不能按要求付款，可以与承包人协商签订延期付款协议，经承包人同意后可延期支付。协议应明确延期支付的时间和从计量结果确认后第15天起计算应付款的贷款利息。发包人不按合同约定支付工程款（进度款），双方又未达成延期付款协议，导致施工无法进行，承包人可停止施工，由发包人承担违约责任。

6.4.5 变更价款的确定

承包人在工程变更确定后14天内，提出变更工程价款的报告，经工程师确认后调整合同价款。变更合同价款按下列方法进行。

（1）合同中已有适用于变更工程的价格，按合同已有的价格计算变更合同价款。

（2）合同中只有类似于变更工程的价格，可以参照类似价格变更合同价款。

（3）合同中没有适用或类似于变更工程的价格，由承包人提出适当的变更价格，经工程师确认后执行。

承包人在双方确定变更后14天内不向工程师提出变更工程价款的报告时，视为该项变更不涉及合同价款的变更。工程师应在收到变更工程价款报告之日起14天内予以确认，工程师无正当理由不确认时，自变更工程价款报告送达之日起14天后视为变更工程价款报告已被确认。工程师不同意承包人提出的变更价款，按照通用条款约定的争议解决办法处理。

因承包人自身原因导致的工程变更，承包人无权要求追加合同价款。

6.4.6 施工中涉及的其他费用

6.4.6.1 安全施工

承包人应遵守工程建设安全生产有关管理规定，严格按安全标准组织施工，并随时接受行业安全检查人员依法实施的监督检查，采取必要的安全防护措施，消除事故隐患，由于承包人安全措施不力造成事故的责任和因此发生的费用，由承包人承担。

发包人应对其在施工场地的工作人员进行安全教育，并对他们的安全负责。发包人不得要求承包人违反安全管理的规定进行施工。因发包人原因导致的安全事故，由发包人承担相应责任及发生的费用。

承包人在动力设备、输电线路、地下管道、密封防震车间、易燃易爆地段以及临街交通要道附近施工时，施工开始前应向工程师提出安全保护措施，经工程师认可后实施。由发包人承担防护措施费用。

实施爆破作业，在放射、毒害性环境中施工（含储存、运输、使用）及使用毒害性、腐蚀性物品施工时，承包人应在施工前 14 天以书面形式通知工程师，并提出相应的安全防护措施，经工程师认可后实施，由发包人承担安全防护措施费用。

发生重大伤亡及其他安全事故，承包人应按有关规定立即上报有关部门并通知工程师，同时按政府有关部门要求处理，由事故责任方承担发生的费用。双方对事故责任有争议时，应按政府有关部门的认定处理。

6.4.6.2 专利技术及特殊工艺

发包人要求使用专利技术或特殊工艺，应负责办理相应的申报手续，承担申报、试验、使用等费用。承包人应按发包人要求使用，并负责试验等有关工作。承包人提出使用专利技术或特殊工艺，应取得工程师认可，承包人负责办理申报手续并承担有关费用。擅自使用专利技术侵犯他人专利权的，责任者依法承担相应责任。

6.4.6.3 文物和地下障碍物

在施工中发现古墓、古建筑遗址等文物及化石或其他有考古、地质研究等价值的物品时，承包人应立即保护好现场并于 4 小时内以书面形式通知工程师，工程师应于收到书面通知后 24 小时内报告当地文物管理部门，发包人、承包人按文物管理部门的要求采取妥善保护措施。发包人承担由此发生的费用，延误的工期相应顺延。如发现后隐瞒不报，致使文物遭受破坏，责任者依法承担相应责任。

施工中发现影响施工的地下障碍物时，承包人应于 8 小时内以书面形式通知工程师，同时提出处置方案，工程师收到处置方案后 24 小时内予以认可或提出修正方案。发包人承担由此发生的费用，延误的工期相应顺延。所发现的地下障碍物有归属单位时，发包人应报请有关部门协同处置。

6.4.7 竣工结算

6.4.7.1 竣工结算程序

工程竣工验收报告经发包人认可后 28 天内，承包人向发包人递交竣工结算报告及完整的结算资料，双方按照协议书约定的合同价款及专用条款约定的合同价款调整内容，进行工程竣工结算。发包人收到承包人递交的竣工结算报告及结算资料后 28 天内进行核实，给予确认或者提出修改意见。发包人确认竣工结算报告后通知经办银行向承包人支付工程竣工结算价款。承包人收到竣工结算价款后 14 天内将竣工工程交付发包人。

6.4.7.2 竣工结算相关的违约责任

（1）发包人收到竣工结算报告及结算资料后 28 天内无正当理由不支付工程竣工结算价款，从第 29 天起按承包人同期向银行贷款利率支付拖欠工程价款的利息，并承担违约责任。

（2）发包人收到竣工结算报告及结算资料后 28 天内不支付工程竣工结算价款，承包人可以催告发包人支付结算价款。发包人在收到竣工结算报告及结算资料后 56 天内仍不支付的，承包人可以与发包人协议将该工程折价，也可以由承包人申请人民法院将该工程依法拍卖，承包人就该工程折价或者拍卖的价款优先受偿。目前在建设领域，拖欠工程款的情况十分严重，承包人采取有力措施，保护自己的合法权利是十分重要的。

（3）工程竣工验收报告经发包人认可后 28 天内，承包人未能向发包人递交竣工结算报告及完整的结算资料，造成工程竣工结算不能正常进行或工程竣工结算价款不能及时支付，发包人要求交付工程的，承包人应当交付，发包人不要求交付工程的，承包人承担保管责任。

（4）承发包双方对工程竣工结算价款发生争议时，按通用条款关于争议的约定处理。

6.4.8 质量保修金

保修金（或称保留金）是发包人在应付承包人工程款内扣留的金额，其目的是约束承包人在竣工后履行竣工义务。有关保修项目、保修期、保修内容、范围、期限及保修金额（一般不超过施工合同价款的3%）等均应在工程质量保修书中约定。

保修期满，承包人履行了保修义务，发包人应在质量保修期满后14天内结算，将剩余保修金和按工程质量保修书约定银行利率计算的利息一起返还承包人，不足部分由承包人交付。

【案例6-4】 某工程项目发包人与承包人签订了施工合同，工期4个月。工程内容包括A、B两项分项工程，全费用综合单价分别为500.00元/m^3、350.00元/m^3。各分项工程每月计划和实际完成工程量及单价措施项目费用见表6-1。

表6-1 各分项工程每月计划和实际完成工程量及单价措施项目费用

工程量和费用名称		第1个月	第2个月	第3个月	第4个月	合计
A分项工程/m^3	计划工程量	200	300	300	200	1000
	实际工程量	200	320	360	300	1180
B分项工程/m^3	计划工程量	180	200	200	120	700
	实际工程量	180	210	220	90	700

合同有关工程价款结算与支付约定如下：

（1）开工10天前，发包人应向承包人支付合同价款的20%作为工程预付款，工程预付款在第2、3个月的工程价款中平均扣回。

（2）发包人，按每月承包人应得的工程进度款90%支付，预后10%为质量保证金。

【问题】

1.该工程合同价为多少万元？工程预付款为多少万元？

2.每月发包人应支付给承包人A、B项的工程价款为多少万元？（计算结果保留三位小数）

3.质量保证金为多少万元？

【案例分析】

1.合同价＝(500×1000＋350×700)/10000＝74.50(万元)

工程预付款＝74.50×20%＝14.90(万元)

2.A、B项工程价款

第1个月工程价款＝(200×500＋180×350)×0.9/10000＝14.67(万元)

第2个月发包人应支付给承包人的工程款＝（320×500＋210×350）×0.9/10000－14.90/2＝13.565（万元）

第3个月应支付给承包人的工程款＝(360×500＋220×350)×0.9/10000－14.90/2＝15.68(万元)

第4个月应支付给承包人的工程款＝(300×500＋90×350)×0.9/10000＝16.335(万元)

3.质量保证金＝(1180×500＋700×350)×0.1/10000＝8.35(万元)

6.5 施工合同的监督管理

施工合同的监督管理，是指各级工商行政管理部门、建设行政主管部门和金融机构以及工程发包人、承包人、监理人依据法律和行政法规、规章制度，采取法律的、行政的手段，对施工合同关系进行组织、指导、协调及监督，保护施工合同当事人的合法权益，调解施工合同纠纷，防止和制裁违法行为，保证施工合同法规的贯彻实施等一系列法定活动。各级工商行政管理部门、建设行政主管部门和金融机构对合同的监督侧重于宏观的依法监督，而工程发包人、承包人、监理人对施工合同的管理则是具体的管理，也是合同管理的出发点和落脚点，体现在施工合同从订立到履行的全过程中。此外，合同双方的上级主管部门、仲裁机构或人民法院、税务部门、审计部门及合同公证鉴证机关等也从不同角度对施工合同进行监督管理。

工程施工过程是承包合同的实施过程。要使合同顺利实施，合同双方必须共同完成各自的合同责任。在这一阶段承包商的根本任务就是按合同圆满地施工。不利的合同使合同实施和管理非常艰难，但通过有力的合同管理可以减轻损失或避免更大的损失。另外，如果在合同实施过程中管理不善，没有进行有效的合同管理，即使是一个有利的合同同样也不会有好的经济效益。

6.5.1 施工过程中合同管理的任务

合同签订后，承包商的首要任务是派出工程的项目经理。由他全面负责工程管理工作。而项目经理首先必须组建包括合同管理人员在内的项目管理小组，并着手进行施工准备工作。

现场的施工准备一经开始，合同管理的工作重点就转移到施工现场，直到工程全部结束。所以施工管理组织中应有合同管理机构和人员，如合同工程师、合同管理员。在施工阶段合同管理的基本目标是，保证全面地完成合同责任，按合同规定的工期、质量、价格（成本）要求完成工程。在整个工程施工过程中，合同管理的主要任务如下。

（1）给项目经理和项目管理职能人员、各工程小组、所属的分包商在合同关系上以帮助，进行工作上的指导，如经常性地解释合同，对来往信件、会谈纪要等进行合同法律审查。

（2）对工程实施进行有力的合同控制，保证承包商正确履行合同，保证整个工程按合同、按计划、有步骤、有秩序地施工，防止工程中的失控现象。

（3）及时预见和防止合同问题，以及由此引起的各种责任，防止合同争执和避免合同争执造成的损失。对因干扰事件造成的损失进行索赔，同时又应使承包商免于对干扰事件和合同争执的责任，处于不能被索赔的地位（即反索赔）。

（4）向各级管理人员和向业主提供工程合同实施的情况报告，提供用于决策的资料、建议和意见。

6.5.2 施工过程合同管理的主要工作

合同管理人员在施工阶段的主要工作有如下几个方面。

（1）建立合同实施的保证体系，以保证合同实施过程中的一切日常事务性工作有秩序地进行，使工程项目的全部合同事件处于控制中，保证合同目标的实现。

（2）监督承包商的工程小组和分包商按合同施工，并做好各分合同的协调和管理工作。承包商应以积极合作的态度完成自己的合同责任，努力做好自我监督。同时也应督促和协助业主和工程师完成他们的合同责任，以保证工程顺利进行。

（3）对合同实施情况进行跟踪；收集合同实施的信息，收集各种工程资料，并作出相应的信息处理；将合同实施情况与合同分析资料进行对比分析，找出其中的偏离，对合同履行情况作出诊断；向项目经理及时通报合同实施情况及问题，提出合同实施方面的意见、建议，甚至警告。

（4）进行合同变更管理。这里主要包括参与变更谈判，对合同变更进行事务性处理，落实变更措施，修改变更相关的资料，检查变更措施落实情况。

（5）日常的索赔和反索赔，包括承包商与业主、总（分）包商、材料供应商、银行及其他方面之间的索赔和反索赔。合同管理人员承担着主要的索赔（反索赔）任务，负责日常的索赔（反索赔）处理事务。

6.5.3 合同实施的保证体系

由于现代工程的特点，使得施工中的合同管理极为困难和复杂，日常的事务性工作极多。为了使工作有秩序、有计划地进行，必须建立工程承包合同实施的保证体系，主要有以下内容。

（1）作“合同交底”，落实合同责任，实行目标管理　合同和合同分析的资料是工程实施管理的依据。合同分析后，合同管理人员应向各层次管理者作“合同交底”，把合同责任具体地落实到各责任人和合同实施的具体工作上。

① 项目组织内的“合同交底”。对项目管理人员和各工程小组负责人进行“合同交底”，组织大家学习合同和合同总体分析结果，对合同的主要内容作出解释和说明，使大家熟悉合同中的主要内容、各种规定、管理程序，了解承包商的合同责任和工程范围，各种行为的法律后果等。使大家都树立全局观念，工作协调一致，避免在执行中的违约行为。剔除传统的施工项目管理系统中，只注重“图纸交底”工作，轻视“合同交底”的观念。

② 合同管理责任的分解和落实。将各种合同事件的责任分解落实到各工程小组或分包商。使他们对合同事件表（任务单、分包合同）、施工图纸、设备安装图纸、详细的施工说明等，有十分详细的了解。并对工程实施的技术的和法律的问题进行解释和说明，如工程的质量、技术要求和实施中的注意点、工期要求、消耗标准、相关事件之间的搭接关系、各工程小组（分包商）责任界限的划分、完不成责任的影响和法律后果等。

③ 合同实施的协调与管理。在合同实施前与其他相关的各方，如业主、监理工程师、承包商沟通，召开协调会议，落实各种安排；在合同实施过程中进行经常性的检查、监督，对合同作解释。

④ 制定合同实施的保证措施。合同责任的完成必须通过其他经济手段来保证。对分包商，主要通过分包合同确定双方的责权利关系，保证分包商能及时地按质按量地完成合同责任。如果出现分包商违约行为，可对他进行合同处罚和索赔。对承包商的工程小组可通过内部的经济责任制来保证。在落实工期、质量、消耗等目标后，应将它们与工程小组经济利益挂钩，建立一整套经济奖罚制度，以保证目标的实现。

（2）建立合同管理工作程序　在工程实施过程中，合同管理的日常事务性工作很多。为了协调好各方面的工作，使合同管理工作程序化、规范化，应订立如下几个方面的工作程序。

① 定期和不定期的协商会议制度。在工程过程中，业主、监理工程师和各承包商之间，承包商和分包商之间以及承包商的项目管理职能人员和各工程小组负责人之间都应有定期的协商会议。通过会议可以解决以下问题。

a. 检查合同实施进度和各种计划落实情况；

b. 协调各方面的工作，对后期工作作安排；

c. 讨论和解决目前已经发生的和以后可能发生的各种问题，并作出相应的决议；

d. 讨论合同变更问题，作出合同变更决议，落实变更措施，决定合同变更的工期和费用补偿数量等。

承包商与业主，总包和分包之间会谈中的重大议题和决议，应用会谈纪要的形式确定下来。各方签署的会谈纪要，作为有约束力的合同变更，是合同的一部分。合同管理人员负责会议资料的准备，提出会议的议题，起草各种文件，提出对问题解决的意见或建议，组织会议；会后起草会谈纪要（有时会谈纪要由业主的工程师起草），对会谈纪要进行合同法律方面的检查。

② 建立一些特殊工作程序。对于一些经常性工作应订立工作程序，使大家有章可循，合同管理人员也不必进行经常性的解释和指导，如图纸批准程序，工程变更程序，分包商的索赔程序，分包商的账单审查程序，材料、设备、隐蔽工程、已完工程的检查验收程序，工程进度付款账单的审查批准程序，工程问题的请示报告程序等。

（3）建立文档系统　合同管理人员负责各种合同资料和工程资料的收集、整理和保存工作，包括各种数据、资料的标准化，如各种文件、报表、单据等应有规定的格式和规定的数据结构要求。工程的原始资料在合同实施过程中产生，它必须由各职能人员、工程小组负责人、分包商提供。应将责任明确地落实下去。

① 各种数据、资料的标准化，如各种文件、报表、单据等应有规定的格式和规定的数据结构要求。

② 将原始资料收集整理的责任落实到人，由他对资料负责。资料的收集工作必须落实到工程现场，必须对工程小组负责人和分包商提出具体的要求。

③ 各种资料的提供时间。

④ 准确性要求。

⑤ 建立工程资料的文档系统等。

（4）建立施工过程中严格的检查与验收制度　合同管理人员应主动地抓好工程和工作质量，协助做好全面质量管理工作，建立一整套质量检查和验收制度。例如每道工序结束应有严格的检查和验收；工序之间、工程小组之间应有交接制度；材料进场和使用应有一定的检验措施等。防止由于承包商自己的工程质量问题造成的检查验收不合格、试生产失败而承担违约责任。在工程中，由工程质量问题引起的返工、窝工损失，工期的拖延应由承包商自己负责，往往得不到任何赔偿。

（5）建立报告和行文制度　承包商与业主、监理工程师、分包商之间的沟通都应以书面形式进行，或以书面形式作为最终依据。这是合同和法律的要求，也是工程管理的需要。在实际工作中这项工作特别容易被忽略。报告和行文制度包括如下几方面内容。

① 定期的工程实施情况报告，如日报、周报、旬报、月报等。应规定报告内容、格式、报告方式、时间以及负责人。

② 工程过程中发生的特殊情况及其处理的书面文件，如特殊的气候条件、工程环境的

变化等，应有书面记录，并由监理工程师签署。对在工程中合同双方的任何协商、意见、请示、指示等都应落实在纸上，尽管天天见面，也应养成书面文字交往的习惯，相信“一字千金”，切不可相信“一诺千金”。

③ 工程中所有涉及双方的工程活动，如材料、设备、各种工程的检查验收，场地、图纸的交接，各种文件（如会议纪要、索赔和反索赔报告、账单）的交接，都应有相应的手续，应有签收证据。

6.5.4　合同实施控制

（1）合同实施控制程序　合同实施控制程序如图6-1所示。

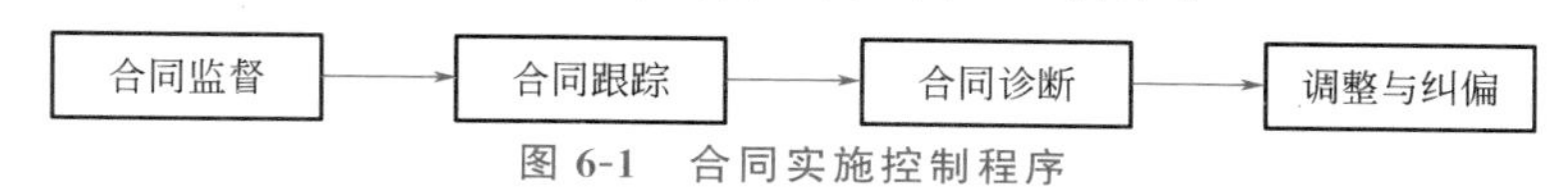

图6-1　合同实施控制程序

① 监督，即目标控制，应表现在对工程活动的监督上，即保证按照预先确定的各种计划、设计、施工方案实施工程。工程实施状况反映在原始的工程资料数据上，例如质量检查报告、分项工程进度报告、记工单、用料单、成本核算凭证等。

② 跟踪，即将收集到的工程资料和实际数据进行整理，得到能反映工程实施状况的各种信息。如各种质量报告、各种实际进度报表、各种成本和费用收支报表及它们的分析报告。将这些信息与工程目标，如合同文件、合同分析文件、计划、设计等进行对比分析。这样可以发现两者的差异。差异的大小，即为工程实施偏离目标的程度。如果没有差异，或差异较小，则可以按原计划继续实施工程。

③ 诊断，即分析差异的原因，采取调整措施。差异表示工程实施偏离了工程目标，必须详细分析差异产生的原因和它的影响，并对症下药，采取措施进行调整，否则这种差异会逐渐积累，越来越大，最终导致工程实施远离目标，甚至可能导致整个工程的失败。所以，在工程过程中要不断地进行调整，使工程实施一直围绕合同目标进行。

④ 纠偏，即通过诊断发现差异后对症下药，及时采取调整措施进行纠正。合同纠偏通常采取以下措施：

a. 技术措施。例如变更技术方案，采用新的效率更高的施工方案。

b. 组织和管理措施。如增加人员投入、重新进行计划或调整计划、派遣得力的管理人员。在施工中经常修订进度计划对承包商来说是有利的。

c. 经济措施。如增加投入、对工作人员进行经济激励等。

d. 合同措施。如进行合同变更，签订新的附加协议、备忘录，通过索赔解决费用超支问题等。

（2）工程实施控制的主要内容　工程实施控制的主要内容如表6-2所示。

表6-2　工程实施控制的主要内容

序号	控制内容	控制目的	控制目标	控制依据
1	成本控制	保证按计划成本完成工程，防止成本超支和费用增加	计划成本	各分项工程、分部工程、总工程的计划成本，人力、材料、资金计划，计划成本曲线
2	质量控制	保证按合同规定的质量完成工程，使工程顺利通过验收，交付使用，达到预定的功能要求	合同规定的质量标准	工程说明、规范、图纸、工作量表

续表

序号	控制内容	控制目的	控制目标	控制依据
3	进度控制	按预定进度计划进行施工，按期交付工程，防止承担工期拖延责任	合同规定的工期	合同规定的总工期计划，业主批准的详细的施工进度计划，网络图，横道图等
4	合同控制	按合同全面完成承包商的责任，防止违约	合同规定的各项责任	合同范围内的各种文件，合同分析资料

能力训练题

一、单选题

1. 建设工程施工合同是建设工程的主要合同之一，其标的是将（　　）变为满足功能、质量、进度、投资等发包人投资预期目的的建筑产品。

A. 设计图纸　　B. 建筑材料　　C. 发包人的意图　　D. 建筑计划

2. 通用条款是在广泛总结国内工程实施中成功经验和失败教训基础上，参考（　　）编写的《土木工程施工合同条件》相关内容的规定，编制的规范承发包双方履行合同义务的标准化条款。

A. 中国建筑协会　　B. 国际建筑协会　　C. 大型建筑协会　　D. FIDIC

3. 施工合同中常用词的定义里所提及的“施工场地”（施工现场），是指经发包人批准的（　　）中施工现场总平面图规定的场地。

A. 施工组织设计或施工方案　　B. 初步设计

C. 扩大初步设计　　D. 施工图设计

4. 发包人应当将委托的监理单位名称、工程师的姓名、监理内容及监理权限以书面形式通知承包人。除（　　），负责监理的工程师无权解除承包人的任何义务。

A. 合同内有明确约定或经发包方法定代表人同意外

B. 合同内有明确约定或经承包方法定代表人同意外

C. 合同附加条款内有明确约定或经发包人同意外

D. 合同内有明确约定或经发包人同意外

5. 施工过程中，如果发包人需要撤换工程师，应至少于易人前（　　）天以书面形式通知承包人。后任继续履行合同文件的约定及前任的权利和义务，不得更改前任做出的书面承诺。

A. 5　　B. 6　　C. 7　　D. 9

6. 合同内如果有发包人要求分阶段移交的单位工程或部分工程时，在专用条款内需明确约定中间交工工程的范围和竣工时间。此项约定也是判定（　　）是否按合同履行了义务的标准。

A. 发包人　　B. 承包人　　C. 监理人　　D. 第三人

7. 非招标工程的合同价款，由当事人双方依据工程预算书协商后，填写在（　　）内。

A. 附加条款　　B. 专用条款　　C. 协议书　　D. 通用条款

8. 追加合同价款是指合同履行中发生需要增加合同价款的情况，经发包人确认后，按照计算合同价款的方法，给承包人增加的（　　）。

A. 合同利润　　B. 合同费用　　C. 合同索赔　　D. 合同价款

9. 施工合同的支付程序中是否有（　　），取决于工程的性质、承包工程量的大小以及发包人在招标文件中的规定。

A. 预付款　　B. 索赔款　　C. 单项款　　D. 综合款

10. 在施工合同（　　）内约定工程进度款的支付时间和支付方式。

A. 附加条款　　B. 专用条款　　C. 协议书　　D. 通用条款

11. 发包人在（　　）合同中承担了项目的全部风险。

A. 固定价格　　B. 可调价格　　C. 总价不可调　　D. 成本加酬金

12. 当施工合同文件中出现不一致时，以（　　）为优先解释的依据。

A. 合同条件　　B. 专用条款　　C. 纪要、协议　　D. 通用条款

13. 已竣工工程交付使用之前应由（　　）负责成品保护工作。

A. 发包人　　B. 监理人　　C. 承包人　　D. 工程师

14. 施工合同履行时，属于承包人的义务是（　　）。

A. 清理施工场地，具备施工条件　　B. 开通施工道路

C. 竣工后清理施工现场　　D. 水、电、电信线路接到协议约定的地点

15. 如果合同约定有（　　），则需在专用条款内明确说明担保的种类、担保方式、有效担保金额以及担保书的格式。担保合同将作为施工合同的附件。

A. 履约担保　　B. 预付款担保

C. 履约担保和预付款担保　　D. 第三人担保和履约担保

16. 工程师接到承包人提交的进度计划后，应当予以确认或者提出修改意见，时间限制则由双方在（　　）中约定。

A. 专用条款　　B. 协议书　　C. 通用条款　　D. 附件

17. 承包人不能按时开工，应在不迟于协议书约定的开工日期前7天，以书面形式向工程师提出延期开工的理由和要求。工程师在接到延期开工申请后的（　　）未予答复，视为同意承包人的要求，工期相应顺延。

A. 48小时后　　B. 48小时内　　C. 24小时内　　D. 24小时后

18. 施工合同示范文本规定，因发包人原因不能按协议书约定的开工日期开工，（　　）后可推迟开工日期。

A. 承包人以书面形式通知工程师　　B. 工程师以书面形式通知承包人

C. 承包人征得工程师同意　　D. 工程师征得承包人同意

19. 施工合同范本的通用条件规定，未经发包人同意，承包人不得将承包工程的任何部分分包；工程分包不能解除承包人的任何（　　）。

A. 责任和义务　　B. 责任和权利　　C. 权利和义务　　D. 责任或义务

20.《建设工程施工合同（示范文本）》中规定，乙方（承包人）不能将工程（　　）。

A. 分包　　B. 再分包　　C. 继承　　D. 转包或出让

21. 合同约定有工程预付款的，发包人应按规定的时间和数额支付预付款。为了保证承包人如期开始施工前的准备工作和开始施工，预付时间应不迟于约定的开工日期前（　　）天。

A. 5　　B. 6　　C. 7　　D. 10

22. 发包人供应的材料设备进入施工现场后需要在使用前检验或者试验的，由承包人负责检查试验，费用由（　　）负责。

A. 施工单位　　B. 承包人

C. 发包人　　　　　　　　　　　　D. 发包人与承包人共同

23. 施工合同示范文本规定，工程实际进度与计划不符时，承包人按工程师的要求提出改进措施，经工程师认可后执行。事后发现改进措施有缺陷，应由（　　）承担责任。

A. 发包人　　　　B. 承包人　　　　C. 工程师　　　　D. 承包人和工程师

24. 施工过程中，由于社会条件、人为条件、自然条件和管理水平等因素的影响，可能导致工期延误不能按时竣工。是否应给承包人合理延长工期，应依据（　　）来判定。

A. 发包人的责任　　B. 合同责任　　C. 工程师的意见　　D. 承包人的责任

25. 工程项目施工合同按付款方式划分为：①总价合同；②单价合同；③成本加酬金合同三种。以承包人所承担的风险从小到大的顺序来排列，正确的是（　　）

A. ①→②→③　　B. ①→③→②　　C. ③→①→②　　D. ③→②→①

26. 承包人按约定时间向工程师提交已完工程量报告，工程师应在（　　）天内予以计量。

A. 2　　　　B. 3　　　　C. 7　　　　D. 9

27. 发包人应在双方计量确认后（　　）天内向承包人支付进度款。

A. 3　　　　B. 7　　　　C. 9　　　　D. 14

28. 不可抗力事件结束后，承包人应在 48 小时内向工程师通报受害情况。灾害继续发生，承包方应每隔（　　）天向工程师报告一次灾害情况，直至灾害结束。

A. 5　　　　B. 7　　　　C. 14　　　　D. 28

29. 施工合同示范文本规定，工程竣工验收时，验收委员会提出了修改意见，承包人修复后达到验收要求的，其竣工日期为（　　）。

A. 送交竣工验收报告日　　　　　　B. 修改后提请发包人验收日

C. 修改后验收合格日　　　　　　　D. 办理竣工移交手续日

30.《建设工程施工合同（示范文本）》规定，承包人在（　　），将竣工工程移交发包人。

A. 竣工验收合格后 14 天内　　　　B. 竣工验收报告经发包人认可后 28 天内

C. 自发包人收到竣工结算报告后 28 天内　D. 收到竣工结算款 14 天内

31. 承包人应当在工程竣工验收之前，与发包人签订质量保修书，作为（　　）。

A. 合同主件　　B. 合同专用条款　　C. 合同附件　　D. 通用条款

32. 我国工程保修期从（　　）之日算起。

A. 乙方提交竣工验收报告　　　　　B. 合同约定的竣工日

C. 竣工验收合格　　　　　　　　　D. 业主支付竣工结算款

二、多选题

1. 施工合同属于（　　）。

A. 诺成合同　　B. 要物合同　　C. 工作合同

D. 劳务合同　　E. 有偿合同

2. 建设工程施工合同具有以下特点：（　　）。

A. 合同标的的特殊性　　　　　　B. 合同履行期限的长期性

C. 合同内容的复杂性　　　　　　D. 合同内容的单一性

E. 合同履行期限不确定性

3.《建设工程施工合同（示范文本）》规定，对于在施工中发生不可抗力，（　　）发生的费用由承包人承担。

A. 工程本身的损害
B. 发包人人员伤亡
C. 造成承包人设备、机械的损坏及停工
D. 所需清理修复工作
E. 承包人人员伤亡

4. 我国施工合同中的价款应写明工程价款的金额和承包方式，计价方式一般有以下几种：（　　）。

A. 可调价格合同　　B. 固定价格合同
C. 按建筑面积与平方米造价包干　　D. 按施工图预算造价加系数包干
E. 成本加酬金合同

5. 施工合同示范文本规定，对业主与承包商有约束力的合同包括（　　）等文件。

A. 施工合同条件
B. 施工合同协议条款
C. 发包人与监理单位签订的监理委托合同
D. 通过洽商变更业主与承包商原定权利义务的补充协议
E. 发包人上级主管部门的书面指示

6. 施工过程中使用的图纸由（　　）。

A. 承包人提供　　B. 发包人提供
C. 发包人提供经承包人批准　　D. 承包人提供，工程师批准
E. 监理单位提供经承包人批准

7. 以下是发包人应做的施工前的准备工作的是（　　）。

A. 使施工现场具备施工条件　　B. 开通施工现场公共道路
C. 向承包人提供设计图纸　　D. 施工人员调配工作
E. 设备的调配工作

8. 发包人控制工程分包的基本原则是（　　）。

A. 发包人向分包人支付各种工程款项
B. 主体工程的施工任务不允许分包
C. 承包人选择的分包人必须提请工程师同意
D. 工程分包不可解除承包人的责任和义务
E. 主要工程量必须由承包人完成

9. 发包人供应的材料设备与约定不符时，视具体情况不同，按照以下原则处理：（　　）。

A. 材料设备单价与合同约定不符时，由发包人承担所有差价

B. 材料设备种类、规格、型号、数量、质量等级与合同约定不符时，承包人可以拒绝接收管理，由发包人运出施工场地并重新采购

C. 发包人供应材料的规格、型号与合同约定不符时，承包人可以代为调剂串换，发包方承担相应的费用

D. 到货地点与合同约定不符时，发包人负责运至合同约定的地点

E. 供应数量少于合同约定的数量时，发包人将数量补齐；多于合同约定的数量时，承包人负责将多出部分运出施工场地

10. 发包人供应的材料设备（　　）。

A. 与承包人共同进行到货清点　　B. 与监理人共同进行到货清点

C. 材料设备接收后移交承包人保管　　　　D. 发包人保管

E. 发包人支付相应的保管费用

11. 施工过程中的质量检查和返工做法正确的是（　　）。

A. 工程质量达不到约定标准的部分，工程师一经发现，可要求承包人拆除和重新施工，承包人应按工程师及其委派人员的要求拆除和重新施工，承担由于自身原因导致拆除和重新返工的费用，工期不予顺延

B. 经过工程师检查检验合格后，又发现因承包人原因出现的质量问题，仍由承包人承担责任，赔偿发包人的直接损失，工期不应顺延

C. 工程师的检查检验原则上不应影响施工正常进行。如果实际影响了施工的正常进行，其后果责任由检验结果的质量是否合格来区分合同责任

D. 检查检验不合格时，影响正常施工的费用由承包人承担。除此之外，影响正常施工的费用、合同价款由发包人承担，相应顺延工期

E. 因工程师指令失误和其他非承包人原因发生的追加合同价款，由工程师承担

12. 施工过程中，发出暂停施工指示的起因可能源于以下情况（　　）。

A. 后续法规政策的变化导致工程停工、缓建；地方法规要求在某一时段内不允许施工等

B. 发生自然灾害

C. 发包人未能按时完成后续施工的现场或通道的移交工作；发包人订购的设备不能按时到货；施工中遇到了有考古价值的文物或古迹需要进行现场保护等

D. 同时在现场的几个独立承包人之间出现施工交叉干扰，工程师需要进行必要的协调

E. 如发现施工质量不合格；施工作业方法可能危及现场或毗邻地区建筑物或人身安全等

13. 施工过程中，确定变更价款的程序（　　）。

A. 承包人在工程变更确定后14天内，可提出变更涉及的追加合同价款要求的报告，经工程师确认后相应调整合同价款

B. 承包人在双方确定变更后的14天内，未向工程师提出变更工程价款的报告，视为该项变更不涉及合同价款的调整

C. 工程师在收到承包人的变更合同价款报告后14天内，对承包人的要求予以确认或作出其他答复，工程师无正当理由不确认或答复时，自承包人的报告送达之日起，视为变更价款报告已被确认

D. 工程师确认增加的工程变更价款作为追加合同价款，与工程进度款同期支付

E. 工程师不同意承包人提出的变更价款，按合同约定的争议条款处理

14. 采用可调价合同，施工中如果遇到以下情况，可以对合同价款进行相应的调整（　　）。

A. 法律、行政法规和国家有关政策变化影响到合同价款

B. 施工过程中地方税的某项税费发生变化，按实际发生与订立合同时的差异进行增加或减少合同价款的调整

C. 工程造价部门公布的价格调整。当市场价格浮动变化时，按照专用条款约定的方法对合同价款进行调整

D. 一周内非承包人原因停水、停电、停气造成停工累计超过24小时

E. 双方约定的其他因素

15. 施工过程中，工程进度款的款项计算内容包括（　　）。

A. 经过确认核实的完成工程量对应工程量清单或报价单的相应价格计算应支付的工

程款

B. 设计变更应调整的合同价款

C. 本期应扣回的工程预付款和质量保修金

D. 根据合同允许调整合同价款原因应补偿承包人的款项和应扣减的款项

E. 经过工程师批准的承包人索赔款

16. 施工过程中，不可抗力事件的合同责任（　　）。

A. 承发包双方人员的伤亡损失，分别由各自负责

B. 承包人机械设备损坏及停工损失，由承包人承担

C. 承包人机械设备损坏及停工损失，由发包人承担

D. 工程所需清理、修复费用，由承包人承担

E. 延误的工期相应顺延

17. 房屋建筑工程的保修范围包括（　　）和供热与供冷系统，电气管线、给排水管道、设备安装和装修工程，以及双方约定的其他项目。

A. 地基基础工程　B. 主体结构工程　C. 屋面防水工程

D. 有防水要求的卫生间和外墙面的防渗漏　E. 下水管道工程

18. 建设工程质量保修期规定正确的是（　　）。

A. 基础设施工程、房屋建筑的地基基础工程和主体工程，为设计文件规定的该工程的合理使用年限

B. 供热与供冷系统，为 2 年

C. 屋面防水工程、有防水要求的卫生间、房间和外墙面的防渗漏，为 5 年

D. 电气管线、给排水管道工程，为 2 年

E. 设备安装和装修工程，为 2 年

三、简答题

查阅资料，了解 FIDIC 施工合同的概念、组成，简述其主要内容。

教学目标

- 了解工程变更对合同的影响
- 了解索赔的概念、分类和作用
- 掌握索赔原因、依据与证据
- 理解并掌握索赔的程序与策略
- 掌握工期索赔、费用索赔的计算方法

思政目标

- 在工程变更中，合理分担风险

7.1 工程变更

工程变更是指合同成立以后，履行之前，或者在合同履行开始后，未履行完之前，合同当事人不变而合同的内容、客体发生变化的情形。根据《建设工程工程量清单计价规范》（GB 50500—2013）关于工程变更的定义，变更指“合同工程实施过程中由发包人提出或由承包人提出经发包人批准的合同工程任何一项工作的增、减、取消或施工工艺、顺序、时间的改变；设计图纸的修改；施工条件的改变；招标工程量清单的错漏从而引起合同条件的改变或工程量的增减变化”。

7.1.1 工程变更产生的原因

工程内容频繁的变更是工程合同的特点之一。一个较为复杂的工程合同，实施中的变更可能有几百项。工程变更一般主要有以下几方面原因。

（1）有关法律法规和技术规范的变化　如国家节能要求、环境保护要求、城市规划变动等引起建设工程相应设计和施工规范的变动。

（2）发包人要求　发包人对在建工程项目的质量、进度、投资等方面有新的要求，如提高工程质量、提前竣工或是削减项目投资规模等造成建设项目变更。在工程合同的履行中由于业主指令错误，业主资金短缺、倒闭、合同转让等也可能产生变更。

（3）设计不满足要求 由于设计人员在设计过程中的疏忽、大意等原因造成的设计不合理、错误，不满足《工程建设强制性条文》或与现场不符无法施工，导致图纸修改。

（4）监理人的建议 监理人对项目实施过程中的技术、经济事项提出的合理化建议。

（5）承包人的建议 承包人在项目实施过程中，针对设计缺陷或不够完善的内容提出的合理化建议。

（6）使用方要求 如房地产开发项目中，房地产商通过了解客户需求，为满足部分客户的个性化定制要求而调整原有装修标准。

（7）工程环境的变化 如公路施工中，当现场条件与地质勘察结果不一致，导致路基无法满足设计承载能力要求时，需采取换土措施。

（8）其他原因 如监理人未经发包人授权而发出指令导致工程量变化，发包人与承包人为创“鲁班奖”而共同提高工程质量引起的变更等。

施工合同中出现的变更事项有可能来自设计变化，也有可能来自实际履行，即导致在国内工程合同履行实践中确实存在“变更单、洽商单、签证单（表）、工作联系单”等多种形式的文件。

7.1.2 工程变更的范围

按照 2013 版施工合同规定，除发包人与承包人合同条款另有约定外，合同履行过程中发生以下情形的，应按照示范文本约定进行变更。

（1）增加或减少合同中任何工作，或追加额外的工作；

（2）取消合同中任何工作，但转由他人实施的工作除外；

（3）改变合同中任何工作的质量标准或其他特性；

（4）改变工程的基线、标高、位置和尺寸；

（5）改变工程的时间安排或实施顺序。

7.1.3 工程变更确认

7.1.3.1 变更权

（1）发包人和监理人均可以提出变更。变更指示均通过监理人发出，监理人发出变更指示前应征得发包人同意。承包人收到经发包人签认的变更指示后方可实施变更。未经许可，承包人不得擅自对工程的任何部分进行变更。

（2）涉及设计变更的，应由设计人提供变更后的图纸和说明。如变更超过原设计标准或批准的建设规模时，发包人应及时办理规划、设计变更等审批手续。发包人擅自进行对原设计文件的修改，影响到质量安全等方面的，根据《建筑法》第 54 条规定，设计单位和施工企业应当予以拒绝。

7.1.3.2 变更程序

在实际工程中，业主或监理工程师可以行使合同赋予的权利，发出工程变更指令，承包商也可提出变更申请。变更协议一经批准，与合同一样有法律约束力。工程变更程序如图 7-1 所示。

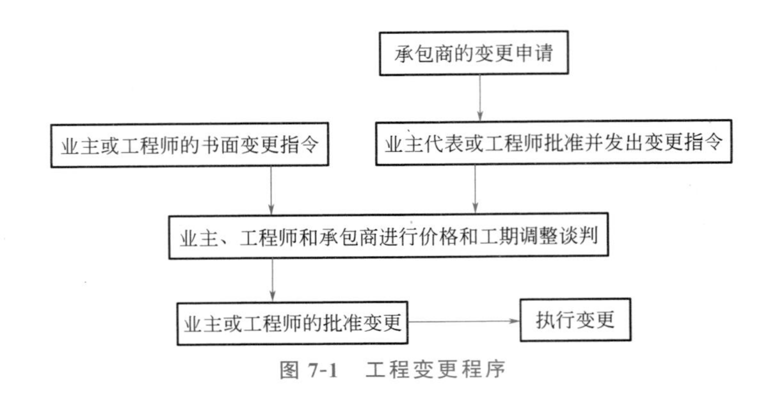

图 7-1 工程变更程序

7.1.3.3 工程变更申请

工程变更通常要经过一定的手续，如申请、审查、批准、通知（指令）等。表 7-1 所示为业主、监理工程师、承包商通用的工程变更申请单。

表 7-1 工程变更申请单

致：________________（单位） 由于________________原因，兹提出________________工程变更（内容见附件），请予批准。 附件： 提出单位________________ 代 表 人________________ 日　　期________________		
一致意见： 建设单位代表： 签字： 日期________	设计单位代表： 签字： 日期________	项目监理机构： 签字： 日期________

7.1.3.4 工程变更执行

对于发包人或监理人提出的变更，承包人在收到总监理工程师下达的变更指示后认为不能执行的，应立即提出不能执行的理由；认为可以执行的，应书面说明实施该变更对合同价格和工期的影响，并提出变更估价和工期调整方案。

在实际工程中，业主或监理工程师可以行使合同赋予的权利，发出工程变更指令，承包商也可提出变更申请。变更协议一经批准，与合同一样有法律约束力。

7.1.4 工程变更的处理

7.1.4.1 工期调整

因变更引起工期变化的，合同当事人任何一方均可要求调整合同工期。工期调整可参考工程所在地的工期定额标准确定增减工期天数。

7.1.4.2 变更估价

（1）变更估价程序

① 承包人在收到变更指示后14天内，向监理人提交变更估价申请。

② 监理人在收到承包人提交的变更估价申请后7天内审查完毕并报送发包人，监理人对变更估价申请有异议，可通知承包人修改后重新提交。发包人在承包人提交变更估价申请后14天内审批完毕。发包人逾期未完成审批或未提出异议的，视为认可承包人提交的变更估价申请。

③ 因变更引起的价格调整应计入最近一期的进度款中支付。

（2）变更估价原则　除发包人和承包人合同条款另有约定外，变更估价应按照以下方式处理。

① 已标价工程量清单或预算书有相同项目的，按照相同项目单价认定；

② 已标价工程量清单或预算书中无相同项目，但有类似项目的，参照类似项目的单价认定；

③ 变更导致实际完成的工程量与已标价工程量清单或预算书中列明的该项目工程量的变化幅度超过15%的，由合同当事人商量确定变更工作的单价。按照2013版清单规范中规定，变更工作单价的调整原则为：当工程量增加15%以上时，其增加部分的工程量的综合单价应予调低；当工程量减少15%以上时，减少后剩余部分的工程量的综合单价应予调高。可按下列公式调整结算分部分项工程费：

a. 当 $Q_1 > 1.15Q_0$ 时，$S = 1.15Q_0 \times P_0 + (Q_1 - 1.15Q_0) \times P_1$

b. 当 $Q_1 < 0.85Q_0$ 时，$S = Q_1 \times P_1$

式中　S——调整后的某一分部分项工程费结算价；

Q_1——最终完成的工程量；

Q_0——招标工程量清单中列出的工程量；

P_1——按照最终完成工程量重新调整后的综合单价；

P_0——承包人在工程量清单中填报的综合单价。

如果工程量变化引起相关措施项目发生相应变化，如按系数或单一总价方式计价的，工程量增加的措施项目费调增，工程量减少的措施项目费调减。

④ 已标价工程量清单中没有适用也没有类似于变更工程项目，且工程造价管理机构发布的信息价格缺价的，由承包人根据变更工程资料、计量规则、计价办法和通过市场调整等取得有合法依据的市场价格，提出变更工程项目的单价，报发包人确认后调整。

⑤ 工程变更引起施工方案改变，并使措施项目发生变化的，承包人提出调整措施项目费的，应事先将拟实施的方案提交发包人确认，并详细说明与原方案措施项目相比的变化情况。拟实施的方案经发、承包双方确认后执行。该情况下，应按照下列规定调整措施项目费。

a. 安全文明施工费，按照实际发生变化的措施项目调整；

b. 采用单价计算的措施项目费，按照实际发生变化的措施项目确定单价；

c. 按总价（或系数）计算的措施项目费，按照实际发生变化的措施项目调整，但应考虑承包人报价浮动因素，即调整金额按照实际调整金额乘以规定的承包人报价浮动率计算；

d. 如果承包人未事先将拟实施的方案提交给发包人确认，则视为工程变更不引起措施项目费的调整或承包人放弃调整措施项目费的权利。

⑥ 如果发包人提出的工程变更，因为非承包人原因删减了合同中的某项原定工作或工

程，致使承包人发生的费用或（和）得到的收益不能被包括在其他已支付或应支付的项目中，也未被包含在任何替代的工作或工程中，则承包人有权提出并得到合理的利润补偿。此处合理的利润是指社会平均水平的利润，即当地定额规定的利润取费水平，但也要结合合同订立时当事人双方确认的利润取费比例和建筑市场的收益惯例水平来进行确定。

⑦ 合同履行期间，出现实际施工设计图纸（含设计变更）与招标工程量清单任一项目的特征描述不符，且该变化引起该项目的工程造价增减变化的，应按照实际施工的项目特征重新确定相应工程量清单项目的综合单价。

⑧ 招标工程量清单中出现缺项，造成新增工程量清单项目的，按照①～⑥的方法调整合同价款。

7.1.5 工程变更的影响

工程变更实际上是对原合同条件和合同条款的修改，是双方新的要约和承诺。这种修改对合同实施影响很大，造成原合同状态的变化，必须对原合同规定的双方的责权利作出相应的调整。工程变更的影响主要表现在如下几方面。

（1）工程变更常常导致工程目标和工程实施情况的各种文件如设计图纸、成本计划和支付计划、工期计划、施工方案、技术说明和适用的规范等的修改和变更。

（2）导致工程参与各方合同责任的变化。工程变更往往引起合同双方、承包商之间、总承包商和分包商之间合同责任的变化。如工程量增加，则增加了承包商的工程责任，增加了费用开支而且延长了工期。

（3）引起已完工程返工、现场工程施工的停滞、施工秩序打乱、已购材料的损失及工期的延误。

7.2 工程索赔

7.2.1 工程索赔概述

【案例 7-1】 某项工程建设项目，业主与施工单位按《建设工程施工合同（示范文本）》签订了工程施工合同，工程未进行投保。在工程施工过程中，遭受暴风雨不可抗力的袭击，造成了相应的损失，施工单位及时向监理工程师提出索赔要求，并附索赔有关的资料和证据。索赔报告的基本要求是：①遭暴风雨袭击是因非施工单位原因造成的损失，故应由业主承担赔偿责任。②给已建分部工程造成损坏，损失计 8 万元，应由业主承担修复的经济责任，施工单位不承担修复的经济责任。施工单位人员因此灾害数人受伤，处理伤病医疗费用和补偿金总计 3 万元，业主应给予赔偿。③施工单位进场地使用的机械、设备受到损坏，造成损失 8 万元，由于现场停工造成台班损失 4.2 万元，业主应负担赔偿和修复的经济责任。工人窝工费 3.8 万元，业主应支付。④因暴风雨造成现场停工 8 天，要求合同工期顺延 8 天。⑤由于工程破坏，清理现场需费用 2.4 万元，业主应予支付。

【问题】

1. 什么是索赔？索赔有哪些特征？

2. 索赔和变更有什么区别？该工程是索赔还是变更？

3. 你认为施工单位的索赔要求是否合理？应由业主方承担的损失有哪些？

【案例分析】

1、2. 见教材。

3. 本案例经业主方对施工单位的索赔报告及索赔原因研究认为，业主方应承担遭受暴风雨后应由业主方承担损失部分的赔偿费用，但承包商所提出的施工单位人员受伤所发生的费用和机械、设备的损坏修复费用等应由施工单位自己承担。

7.2.1.1 索赔的概念

工程索赔，是指在工程合同履行过程中，当事人一方因非己方的原因而遭受经济损失或工期延误，按照合同约定或法律规定，应由对方承担责任，而向对方提出工期和（或）费用补偿要的行为。

在工程建设的各个阶段，都有可能发生索赔，但在施工阶段索赔发生较多。在实际工作中，索赔是双向性的——承包商可以向业主提出索赔，业主也可以向承包商提出索赔。索赔属于经济补偿行为，而不是惩罚；索赔是双方合作的方式，而不是对立。在承包工程中，最常见、最有代表性、处理比较困难的是承包商向业主的索赔，所以人们通常将它作为索赔管理的重点和主要对象。但索赔事件必须符合法律规定及合同所订立的内容。

7.2.1.2 索赔成立的条件

（1）与合同相比较，已造成了实际的额外费用和（或）工期损失。

（2）造成费用增加和（或）工期损失的原因不是由于承包商的过失。

（3）造成的费用增加或工期损失不是应由承包商承担的风险。

（4）承包商在事件发生后的规定时间内提出了索赔的书面意向通知和索赔报告。

7.2.2 索赔的事件、依据和证据

【案例7-2】 某承包商通过竞争性投标中标承建一写字楼工程，合同中标价为98万元。在工程施工过程中，由于地基出现问题，而被迫修改设计，造成多项变更，并且修改的变更图总是延误，多次发生已施工完成的部分又发生变更，被业主指令拆除。因此，承包商提出工期索赔和经济索赔的要求，并提供索赔证据以证明索赔的合理性。

【问题】

1. 什么是索赔事件？索赔的依据是什么？

2. 什么是索赔证据？承包商应提供哪些证据？

【案例分析】

1. 见教材。

2. 索赔证据提供的目的有两个：一个是证明自己有权索赔，另一个就是证明自己的索赔计算合理，因此，在提供证据时，就应当从这两个方面来进行考虑。

承包商提供的索赔证据有：合同文本、地基出现问题时工程师签发的暂停施工指令和复工指令、经工程师批准的施工进度计划和修改计划、承包商的施工记录、工程师签发的变更指令、承包商签收施工图和变更图的记录、拆除时的用工量记录、工地会议的记录、实际进度的记录、投标报价单、实际工效记录、施工机械进场记录和租赁费单据等。

7.2.2.1 索赔事件

索赔事件又称干扰事件，是指那些使实际情况与合同规定不符合，最终引起工期和费用

变化的那类事件。不断地追踪、监督索赔事件就是不断地发现索赔机会。

在实际工程中，常见的干扰事件按索赔原因的不同通常有如下几种。

（1）业主违约

① 没有按合同规定提供设计资料、图纸，未及时下达指令、答复请示，使工程延期；

② 没按合同规定的时期交付施工现场、道路，提供水电；

③ 应由业主提供的材料和设备，使工程不能及时开工或造成工程中断；

④ 未按合同规定按时支付工程款；

⑤ 业主处于破产境地或不能再继续履行合同或业主要求采取加速措施，业主希望提前交付工程等；

⑥ 业主要求承包商完成合同规定以外的义务或工作。

（2）合同文件缺陷

① 合同缺陷，不周的合同条款和不足之处，如合同条文不全、不具体、措辞不当、说明不清楚、有二义性、错误，合同条文间有矛盾。

② 由于合同文件复杂，分析困难，双方的立场、角度不同，造成对合同权利和义务的范围、界限的划定理解不一致，合同双方对合同理解的差异造成工程实施中行为的失调，致使工程管理失误。

③ 各承包单位责任界限划分不明确，造成管理上的失误，殃及其他合作者，影响整个工程实施。

（3）设计、地质资料不准或错误

① 现场条件与设计图纸不符合，给定的基准点、基准线、标高错误，造成工程报废、返工、窝工。

② 设计图纸与工程量清单不符或纯粹的工程量错误。

③ 地质条件的变化：工程地质与合同规定不一致，出现异常情况，如未标明管线、古墓或其他文物等。

（4）计划不周或不当的指令

① 各承包单位技术和经济关系错综复杂，互相影响。

② 下达错误的指令，提供错误的信息。

③ 业主或监理工程师指令增加，减少工程量，增加新的附加工程，提高设计、施工材料的标准，不适当决定及苛刻检查。

④ 非承包商原因，业主或监理工程师指令中止工程施工。

⑤ 在工程施工和保修期间，由于非承包商原因造成未完成、已完工程的损坏。

⑥ 业主要求修改施工方案，打乱施工次序。

⑦ 非承包商责任的工程拖延。

（5）不利的自然灾害和不可抗力因素

① 特别反常的气候条件或自然灾害，如超标准洪水、地下水、地震。

② 经济封锁、战争、动乱、空中飞行物坠落。

③ 建筑市场和建材市场的变化，材料价格和工资大幅度上涨。

④ 国家法令的修改、城建和环保部门对工程新的建议和要求或干涉。

⑤ 货币贬值，外汇汇率变化。

⑥ 其他非业主责任造成的爆炸、火灾等形成对工程实施的内外部干扰。

干扰事件是承包商的索赔机会。索赔管理人员是否能及时、全面地发现潜在的索赔机会；是否具有较强的索赔意识；是否善于研究合同文件和实际工程事件；索赔要求是否符合合同的规定等是成功索赔的基础。在工程实践中，相同的干扰事件，有时会导致不同的、甚至完全相悖的解决结果。为了使索赔成功，就必须对干扰事件的影响进行分析，其目的在于定量地确定干扰事件对各施工过程、对各项费用、对各项活动的持续时间以及对总工期的影响，进而准确地计算索赔值。

7.2.2.2 索赔的依据

工程索赔的依据，一是合同，二是资料，三是法规。每一项工程索赔事项的提出，都必须做到有理、有据、合法。也就是说，索赔事项是工程承包合同中规定的，提出来是有理的；提出的工程索赔事项，必须有完备的资料作为凭据；如果工程索赔发生争议，依据法律、条例、规程规范、标准等进行论证。

上述依据，合同是双方事先签订的，法规是国家主管部门统一制定的，只有资料是动态的。资料随着施工的进展不断积累和发生变化，因此，施工单位与建设单位签订施工合同时，要注意为索赔创造条件，把有利于解决工程索赔的内容写进合同条款，并注意建立科学的管理体系，随时搜集、整理工程的有关资料，确保资料的准确性和完备性，满足工程索赔管理的需要，为工程索赔提供翔实、正确的凭据，这是工程承包单位不可忽视的重要日常工作。这方面的资料如下。

（1）招标文件、工程施工合同签字文本及其附件。

（2）经签证认可的工程图纸、技术规范和实施性计划。

（3）合同双方的会议纪要和来往信件。

（4）与建设单位代表的定期谈话资料。

（5）施工备忘录。凡施工中发生的影响工期或工程资金的所有重大事项，按年、月、日顺序编号，汇入施工备忘录存档，以便查找。如工程施工送停电和送停水记录，施工道路开通或封闭的记录，因自然气候影响施工正常进行的记录，以及其他的重大事项等。

（6）工程照片或录像。

（7）检查和验收报告。

（8）工资单据和付款单据。工资单据是工程项目管理中一项非常重要的财务开支凭证，工资单上数据的增减，能反映工程内容的增减和起止时间；各种付款单据中购买材料设备的发票和其他数据证明，能提供工程进度和工程成本资料，是索赔的重要依据。

（9）其他有关资料，如财务成本表、各种原始凭据、施工人员计划表等。

7.2.2.3 索赔的证据

索赔证据是当事人用来支持其索赔成立或和索赔有关的证明文件和资料。索赔证据作为索赔文件的组成部分，在很大程度上关系到索赔的成功与否。证据不全、不足或没有证据，索赔是很难获得成功的。

（1）证据的基本要求

① 真实性。索赔证据必须是在实施合同过程中确实存在和实际发生的，是施工过程中产生的真实资料，能经得住推敲。

② 及时性。索赔证据的取得及提出应当及时。这种及时性反映了承包人的态度和管理水平。

③ 全面性。所提供的证据应能说明事件的全部内容。索赔报告中涉及的索赔理由、事件过程、影响、索赔值等都应有相应证据，不能零乱和支离破碎。

④ 关联性。索赔的证据应当与索赔事件有必然联系，并能够互相说明、符合逻辑，不能互相矛盾。

⑤ 有效性。索赔证据必须具有法律效力。一般要求证据必须是书面文件，有关记录、协议、纪要必须是双方签署的；工程中重大事件、特殊情况的记录、统计必须由工程师签证认可。

（2）证据的种类　在合同实施过程中，资料很多，面很广。在索赔中要考虑工程师、业主、调解人和仲裁人需要哪些证据，哪些证据最能说明问题，最有说服力。这需要有索赔工作经验。通常在干扰事件发生后，可以征求工程师的意见，在工程师的指导下，或按工程师的要求收集证据。在工程过程中常见的索赔证据如下。

① 招标文件、合同文本及附件，其他的各种签约（备忘录、修正案等），业主认可的工程实施计划，各种工程图纸（包括图纸修改指令），技术规范等。

② 承包商的报价文件，包括各种工程预算和其他作为报价依据的资料，如环境调查资料、标前会议和澄清会议资料等。

③ 来往信件，如业主的变更指令，各种认可信、通知、对承包商问题的答复信等。这里要注意，商讨性的和意向性的信件通常不能作为变更指令或合同变更文件。

④ 各种会谈纪要。在标前会议上和在决标前的澄清会议上，业主对承包商问题的书面答复，或双方签署的会谈纪要；在合同实施过程中，业主、工程师和各承包商定期会商，以研究实际情况，作出的决议或决定。它们可作为合同的补充。但会谈纪要须经各方签署才有法律效力。通常，会谈后，按会谈结果起草会谈纪要交各方面审查，如有不同意见或反驳须在规定期限内提出（这期限由工程参加者各方在项目开始前商定）。超过这个期限不作答复即被作为认可纪要内容处理。所以，对会谈纪要也要像对待合同一样认真审查，及时答复，及时反对表达不清、有偏见的或对自己不利的会议纪要。

一般的会谈或谈话单方面的记录，只要对方承认，也能作为证据，但它的法律证明效力不足。但通过对它的分析可以得到当时讨论的问题、遇到的事件、各方面的观点意见，可以发现干扰事件发生的日期和经过，作为寻找其他证据和分析问题的引导。

⑤ 施工进度计划和实际施工进度记录。包括总进度计划，开工后业主的工程师批准的详细的进度计划，每月进度修改计划，实际施工进度记录，月进度报表等。这里对索赔有重大影响的，不仅是工程的施工顺序、各工序的持续时间，而且还包括劳动力、管理人员、施工机械设备、现场设施的安排计划和实际情况，材料的采购订货、运输、使用计划和实际情况等。它们是工程变更索赔的证据。

⑥ 施工现场的工程文件，如施工记录、施工备忘录、施工日报、工长或检查员的工作日记、监理工程师填写的施工记录和各种签证等。各种工程统计资料，如周报、旬报、月报。这些报表通常包括本期中至本期末的工程实际和计划进度对比、实际和计划成本对比和质量分析报告、合同履行情况评价等。它们应能全面反映工程施工中的各种情况，如劳动力数量与分布、设备数量与使用情况、进度、质量、特殊情况及处理。

⑦ 工程照片。照片作为证据最清楚和直观。照片上应注明日期。索赔中常用的有：表示工程进度的照片、隐蔽工程覆盖前的照片、业主责任造成返工和工程损坏的照片等。

⑧ 气候报告。如果遇到恶劣的天气，应做记录，并请工程师签证。

⑨ 工程中的各种验收报告和鉴定报告。工程水文地质勘探报告、土质分析报告、文物和化石的发现记录、地基承载力试验报告、隐蔽工程验收报告、材料试验报告、材料设备开箱验收报告、工程验收报告等。它们能证明承包商的工程质量。

⑩ 工地的交接记录（应注明交接日期，场地平整情况，水、电、路情况等），图纸和各种资料交接记录。工程中送停电、送停水、道路开通和封闭的记录和证明。它们应由工程师签证。

⑪ 建筑材料和设备的采购、订货、运输、进场，使用方面的记录、凭证和报表等。

⑫ 市场行情资料。包括市场价格、官方的物价指数、工资指数、中央银行的外汇比率等公布材料、税收制度变化（如工资税增加、利率变化、收费标准提高）。

⑬ 各种会计核算资料。包括工资单、工资报表、工程款账单和收付款原始凭证；总分类账、管理费用报表、计工单、工程成本报表等。

7.3 索赔的程序

索赔工作程序是指从索赔事件产生到最终处理全过程所包括的工作内容和工作步骤。由于索赔工作实质上是承包人和业主在分担工程风险方面的重新分配过程，涉及双方的众多经济利益，因而是一项烦琐、细致、耗费精力和时间的过程。因此，合同双方必须严格按照合同规定办事，按合同规定的索赔程序工作，才能获得成功的索赔。

7.3.1 施工索赔的程序和时限的规定

在工程项目施工阶段，每出现一个索赔事件，都应按照国家有关规定、国际惯例和工程项目合同条件的规定，认真及时地协商解决。我国《建设工程施工合同（示范文本）》中对索赔的程序和时间要求有明确而严格的规定。

（1）甲方未能按合同约定履行自己的各项义务或发生错误，以及出现应由甲方承担责任的其他情况，造成工期延误；或甲方延期支付合同价款，或因甲方原因造成乙方的其他经济损失，乙方可按下列程序以书面形式向甲方索赔。

① 造成工期延误或乙方经济损失的事件发生后28天内，乙方向工程师发出索赔意向通知。

② 发出索赔意向通知后28天内，乙方向工程师提出补偿经济损失和（或）延长工期的索赔报告及有关资料。

③ 工程师在收到乙方送交的索赔报告和有关资料后，于28天内给予答复，或要求乙方进一步补充索赔理由和证据。

④ 工程师在收到乙方送交的索赔报告和有关资料后28天内未予答复或未对乙方作进一步要求，则视为该项索赔已被认可。

⑤ 当造成工期延误或乙方经济损失的该项事件持续进行时，乙方应当阶段性向工程师发出索赔意向，在该事件终了后28天内，向工程师送交索赔的有关资料和最终索赔报告。

（2）乙方未能按合同约定履行自己的各项义务或发生错误给甲方造成损失，甲方也按以上各条款规定的时限和要求向乙方提出索赔。

7.3.2 施工索赔的工作过程

施工索赔的工作过程，即施工索赔的处理过程。施工索赔工作一般有以下七个步骤：提出索赔要求、准备索赔证据、编写索赔文件（报告）、报送索赔文件（报告）、评审索赔文件

(报告)、索赔谈判与调解、索赔仲裁与诉讼。现分述如下。

7.3.2.1 提出索赔要求

当出现索赔事件时，承包商应在现场先与工程师磋商，如果不能达成妥协方案时，则应审慎地检查自己索赔要求的合理性，然后决定是否提出书面索赔要求。按照 FIDIC 合同条款，书面的索赔通知书应在引起索赔的事件发生后的 28 天内向工程师正式提出，并抄送业主；逾期提送，将遭到业主和工程师的拒绝。

索赔通知书一般都很简单，仅说明索赔事项的名称，根据相应的合同条款，提出自己的索赔要求。索赔通知书主要包括以下内容。

(1) 指明合同依据。

(2) 索赔事件发生的时间、地点。

(3) 事件发生的原因、性质、责任。

(4) 承包商在事件发生后所采取的控制事件进一步发展的措施。

(5) 说明索赔事件的发生已经给承包商带来的后果，如工期的延长、费用的增加。

(6) 申明保留索赔的权利。

至于索赔金额的多少或应延长工期的天数，以及有关的证据资料，可稍后再报给业主。

7.3.2.2 准备索赔证据

索赔证据资料的准备是施工索赔工作的重要环节。承包商在正式报送索赔文件（报告）前，要尽可能地使索赔证据资料完整齐备，不可“留一手”待谈判时再抛出来，以免造成对方的不愉快而影响索赔事件的解决。索赔金额的计算要准确无误，符合合同条款的规定，具有说服力；力求文字清晰，简单扼要，要重事实、讲理由，语言婉转而富有逻辑性。关于索赔证据资料包括的有关内容，本项目 7.2 已经详细讲述。

7.3.2.3 编写索赔文件 (报告)

索赔文件是承包商向业主索赔的正式书面材料，也是业主审议承包商索赔请求的主要依据。索赔文件通常包括总述部分、论证部分、索赔款项和工期计算部分、证据部分四部分。

(1) 总述部分　总述部分是承包商致业主或工程师的一封简短的提纲性信函，概要论述索赔事件发生的日期和过程，承包商为该索赔事件所付出的努力和附加开支，承包商的具体索赔要求。应通过总述部分把其他材料贯通起来，其主要内容包括：说明索赔事件、列举索赔理由、提出索赔金额与工期、附件说明。

(2) 论证部分　论证部分是索赔报告的关键部分，其目的是说明自己有索赔权，是索赔能否成立的关键。要注意引用的每个证据的效力或可信程度，对重要的证据资料必须附以文字说明或确认。

(3) 索赔款项和工期计算部分　该部分需列举各项索赔的明细数字及汇总数据，要求正确计算索赔款项与索赔工期。

(4) 证据部分

① 索赔报告中所列举事实、理由、影响因果关系等证明文件和证据资料。

② 详细计算书，这是为了证实索赔金额的真实性而设置的，为了简明可以大量运用图表。

整个索赔文件应该简要概括索赔事实与理由，通过叙述客观事实，合理引用合同规定，建立事实与损失之间的因果关系，证明索赔的合理合法性；同时应特别注意索赔材料的表述方式对索赔解决的影响。

7.3.2.4 报送索赔文件（报告）

索赔报告编写完毕后，应在引起索赔的事件发生后28天内尽快提交给监理工程师（或业主），以正式提出索赔。索赔报告提交后，承包商不能被动等待，应隔一定的时间主动向对方了解索赔处理的情况，根据对方所提出的问题进一步作资料方面的准备，或提供补充资料，尽量为监理工程师处理索赔提供帮助、支持和合作。

索赔的关键问题在于“索”，承包商不积极主动去“索”，业主没有任何义务去“赔”。因此，提交索赔报告虽然是“索”，但还只是刚刚开始，要让业主“赔”，承包商还有许多更艰难的工作要做。

7.3.2.5 评审索赔文件（报告）

（1）工程师审核承包商的索赔申请　接到承包商的索赔意向通知后，工程师应建立自己的索赔档案，密切关注事件的影响。检查承包商的同期记录时认真研究承包商报送的索赔资料。首先，在不确认责任归属的情况下，客观地分析事件发生的原因，重温合同的有关条款，研究承包商的索赔证据，并检查他的同期记录。其次，通过对事件的分析，工程师再依据合同条款划清责任界限，如果必要时还可以要求承包商进一步提供补充资料。尤其是对承包商与业主或工程师都负有一定责任的事件影响，更应划出各方应该承担合同责任的比例。最后，再审查承包商提出的索赔补偿要求，剔除其中的不合理部分，拟定自己计算的合理索赔款额和工期延展天数。

（2）工程师审核承包商索赔申请的时间要求　工程师应在收到索赔报告或对过去索赔的任何进一步证明资料后42天内，也可在工程师可能建议并经承包商认可的此类其他期限内，作出回应，表示批准或不批准并附具体意见。他还可以要求任何必需的进一步资料，但他仍要在上述期限内对索赔的要求作出回应。如果在规定期限内既未予以答复，也未对承包商做进一步要求的话，则视为承包商提出的该项索赔要求已经认可。

7.3.2.6 索赔谈判与调解

经过监理工程师对索赔报告的评审，与承包商进行了较充分的讨论后，工程师应提出对索赔处理决定的初步意见，并参加业主和承包商进行的索赔谈判，通过谈判，作出索赔的最后决定。

在双方直接谈判没能取得一致解决意见时，为争取通过友好协商办法解决索赔争端，可邀请中间人进行调解。有些调解是非正式的，例如通过有影响的人物（业主的上层机构、官方人士或社会名流等）或中间媒介人物（双方的朋友、中间介绍人、佣金代理人等）进行幕前幕后调解。也有些调解是正式性质的，例如在双方同意的基础上共同委托专门的调解人进行调解，调解人可以是当地的工程师协会或承包商协会、商会等机构。这种调解要举行一些听证会和调查研究，而后提出调解方案，如双方同意则可达成协议并由双方签字和解。

7.3.2.7 索赔仲裁与诉讼

对于那些确实涉及重大经济利益而又无法用协商和调解办法解决的索赔问题，变成为双方的难以调和的争端，只能依靠法律程序解决。在正式采取法律程序解决之前，一般可以先通过自己的律师向对方发出正式索赔函件，此函件最好通过当地公证部门登记确认，以表示诉诸法律程序的前奏。这种通过律师致函属于“警告”性质，多次警告而无法和解（例如由双方的律师商讨仍无结果），则只能根据合同中“争端的解决”条款提交仲裁或司法程序解决。

7.4 工期索赔

7.4.1 工程延误的合同规定

工程延误是指工程实施过程中任何一项或多项工作实际完成日期迟于计划规定的完成日期，从而可能导致整个合同工期的延长。工程工期是施工合同中的重要条款之一，涉及业主和承包人多方面的权利和义务关系。工程延误对合同双方一般都会造成损失。业主因工程不能及时交付使用、投入生产，就不能按计划实现投资效果，失去盈利机会，损失市场利润；承包人因工期延误会增加工程成本，如现场工人工资开支、机械停滞费用、现场和企业管理费等，生产效率降低，企业信誉受到影响，最终还可能导致合同规定的误期损害赔偿费处罚。因此工程延误的后果是形式上的时间损失，实质上的经济损失，无论是业主还是承包人，都不愿意无缘无故地承担由工程延误给自己造成的经济损失。工程工期是业主和承包人经常发生争议的问题之一，工期索赔在整个索赔中占据了很高的比例，也是承包人索赔的重要内容之一。

7.4.1.1 关于工期延误的合同一般规定

如果由于非承包人自身原因造成工程延期，在土木工程合同和房屋建造合同中，通常都规定承包人有权向业主提出工期延长的索赔要求，如果能证实因此造成了额外的损失或开支，承包人还可以要求经济赔偿，这是施工合同赋予承包人要求延长工期的正当权利。FIDIC 施工合同条件第 44 条规定："如果由于任何种类的额外或附加工程量，或本合同条件中规定的任何原因的拖延，或异常的恶劣气候条件，或其他可能发生的任何特殊情况，而非由于承包商的违约，使得承包商有理由为完成工程而延长工期，则工程师应确定该项延长的期限，并应相应通知业主和承包商……"我国《建设工程施工合同条件》中也对工期可以相应顺延进行了规定。

7.4.1.2 关于误期损害赔偿费的合同一般规定

如果由于承包人自身原因未能在原定的或工程师同意延长的合同工期内竣工时，承包人则应承担误期损害赔偿费（见 FIDIC 第 47 条款），这是施工合同赋予业主的正当权利。具体内容主要有以下两点。

（1）如果承包人没有在合同规定的工期内或按合同有关条款重新确定的延长期限内完成工程时，工程师将签署一个承包人延期的证明文件。

（2）根据此证明文件，承包人应承担违约责任，并向业主赔偿合同规定的延期损失。业主可从他自己掌握的已属于或应属于承包人的款项中扣除该项赔偿费，且这种扣款或支付，不应解除承包人对完成此项工程的责任或合同规定的承包人的其他责任与义务。

7.4.2 工期索赔的目的

（1）免去或推卸自己对已经产生的工期延长的合同责任，使自己不支付或尽可能少支付工期延长的违约金。

（2）进行因工期延长而造成的费用损失的索赔。

对已经产生的工期延长，业主通常采用两种解决办法。

① 不采取加速措施，将合同工期顺延，工程施工仍按原定方案和计划实施。

② 指令承包商采取加速措施，以全部或部分地弥补已经损失的工期。如果工期延缓责任不由承包商承担，业主已认可承包商的工期索赔，则承包商还可以提出因采取加速措施而增加的费用的索赔。

7.4.3 工期拖延的原因及其与相关费用索赔的关系

合同工期确定后，不管有没有做过工期和成本的优化，在施工过程中，当干扰事件影响了工程的关键线路活动，或造成整个工程的停工、拖延，则必然引起总工期的拖延。而这种工期拖延都会造成承包商成本的增加。这个成本的增加能否获得业主相应的补偿，由具体情况确定。按照承包合同（例如 FIDIC 和我国的施工合同文本），干扰事件的影响范围、原因、工期补偿和费用补偿之间存在如下关系。

（1）允许工期顺延，同时承包商又有权提出相关费用索赔的情况。这类干扰事件是由业主责任引起的，或合同规定应由业主负责的。例如按照 FIDIC 合同，包括：

① 业主（工程师）不能及时地发布图纸和指令。

② 发生一个有经验的承包商也无法预料的现场气候条件以外的外界障碍或条件。

③ 施工现场发掘出化石、硬币、有价值的物品或文物、建筑结构等，承包商执行工程师的指令进行保护性的开挖。

④ 工程师指令进行合同未规定的检查，而检查结果证明承包商材料、工程设备及工艺符合合同规定。

⑤ 工程师指令暂停工程。

⑥ 业主没能及时支付工程款，承包商采取放慢施工速度的措施等。

（2）允许工期顺延，但不允许相关费用索赔的情况。属于这一类情况的是既非业主责任，又非承包商责任的延误。典型的是恶劣的气候条件。在我国，由于部分不可抗力引起的拖延，也属于这类情况。

（3）由于承包商责任的拖延，工期不能顺延，也不能要求费用索赔。

在实际工程中，由于引起工期拖延的干扰事件的持续时间可能比较长，所以上述三类性质的干扰事件有时会相继发生，互相重叠。这种重叠给工期索赔和由此引起的费用索赔的解决带来许多困难，容易引起争执。

7.4.4 工期索赔分析的计算方法

7.4.4.1 工期索赔的分析流程

工期索赔的分析流程包括延误原因分析、网络计划（CPM）分析、业主责任分析和索赔结果分析等步骤，具体内容可见图 7-2。

（1）原因分析　分析引起工期延误是哪一方的原因，如果由于承包人自身原因造成的，则不能索赔，反之则可索赔。

（2）网络计划分析　运用网络计划（CPM）方法分析延误事件是否发生在关键线路上，以决定延误是否可索赔。注意：关键线路并不是固定的，随着工程进展，关键线路也在变化，而且是动态变化。关键线路的确定，必须是依据最新批准的工程进度计划。在工程索赔中，一般只限于考虑关键线路上的延误，或者一条非关键线路因延误已变成关键线路。

（3）业主责任分析　结合 CPM 分析结果，进行业主责任分析，主要是为了确定延误是否能索赔费用。若发生在关键线路上的延误是由于业主原因造成的，则这种延误不仅可索赔工期，而且还可索赔因延误而发生的额外费用，否则只能索赔工期。若由于业主原因造成的延误发生在非关键线路上，则只可能索赔费用。

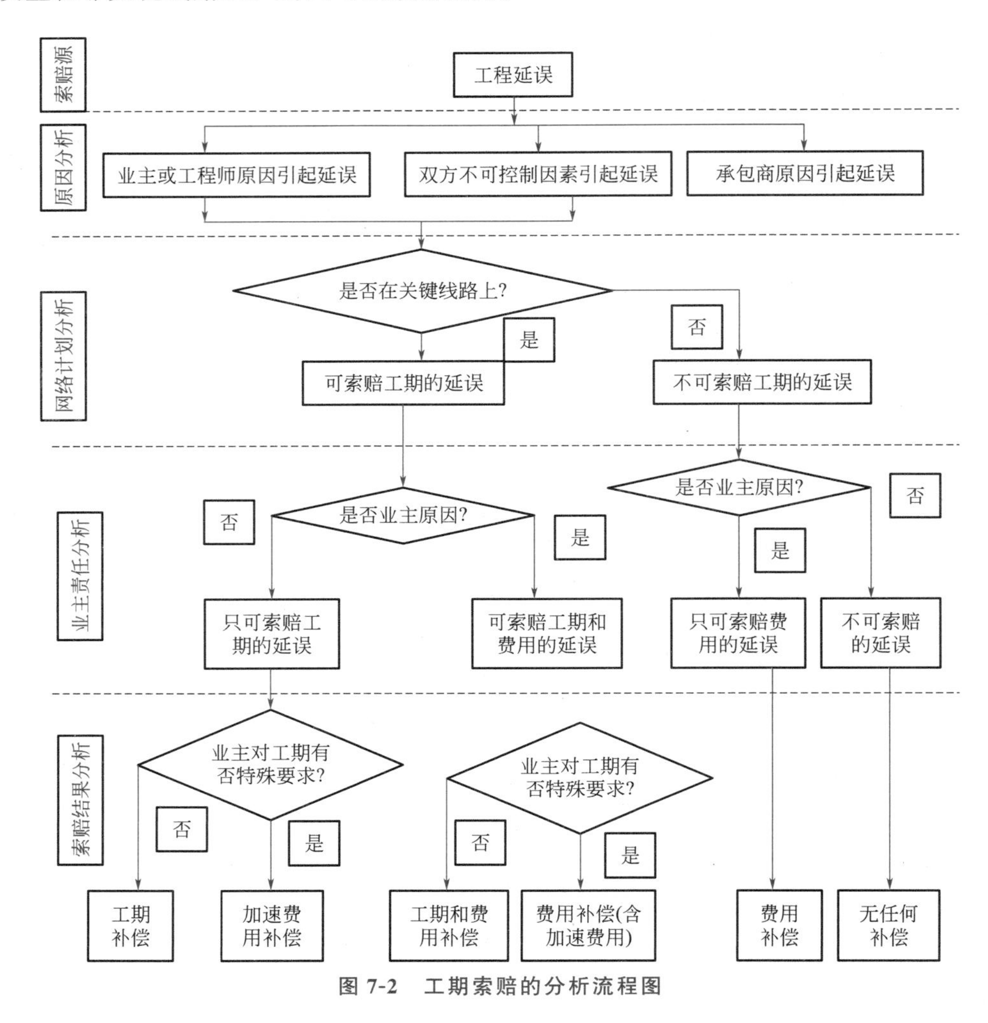

图 7-2　工期索赔的分析流程图

（4）索赔结果分析　在承包人索赔已经成立的情况下，根据业主是否对工期有特殊要求，分析工期索赔的可能结果。如果由于某种特殊原因，工程竣工日期客观上不能改变，即对索赔工期的延误，业主也可以不给予工期延长。这时，业主的行为已实质上构成隐含指令加速施工。因而，业主应当支付承包人采取加速施工措施而额外增加的费用，即加速费用补偿。此处费用补偿是指因业主原因引起的延误时间因素造成承包人负担了额外的费用而得到的合理补偿。

7.4.4.2　工期索赔计算方法

（1）比例法　在工程实施中，业主推迟设计资料、设计图纸、建设场地、行驶道路等条件的提供，会直接造成工期的推迟或中断，从而影响整个工期。通常，上述活动的推迟时间可直接作为工期的延长天数。但是，当提供的条件能满足部分施工时，应按比例法来计算工期索赔值。

计算公式如下：

① 对于已知部分工程的延期的时间：工期索赔值＝受干扰部分工程的合同价÷原合同总价×该受干扰部分工期拖延时间

② 对于已知额外增加工程量的价格：工期索赔值＝额外增加的工程量的价格÷原合同总价×原合同总工期

【案例 7-3】 某工程施工中，业主推迟工程室外楼梯设计图纸的批准，使该楼梯的施工延期 20 周，该室外楼梯工程的合同造价为 45 万元，而整个工程的合同总价为 500 万元，则承包商应提出索赔工期多少周？

【案例分析】

$$总工期索赔值=\frac{受干扰部分的工程合同价}{工程合同总价}\times\begin{matrix}该部分工程受\\干扰工期拖延时间\end{matrix}=\frac{45}{500}\times20=1.8(周)$$

所以，承包商应提出 1.8 周的工期索赔。

【案例 7-4】 某工程合同总价为 360 万元，总工期为 12 个月，现业主指令增加附属工程的合同价为 60 万元，计算承包商应提出的工期索赔时间。

【案例分析】

$$总工期索赔值=\frac{额外增加的工程量的合同价}{原合同总价}\times原合同总工期=\frac{60}{360}\times12=2(个月)$$

所以，承包商应提出 2 个月的工期索赔。

总之，比例计算法简单方便，但有时不尽符合实际情况。比例计算法不适用于变更施工顺序、加速施工、删减工程量等事件的索赔。

（2）相对单位法　工程的变更必然会引起劳动量的变化，这时可以用劳动量相对单位法来计算工期索赔天数。

【案例 7-5】 某工程原合同规定的工期为：土建工程 30 个月，安装工程 6 个月。现以一定量的劳动力需用量作为相对单位，则合同所规定的土建工程可折算为 520 个相对单位，安装工程可折算为 140 个相对单位。另外，合同规定，在工程量增减 5%的范围内，承包商不能要求工期补偿。但是，在实际施工中，土建和安装各分项工程量都有较大幅度的增加。通过计算，实际土建工程量增加了 110 个相对单位、安装工程量增加了 50 个相对单位。对此，承包商应提出多少个月的工期赔偿？

【案例分析】

（1）考虑工程量增加 5%作为承包商的风险

土建工程为：$520\times1.05=546$（相对单位）

安装工程为：$140\times1.05=147$（相对单位）

（2）计算工期延长

$$土建工程=30\times\left(\frac{520+110}{546}-1\right)=4.6(个月)$$

$$安装工程=6\times\left(\frac{140+50}{147}-1\right)=1.8(个月)$$

所以，总工期索赔$=4.6+1.8=6.4$(个月)

（3）网络分析法　网络分析法是利用进度计划的网络图，分析其关键线路。如果延误的工作为关键工作，则总延误的时间为批准顺延的工期；如果延误的工作为非关键工作，当该工作由于延误超过时差限制而成为关键工作时，可以批准延误时间与时差的差值；若该工作延误后仍为非关键工作，则不存在工期索赔问题。

(4) 其他方法　在实际工程中，工期补偿天数的确定方法可以是多样的。例如，在干扰事件发生前由双方商讨在变更协议或其他附加协议中直接确定补偿天数；或者按实际工期延长记录确定补偿天数等。

对于工程延期问题，应尽量避免和减少，使工程能按期或提早完工，发挥其工程效益。要防止工程延期的发生，就必须做到以下几点。

(1) 不管是工程师还是业主和承包人，都必须熟悉和掌握有关合同条件和技术规范，严格遵守和执行合同。

(2) 作为业主应多协调、少干预；必须尽量避免由于行政命令的干扰引起的工程延误。

(3) 应尽量避免由于图纸延迟发出、征地拆迁延误、工程暂停和不按程序办理工程变更等引起的延期。

(4) 工程师必须掌握第一手原始资料，认真做好"监理日志"等原始记录，以了解工地现场的实际情况。

(5) 工程师必须对承包人的进度计划安排给予充分重视。

7.5 费用索赔

7.5.1 费用索赔的含义及特点

7.5.1.1 费用索赔的含义

费用索赔是指承包人在非自身因素影响下而遭受经济损失时向业主提出补偿其额外费用损失的要求。因此费用索赔应是承包人根据合同条款的有关规定，向业主索取的合同价款以外的费用。索赔费用不应被视为承包人的意外收入，也不应被视为业主的不必要开支。实际上，索赔费用的存在是由于建立合同时还无法确定的某些应由业主承担的风险因素导致的结果。承包人的投标报价中一般不考虑应由业主承担的风险对报价的影响，因此一旦这类风险发生并影响承包人的工程成本时，承包人提出费用索赔是一种正常现象和合情合理的行为。

7.5.1.2 费用索赔的特点

费用索赔是工程索赔的重要组成部分，是承包人进行索赔的主要目标。与工期索赔相比，费用索赔有以下一些特点。

(1) 费用索赔的成功与否及其大小事关承包人的盈亏，也影响业主工程项目的建设成本，因而费用索赔常常是最困难也是双方分歧最大的索赔。特别是对于发生亏损或接近亏损的承包人和财务状况不佳的业主，情况更是如此。

(2) 索赔费用的计算比索赔资格或权利的确认更为复杂。索赔费用的计算不仅要依据合同条款与合同规定的计算原则和方法，而且还可能要依据承包人投标时采用的计算基础和方法，以及承包人的历史资料等。索赔费用的计算没有统一、合同双方共同认可的计算方法，因此索赔费用的确定及认可是费用索赔中一项困难的工作。

(3) 在工程实践中，常常是许多干扰事件交织在一起，承包人成本的增加或工期延长的发生时间及其原因也常常相互交织在一起，很难清楚、准确地划分开，尤其是对于一揽子综合索赔。对于像生产率降低损失及工程延误引起的承包人利润和总部管理费损失等费用的确定，很难准确计算出来，双方往往有很大的分歧。

7.5.2 费用索赔的种类

（1）工期拖延的费用索赔 对由于业主责任造成的工期拖延，承包商在提出工期索赔的同时，还可以提出与工期有关的费用索赔。包括人工费（如现场工人的停工、窝工、低生产效率的损失）、材料费（如承包商订购的材料推迟交货、材料价格上涨）、机械费（台班费和租金）、工地管理费、由于物价上涨引起的费用调整索赔、总部管理费的索赔以及非关键线路活动拖延的费用索赔。

（2）工程变更的费用索赔 工程变更的费用索赔包括工程量变更、附加工程、工程质量的变化、工程变更超过限额的处理。在索赔事件中，工程变更的比例很大，而且变更的形式较多。工程变更的费用索赔常常不仅仅涉及变更本身，而且还要考虑由于变更产生的影响，例如所涉及的工期的顺延，由于变更所引起的停工、窝工、返工、低效率损失等。

（3）加速施工的费用索赔 加速施工的费用索赔包括人工费、材料费、机械费、管理费等。

（4）其他情况的费用索赔 其他情况的费用索赔包括工程中断、合同终止、特殊服务、材料和劳务价格上涨的索赔；拖欠工程款，分包商索赔，由于设计变更以及设计错误造成返工，工程未经验收，业主提前使用或擅自动用未经验收的工程等。

7.5.3 索赔费用的构成

索赔费用的构成同施工合同价格所包括的内容一致。从原则上说，只要是承包商有索赔权的事项，导致了工程成本的增加，承包商都可以提出费用索赔。一般索赔费用主要包括以下几个方面内容。

7.5.3.1 人工费

人工费是构成工程成本中直接费的主要项目之一，主要包括生产工人的工资、津贴、劳保福利费、加班费、奖金等。对于索赔费用中的人工费部分来说，主要是指完成合同之外的额外工作所花费的人工费用；由于非承包人责任的工效降低所增加的人工费用；超过法定工作时间的加班费用；法定的人工费增长以及非承包人责任造成的工程延误导致的人员窝工费；相应增加的人身保险和各种社会保险支出等。

在以下几种情况下，承包人可以提出人工费的索赔。

（1）因业主增加额外工程，或因业主或工程师原因造成工程延误，导致承包人人工单价的上涨和工作时间的延长。

（2）工程所在国法律、法规、政策等变化而导致承包人人工费用方面的额外增加，如提高当地雇佣工人的工资标准、福利待遇或增加保险费用等。

（3）若由于业主或工程师原因造成的延误或对工程的不合理干扰打乱了承包人的施工计划，致使承包人劳动生产率降低，导致人工工时增加的损失，承包人有权向业主提出生产率降低损失的索赔。

7.5.3.2 材料费

材料费在直接费中占有很大比重。可索赔的材料费主要包括以下内容。

（1）由于索赔事项导致材料实际用量超过计划用量而增加的材料费。

（2）由于客观原因导致材料价格大幅度上涨。

（3）由于非承包人责任的工程延误导致的材料价格上涨。

（4）由于非承包人原因致使材料运杂费、采购与保管费用的上涨。

（5）由于非承包人原因致使额外低值易耗品使用等。

在以下两种情况下，承包人可提出材料费的索赔。

（1）由于业主或工程师要求追加额外工作、变更工作性质、改变施工方法等，造成承包人的材料耗用量增加，包括使用数量的增加和材料品种或种类的改变。

（2）在工程变更或业主延误时，可能会造成承包人材料库存时间延长、材料采购滞后或采用代用材料等，从而引起材料单位成本的增加。

7.5.3.3 施工机械使用费

可索赔的施工机械使用费主要包括以下内容。

（1）由于完成额外工作增加的机械设备使用费。

（2）非承包人责任致使的工效降低而增加的机械设备闲置、折旧和修理费分摊、租赁费用。

（3）由于业主或工程师原因造成的机械设备停工的窝工费。机械设备台班窝工费的计算，如系租赁设备，一般按实际台班租金加上每台班分摊的机械调进调出费计算；如系承包人自有设备，一般按台班折旧费计算，而不能按全部台班费计算，因台班费中包括了设备使用费。

（4）非承包人原因增加的设备保险费、运费及进口关税等。

7.5.3.4 管理费

（1）工地管理费　工地管理费的索赔是指承包商为完成索赔事项工作，业主指示的额外工作及合理的工期延长期间所发生的工地管理费用，包括工地管理人员的工资、办公费、通信费、交通费等。

（2）总部管理费　总部管理费是承包人企业总部发生的为整个企业的经营运作提供支持和服务所发生的管理费用，一般包括总部管理人员费用、企业经营活动费用、差旅交通费、办公费、通信费、固定资产折旧、修理费、职工教育培训费用、保险费、税金等。它一般约占企业总营业额的3%～10%。索赔费用中的总部管理费主要指的是工程延误期间所增加的管理费。

（3）其他直接费和间接费　国内工程一般按照相应费用定额计取其他直接费和间接费等项，索赔时可以按照合同约定的相应费率计取。

7.5.3.5 利润

对于不同性质的索赔，取得利润索赔的成功率是不同的。在以下几种情况下，承包人一般可以提出利润索赔。

（1）因设计变更等变更引起的工程量增加；

（2）施工条件变化导致的索赔；

（3）施工范围变更导致的索赔；

（4）合同延期导致机会利润损失；

（5）由于业主的原因终止或放弃合同带来预期利润损失等。

7.5.3.6 分包商费用

索赔费用中的分包费用是指分包商的索赔款项，一般也包括人工费、材料费、施工机械设备使用费等。因业主或工程师原因造成分包商的额外损失，分包商首先应向承包人提出索赔要求和索赔报告，然后以承包人的名义向业主提出分包工程增加费及相应管理费用索赔。

7.5.3.7 利息

利息又称融资成本或资金成本，是企业取得和使用资金所付出的代价。融资成本主要有两种：额外贷款的利息支出和使用自有资金引起的机会损失。只要因业主违约（如业主拖延或拒绝支付各种工程款、预付款或拖延退还扣留的保留金）或其他合法索赔事项直接引起了额外贷款，承包人有权向业主就相关的利息支出提出索赔。利息的索赔通常发生于下列情况。

(1) 业主拖延支付预付款、工程进度款或索赔款等，给承包人造成较严重的经济损失，承包人因而提出拖付款的利息索赔。

(2) 由于工程变更和工期延误增加投资的利息。

(3) 施工过程中业主错误扣款的利息。

7.5.4 索赔费用的计算

7.5.4.1 人工费的计算

要计算索赔的人工费，就要知道人工费的单价和人工的消耗量。

人工费的单价，首先要按照报价单中的人工费标准确定。如果是额外工作，要按照国家或地区统一制定发布的人工费定额计算。随着物价的上涨，人工费也要不断上涨。如果是可调价合同，在进行索赔人工费计算时，也要考虑到人工费的上涨可能带来的影响。如果因为工程拖期，使得大量工作推迟到人工费涨价以后的阶段进行，人工费会大大超过计划标准。这时在进行单价计算时，一定要明确工程延期的责任，以确定相应的人工费的合理单价。如果施工现场同时有人工费单价的提高和施工效率的降低，则在人工费计算时要分别考虑两种情况对人工费的影响，分别进行计算。

人工的消耗量，要按照现场实际记录、工人的工资单据以及相应定额中的人工的消耗量定额来确定。如果涉及现场施工效率降低，要做好实际效率的现场记录，与报价单中的施工效率相比较，确定出实际增加的人工数量。

7.5.4.2 材料费的计算

要计算索赔的材料费，同样要计算增加的材料用量和相应材料的单价。

材料单价的计算，要明确材料价格的构成。材料的价格一般包括材料供应价、包装费、运输费、运输损耗费、采购保管费五部分。如果不涉及材料价格的上涨，可以直接按照投标报价中的材料价格进行计算。如果涉及材料价格的上涨，则要按照材料价格的构成，按照正式的订货单、采购单，或者官方公布的材料价格调整指数，重新计算材料的市场价格。

材料单价＝(供应价＋包装费＋运输费＋运输损耗费)×(1＋采购保管费率)－包装品回收值

增加材料用量的计算，要依据增加的工程量和相应材料消耗定额规定的材料消耗量指标确定实际增加的材料用量。

材料费＝工程量×每单位工程量材料消耗量标准×材料单价

7.5.4.3 施工机械使用费的计算

施工机械使用费的计价，按照不同机械的具体情况采用不同的处理方法。

（1）如果是工程量增加，可以按照报价单中的机械台班费用单价和相应工程增加的台班数量，计算增加的施工机械使用费。如果因工程量的变化双方协议对合同价进行了调整，则按照调整以后的新单价进行机械使用费的计算。

（2）如果是由于非承包商的原因导致施工机械窝工闲置，窝工费的计算要区别是承包商自有机械还是租赁机械分别进行计算。

对于承包商自有机械设备，窝工机械费仅按照折旧台班费计算。对于使用租赁的设备如果租赁价格合理，又有正式的租赁收据，就可以按租赁价格计算窝工的机械台班使用费。

（3）施工机械降效。如果实际施工中因为受到非承包商的原因导致的施工效率降低，承包商将不能按照原定计划完成施工任务。工程拖期后，会增加相应的施工机械费用。确定机械降低效率导致的机械费的增加，可以考虑按以下公式计算增加的机械台班数量。

$$实际台班数量=计划台班数量\times\left(1+\frac{原定效率-实际效率}{原定效率}\right)$$

其中，原定效率是合同报价中所报的施工效率；实际效率是受到干扰以后现场的实际施工效率。知道了实际所需的机械台班数量，可以按下式计算出施工机械降效导致增加的机械台班数量。

增加的机械台班数量＝实际台班数量－计划台班数量

则机械降效增加的机械费为

机械降效增加的机械费＝机械台班单价×增加的机械台班数量

7.5.4.4 管理费的计算

（1）工地管理费　工地管理费是按照人工费、材料费、施工机械使用费之和的一定百分比计算确定的。所以当承包商完成额外工程或者附加工程时，索赔的工地管理费也是按照同样的比例计取。但是如果是其他非承包商原因导致现场施工工期延长，由此增加的工地管理费，可以按原报价中的工地管理费平均计取。

$$索赔的工地管理费总额=\frac{合同价中工地管理费总额}{合同总工期}\times工程拖延的天数$$

（2）总部管理费　总部管理费的计算一般可以有以下两种计算方法。

① 按照投标书中总部管理费的比例计算，即

总部管理费＝合同中总部管理费率×(直接费索赔款＋工地管理费索赔款)

② 按照原合同价中的总部管理费平均计取，即

总部管理费＝合同价中总部管理费总额/合同总工期×工程延期的天数

7.5.4.5 利润的计算

本项目7.4讲述了在FIDIC合同条件下承包商可以索赔利润的几种主要情况。一般说来，对于工程延误的索赔，由于利润通常是包括在每项实施的工程内容的价格之内，而单纯的延误工期并未影响或者减少某些项目的实施从而导致利润的减少，所以一般工程师很难同意在延误的费用索赔中加进利润损失。

索赔利润款额的计算通常是与原中标合同价中的利润率保持一致，即

利润索赔额＝合同价中的利润率×(直接费索赔额＋工地管理费索赔额＋总部管理费索赔额)

7.5.4.6 利息的计算

承包商对利息索赔额可以采用以下方法计算。

（1）按当时的银行贷款利率计算。

（2）按当时的银行透支利率计算。

（3）按合同双方协议的利率计算。

无论具体采用哪一种利率计算，都应在合同文件的专用条款中或者投标书附录中加以明确。

7.5.5 不可抗力事件发承包双方费用分担

《建设工程工程量清单计价规范》（GB 50500—2013）规定，因不可抗力事件导致的人员伤亡、财产损失及其费用增加，发承包双方应按下列原则分别承担并调整合同价款和工期。

（1）合同工程本身的损害、因工程损害导致第三方人员伤亡和财产损失以及运至施工场地用于施工的材料和待安装的设备的损害，应由发包人承担。

（2）发包人、承包人人员伤亡应由其所在单位负责，并应承担相应费用。

（3）承包人的施工机械设备损坏及停工损失，应由承包人承担。

（4）停工期间，承包人应发包人要求留在施工场地的必要的管理人员及保卫人员的费用应由发包人承担。

（5）工程所需清理、修复费用，应由发包人承担。不可抗力解除后复工的，若不能按期竣工，应合理延长工期。发包人要求赶工的，赶工费用应由发包人承担。

《建设工程施工合同（示范文本）》规定，不可抗力导致的人员伤亡、财产损失、费用增加和（或）工期延误等后果，由合同当事人按以下原则承担。

① 永久工程、已运至施工现场的材料和工程设备的损坏，以及因工程损坏造成的第三人人员伤亡和财产损失由发包人承担。

② 承包人施工设备的损坏由承包人承担。

③ 发包人和承包人承担各自人员伤亡和财产的损失。

④ 因不可抗力影响承包人履行合同约定的义务，已经引起或将引起工期延误的，应当顺延工期，由此导致承包人停工的费用损失由发包人和承包人合理分担，停工期间必须支付的工人工资由发包人承担。

⑤ 因不可抗力引起或将引起工期延误，发包人要求赶工的，由此增加的赶工费用由发包人承担。

⑥ 承包人在停工期间按照发包人要求照管、清理和修复工程的费用由发包人承担。

7.6 索赔策略

7.6.1 索赔的技巧

索赔工作既有科学严谨的一面，又有艺术灵活的一面。对于一个确定的索赔事件往往没有预定的、确定的解，它受制于双方签订的合同文件、各自的工程管理水平和索赔能力以及处理问题的公正性、合理性等因素。因此索赔成功不仅需要令人信服的法律依据、充足的理由和正确的计算方法，索赔的策略、技巧和艺术也相当重要。如何看待和对待索赔，实际上是个经营战略问题，是承包人对利益、关系、信誉等方面的综合权衡。首先承包人应防止两种极端倾向。

① 只讲关系、义气和情意，忽视应有的合理索赔，致使企业遭受不应有的经济损失。

② 不顾关系，过分注重索赔，斤斤计较，缺乏长远和战略目光，以致影响合同关系、企业信誉和长远利益。

此外合同双方在开展索赔工作时，索赔技巧应因索赔的对象、客观环境等条件而异，主要有以下几个方面的做法。

（1）及时发现索赔机会　在工程投标报价时，承包商必须仔细研究招标文件中合同条款和规范，仔细踏勘施工现场，探索索赔的可能性，考虑将来可能发生索赔的问题，及时发现索赔的机会。

（2）商签合同协议　在承包商合同的商签过程中，承包商应对明显把重大风险转嫁非承包商的合同条件提出看法与要求，对达成修改的协议，应以“谈判纪要”的形式做好记录，作为该合同文件的有效组成部分，对业主开脱责任的条款要特别注意。

（3）确认工程师口头变更指令　在工程实施中，监理工程师常常乐于用口头指令变更工程，如果承包商按其口头指令进行变更工程的施工后，不及时对监理工程师的口头指令予以书面确认，之后，当承包商提出工程索赔，监理工程师矢口否认，拒绝承包商的工程索赔要求，承包商将有苦难言。

（4）及时发出“索赔通知书”　在工程承包合同中，根据建设工程施工承包合同规定，索赔事件发生后的一定时间内，承包商必须送出“索赔通知书”，过期无效。若承包商不发出索赔通知书，发包人可以认为干扰事件的发生并没有给承包人造成损失，无须索赔。

（5）索赔事件论证要充足　承包合同通常都有规定，承包商在发出“索赔通知书”后，每隔一定时间（28天），应报送一次证据资料，在索赔事件结束后28天内报送总结性的索赔计算及索赔论证，提交索赔报告。索赔报告一定要令人信服，经得起推敲。

（6）索赔计价方法和款额要适当　索赔计算时采用适当的计算方法，如“附加成本法”。这种方法只计算索赔事件引起的计划外的附加开支，计价项目具体，便于经济索赔较快得到解决。

（7）力争单项索赔，避免一揽子索赔　单项索赔事件简单，容易解决，而且能及时得到支付。一揽子索赔，问题复杂，金额大，不易解决，往往到工程结束后还得不到付款。

（8）坚持采用“清理账目法”　采用“清理账目法”是指承包商在接受业主按某项索赔的当月结算索赔款时，对该项索赔款的余款部分以“清理账目法”的形式保留文字依据，以保留自己今后获得索赔款余额部分的权利。

（9）力争友好解决，防止对立情绪　索赔争端是难免的，如果遇到争端不能理智协商讨论的问题，使一些本来可以解决的问题，悬而未决。承包商尤其要保持头脑冷静，防止对立情绪，力争友好地解决索赔争端。

（10）注意与监理工程师搞好关系　监理工程师是处理解决索赔问题的公正的第三方，注意与其搞好关系，争取得到监理工程师的公正裁决，竭力避免仲裁和诉讼。

7.6.2 确定正确的索赔策略

如何才能够既不损失利益，取得索赔的成功，又不伤害双方的合作关系和承包商的信誉，使合同双方皆大欢喜，对合作满意呢？

这不仅与索赔数量有关，而且与承包商的索赔策略、索赔处理的技巧有关。

索赔策略是承包商经营策略的一部分。索赔策略必须体现承包商的整个经营战略，体现承包商长远利益和目前利益，全局利益和局部利益的统一。索赔（反索赔）的策略研究，对不同的情况，包含着不同的内容和重点。一般包括以下几个方面。

7.6.2.1 确定索赔目标

（1）提出任务，确定索赔所要达到的目标 承包商的索赔目标即为承包商的索赔基本要求，是承包商对索赔的最终期望。它由承包商根据合同实施状况，承包商所受的损失和他的总的经营战略确定，对各个目标应分析其实现的可能性。

（2）分析实现目标的基本条件 除了进行认真的、有策略的索赔处理外，承包商特别应重视在索赔谈判期间的工程施工管理。

（3）分析实现目标的风险 主要有：承包商在履行合同责任时的失误；工地上的风险；其他方面风险，如业主可能提出合同处罚或索赔要求，或者其他方面可能有不利于承包商索赔的证词或证据等。

7.6.2.2 对被索赔方的分析

（1）分析对方的兴趣和利益所在，其目的如下。

① 在一个较和谐友好的气氛中将对方引入谈判。

② 分析对方的利益所在，可以研究双方利益的一致性、不一致性和矛盾性。

（2）分析合同的法律基础的特点和对方商业习惯、文化特点、民族特性。对业主（对方）的社会心理、价值观念、传统文化、生活习惯，甚至包括业主本人的兴趣、爱好的了解和尊重，对索赔的处理和解决有极大的影响，有时直接关系到索赔甚至整个项目的成败。现在西方的（包括日本的）承包商在工程投标、洽商、施工、索赔（反索赔）中特别注重研究这方面的内容。实践证明，他们更容易取得成功。

7.6.2.3 承包商的经营战略分析

承包商的经营战略直接制约着索赔策略和计划。在分析业主的目标、业主的情况和工程所在地（国）的情况后，承包商还应考虑如下问题：有无可能与业主继续进行新的合作；是否打算在当地继续扩展业务或扩展业务的前景如何；承包商与业主之间的关系对在当地扩展业务有何影响的分析等。

这些问题是承包商决定整个索赔要求、解决方法和解决期望的基本点。

7.6.2.4 相关关系的分析

（1）承包商的主要对外关系分析 在合同实施过程中，承包商有多方面的合作关系，如与业主、监理工程师、设计单位、业主的其他承包商和供应商、承包商的代理人或担保人、业主的上级主管部门或政府机关等。承包商对各方面要进行详细分析，利用这些关系，争取各方面的同情、合作和支持，造成有利于承包商的氛围，从各方面向业主施加影响。这往往比直接与业主谈判更为有效。

（2）对对方索赔的估计 在工程问题比较复杂，双方都有责任，或工程索赔以一揽子方案解决的情况下，应对对方已提出的或可能还要提出的索赔进行分析和估算。

（3）承包商的索赔值估计 承包商对自己已经提出的及准备提出的索赔进行分析。其分析方法和费用的分项与上面对对方索赔估计一致。这里还要分析可能的最大值和最小值，这些索赔要求的合理性和业主反驳的可能性。

7.6.2.5 合同双方索赔要求对比分析

(1)“我方”提出索赔，目的是通过索赔得到费用补偿，则两估计值对比后，“我方”应有余额。

(2) 如“我方”为反索赔，目的是为了反击对方的索赔要求，不给对方以费用补偿，则两估计值对比后至少应平衡。

7.6.2.6 谈判过程分析

(1) 可能的谈判过程 一般索赔最终都在谈判桌上解决。索赔谈判是合同双方面对面的较量，是索赔能否取得成功的关键。一切索赔计划和策略都要在此付诸实施，接受检验；索赔（反索赔）文件在此交换、推敲、反驳。双方都派最精明强干的专家参加谈判。索赔谈判属于合同谈判，更大范围地说，属于商务谈判。

但索赔谈判又有它的特点，特别是在工程过程中的索赔：业主处于主导地位；承包商还必须继续实施工程；承包商还希望与业主保持良好的关系，以后继续合作，不能影响承包商的声誉。

(2) 可能的谈判结果 这与前面分析的承包商的索赔目标相对应。用前面分析的结果说明这些目标实现的可能性，实现的困难和障碍。如果目标不符合实际，则可以进行调整，重新确定新的目标。

7.6.3 索赔成功的关键

实践经验证明，每一项索赔要求的成功，都离不开以下四个方面的工作，甚至可以说缺一不可。

(1) 建好工程项目 这是索赔成功的基础。如果承包商在施工过程中克服了重重困难，甚至发现原设计中不合理或错误的地方，提出了改进协议并为业主和工程师采纳，则承包商的索赔要求，甚至是难以实现的索赔要求，或在索赔程序上的某些疏忽，都可能取得业主和工程师的理解和谅解，使索赔得到比较满意的结果。

(2) 做好合同管理 这是索赔成功的必要条件，包括多方面的内容，在索赔管理方面，主要是做好下列工作。

① 通晓工程项目的全部合同文件，能够从索赔的角度理解合同条款，不失去任何应有的索赔机会。

② 随时注意业主和工程师发布的指令或口头要求，一旦发现实际工程超出合同规定的工作范围时，及时地提出索赔要求。

③ 在编写索赔报告文件和进行索赔谈判时，会运用合同知识来解释和论证自己的索赔权，并能正确计算出自己应得的工期延长和经济补偿。

(3) 做好成本管理 主要包括定期的（如每月或每季 1 次）成本核算和成本分析工作，进行成本控制，随时发现成本超支（cost overrun）的原因。如果发现哪一项直接费的支出超过计划成本时，应立即分析原因，采取相应措施。如果发现是属于计划外的成本支出时，应提出索赔补偿。

(4) 善于进行索赔谈判 施工索赔人员的谈判能力对索赔的成败关系甚大。谈判者必须熟悉合同，懂工程技术，并有利用合同知识论证自己索赔要求的能力。在施工索赔谈判中，双方应注意做到以下几点。

① 谈判应严格按照合同条件的规定进行，不要采取强加于人的态度。

② 谈判双方应客观冷静，以理服人，并具有灵活性，为谈判解决留有余地。

③ 谈判前要做充分准备，拟好提纲，对准备达到的目标心中有数。

④ 善于采纳对方合理意见，在坚持原则的基础上做适当的让步，寻求双方都能接受的解决办法。

⑤ 要有耐性，不要首先退出会谈，不宜率先宣布谈判破裂。

【案例 7-6】 某工程项目业主分别与甲、乙施工单位签订了土建施工合同和设备安装合同，土建施工合同约定：管理费为人材机费之和的 10%，利润为人材机费用与管理费之和的 6%，规费和税金为人材机费用与管理费和利润之和的 9.8%，合同工期为 100 天。设备安装合同约定：管理费和利润均以人工费为基础，其费率分别为 55%、45%规费和税金为人材机费用与管理费和利润之和的 9.8%，合同工期为 20 天。土建施工合同与设备安装合同均约定：人工工日单价为 80 元/工日，窝工补偿按 70%计，机械台班单价按 500 元/台班，闲置补偿按 80%计。

甲、乙施工单位编制了施工进度计划，获得监理工程师的批准，如图 7-3 所示。

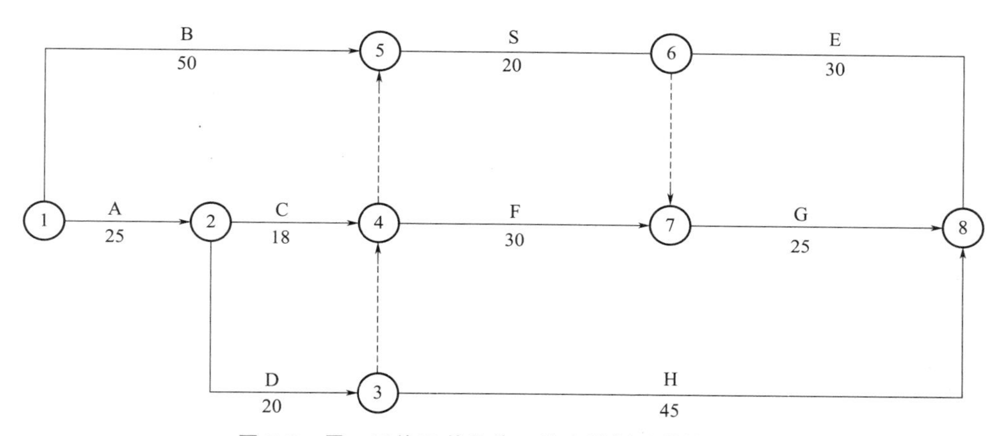

图 7-3　甲、乙施工单位施工进度计划（单位：天）

事件 1：基础工程 A 工作施工完毕组织验槽时，发现基坑实际土质与业主提供的工程地质资料不符，为此，设计单位修改加大了基础埋深，该基础加深处理使甲施工单位增加用工 50 个工日，增加机械 10 个台班，A 工作时间延长 3 天，甲施工单位及时向业主提出费用索赔和工期索赔。

事件 2：设备基础 D 工作的预埋件施工完毕后，甲施工单位报监理工程师进行隐蔽工程验收，监理工程师未按合同约定时间到现场验收，也未通知甲施工单位推迟验收时间，在此情况下，甲施工单位进行了隐蔽工序施工，业主代表得知该情况后要求施工单位剥漏重新检验，检验发现预埋件尺寸不足，位置偏差过大，不符合设计要求。该重新检验导致甲施工单位增加人工 30 工日，材料费 1.2 万元，D 工作延长 2 天，甲施工单位及时向业主提供了费用索赔和工期索赔。

事件 3：设备安装 S 工作开始后，乙施工单位发现业主采购的设备配件缺失，业主要求乙施工单位自行采购缺失配件。为此，乙施工单位发生材料费 2.5 万元，人工费 0.5 万元，S 工作时间延长 2 天。乙施工单位向业主提出费用索赔和工期延长 2 天的索赔，向甲施工单位提出受事件 1 和事件 2 影响工期延长 5 天的索赔。

事件 4：设备安装过程中，由于乙施工单位安装设备故障和调试设备损坏使 S 工作延长施工工期6天，窝工24个工日。增加安装、调试设备修理费1.6万元，并影响了甲施工单位后续工作的开工时间，造成甲施工单位窝工36个工日，机械闲置6个台班。为此，甲施工单位分别向业主和乙施工单位及时提出了费用和工期索赔。

【问题】

1.事件1～4中甲施工单位和乙施工单位的费用索赔和工期索赔是否成立？并分别说明理由。

2.事件2中，业主代表的做法是否妥当？说明理由。

3.事件1～4发生后，图7-2中E和G工作实际开始时间分别为第几天？说明理由。

4.计算业主应补偿甲、乙施工单位的费用分别为多少元？可批准延长的工期分别为多少天？（计算结果保留2位小数）

【案例分析】

1.事件1：甲施工单位向业主提出的工期索赔和费用索赔均成立。理由：设计单位修改加大基础埋深是业主应承担的责任事件。

事件2：甲施工单位向业主提出的工期索赔和费用索赔均不成立。理由：预埋件尺寸不足，位置偏差过大是甲施工单位应承担的责任事件。

事件3：

① 乙施工单位向业主提出的工期索赔和费用索赔均成立。理由：业主采购的设备配件缺失是业主应承担的责任事件，且S工作为关键工作。

② 乙施工单位向甲施工单位提出的工期索赔和费用索赔均不成立。理由：甲、乙之间无合同关系且事件1和事件2对设备安装工程的最早开始时间无影响。

事件4：

① 甲施工单位向业主提出的工期索赔和费用索赔成立。理由：对甲施工单位而言，设备安装工程延误是业主应承担的责任事件，并且事件4发生后会使土建合同工期延长5天。

② 甲施工单位向乙施工单位提出的工期索赔和费用索赔均不成立。理由：甲、乙施工单位之间无合同关系。

2.业主做法妥当。理由：无论监理工程师是否对隐蔽工程进行了验收，业主代表均有权对经隐蔽的工程要求重新检查，施工单位应按要求剥漏检查。

3.(1) 事件1～4发生后，E工作的实际开始时间为78天，即第79天上班时刻。

理由：E工作为S工作的紧后工作，事件1～4发生后，S工作的实际完成时间为78天。

(2) G工作的实际开始时间为80天，即第81天上班时刻。

理由：G工作的紧前工作为S、F工作，事件1～4发生后，S、F工作的实际完成时间分别为78天和80天。

4.(1) 补偿费用

① 业主应补偿甲施工单位的费用：

事件1：(50×80＋10×500)×(1＋10%)×(1＋6%)×(1＋9.8%)＝11522.41(元)

事件4：(36×80×70%＋6×500×80%)×(1＋9.8%)＝4848.77(元)

合计：11522.41＋4848.77＝16371.18(元)

② 业主应补偿乙施工单位的费用：

事件3：[2.5＋0.5×(1＋55%＋45%)]×(1＋9.8%)×10000＝38430.00(元)

事件4：扣回4848.77(元)

合计：38430.00－4848.77＝33581.23(元)

(2) 延长工期

① 业主应批准甲施工单位工期延长8天。

② 业主应批准乙施工单位工期延长2天。

能力训练题

一、单选题

1. 施工中如果出现设计变更和工程量增加的情况，（　　）。

A. 发包人应在14天内直接确认顺延的工期，通知承包人

B. 工程师应在14天内直接确认顺延的工期，通知承包人

C. 承包人应在14天内直接确认顺延的工期，通知监理人

D. 承包人应在14天内将自己认为应顺延的工期报告监理人

2.《建设工程工程量清单计价规范》(GB 50500—2013) 规定的变更范畴不包括（　　）。

A. 增加合同中约定的工程量　　B. 将中标人的工作交给其他人实施

C. 改变工程的时间安排或实施顺序　　D. 更改工程有关部分的标高

3. 按照2013版清单规范的规定，当实际工程量比合同约定工程量增加（　　）以上时，其增加部分工程量的综合单价应予调低。

A. 5%　　B. 10%　　C. 15%　　D. 20%

4. 按照2013版清单规范的规定，下列有关变更估价原则内容中，不正确的是（　　）。

A. 当工程量增减超过一定数值时，增减部分工程量的综合单价应予调整

B. 如果工程量变化引起相关措施项目相应发生变化，如按系数或单一总价方式计价的工程量增加的措施项目费调增，工程量减少的措施项目费适当调减

C. 合同履行期间，施工图纸与招标工程量清单任一项目的特征描述不符，且该变化引起该项目的工程造价增减变化的，可调整合同价款

D. 因发包人原因导致工期延误的，则计划进度日期后续工程的价格或单价，采用实际进度日期工程的价格或单价

5. 工程索赔必须以（　　）为依据。

A. 工程师的要求　　B. 合同

C. 发包人的要求　　D. 提出索赔要求的一方

6. 一般情况下，合同中所指的索赔是指（　　）所提出的索赔要求。

A. 监理工程师　　B. 业主　　C. 建设方　　D. 承包方

7. 索赔事件主要表现为（　　）。

A. 工期延长　　B. 工程效率的降低

C. 工程的工期延长和资料的不全　　D. 工期的延长和费用的增加

8. 业主的索赔主要根据（　　）提出。

A. 施工质量缺陷　　B. 设计变更

C. 工程量减少　　D. 施工进度计划修改

9. 工程师在处理索赔时应注意自己的权力范围，下列情形中的（　　）不属于工程师的权力。

A. 检查承包人现场同期的记录

B. 指示承包人缩短合同工期

C. 当工程师与承包人就补偿达不成一致时，工程师单方面做出处理决定

D. 把批准的索赔要求纳入该月的工程进度款中

10. 由于业主提供的设计图纸错误导致分包工程返工，为此分包商向承包商提出索赔。承包商（　　）。

A. 因不属于自己的原因拒绝索赔要求

B. 认为要求合理，先行支付后再向业主索要

C. 不予支付，以自己的名义向工程师提交索赔报告

D. 不予支付，以分包商的名义向工程师提交索赔报告

11. 某工程施工过程中，由于供货分包商提供的设备制造质量存在缺陷，导致返工造成损失。施工单位应向（　　）索赔，以补偿自己损失。

A. 业主　　B. 工程师　　C. 设备生产厂　　D. 设备供货商

12. 解决建设工程索赔最理想的方法是（　　）。

A. 提出仲裁解决　　B. 工程师进行解决

C. 通过协商解决　　D. 诉讼

13. 承包人发出索赔意向通知后，（　　）在一定期限内处理该项索赔。

A. 业主　　B. 承包人　　C. 法人　　D. 工程师

14. 承包商应在索赔事件发生后（　　）天内向工程师递交索赔意向通知。

A. 10　　B. 20　　C. 42　　D. 28

15. 工程师收到承包人递交的索赔报告和相关资料后应在（　　）天内给予答复。

A. 7　　B. 25　　C. 30　　D. 28

16. 施工合同示范文本规定，承包商递交索赔报告 28 天后，工程师未对此索赔要求作出任何表示，则应视为（　　）。

A. 工程师已拒绝索赔要求　　B. 承包人需提交现场记录和补充证据资料

C. 承包人的索赔要求已经认可　　D. 需等待发包人批准

17. 依据施工合同示范文本规定，索赔事件发生后的 28 天内，承包人应向工程师递交（　　）。

A. 现场同期记录　　B. 索赔意向通知　　C. 索赔报告　　D. 索赔证据

18. 索赔损失调查主要表现为（　　）。

A. 工期的延长　　B. 费用的增加

C. 工期的延长和费用的增加　　D. 施工材料的损失

19. 当监理工程师确定的索赔额超过其权限范围时，应提请（　　）批准。

A. 建设项目主管单位　　B. 仲裁机构

C. 监理单位法人　　D. 项目业主

20. 当工程师根据规定对承包商同时给予费用补偿和工期延长时，（　　）。

A. 监理工程师的决定不能更改

B. 应由监理工程师与业主再进行协商

C. 业主有作出只增加费用补偿决定的权利

D. 业主没有更改监理工程师决定的权利

二、多选题

1. 施工合同履行过程中，由于（　　）原因造成工期延误，工期可以相应顺延。

A. 工程量增加

B. 合同内约定应由承包人承担的风险

C. 发包人不能按专用条款约定提供开工条件

D. 设计变更

E. 一周内非承包人原因停水、停电、停气造成停工累计超过8小时

2. 按照2013版清单规范的规定，除发包人和承包人合同条款另有约定外，下列变更估估价方式正确的是（　　）。

A. 已标价工程量清单或预算书有相同项目的，按照相同项目单价认定

B. 已标价工程量清单或预算书中无相同项目，但有类似项目的，参照类似项目的单价认定

C. 变更导致实际完成的变更工程量与已标价工程量清单或预算书中列明的该项目工程量的变化幅度超过15%的，由合同当事人商定确定变更工作的单价

D. 已标价工程量清单或预算书中无相同项目及类似项目单价的，按照合理的成本构成的原则，由合同当事人商定确定变更工作的单价

E. 已标价工程量清单中没有适用也没有类似于变更工程项目，且工程造价管理机构发布的信息价格缺价时，合同当事人按照市场价格确定变更工程项目的单价

3. 按照2013版施工合同规定，除发包人与承包人专用合同条款另有约定外，变更的范围包括（　　）。

A. 对合同中任何工程量的改变

B. 工程任何部分标高的改变

C. 改变工程的时间安排或实施顺序

D. 删减部分约定的承包工作交给其他人完成

E. 改变违约责任的承担方式

4. 建设工程索赔成立的条件有（　　）。

A. 与合同对照，事件已造成了承包人的额外支出或直接工期损失

B. 造成费用增加或工期损失的原因，按合同约定不属于承包人的行为责任或风险责任

C. 承包人按合同规定的程序提交索赔意向通知和索赔报告

D. 造成费用增加或工期损失额度巨大

E. 索赔费用容易计算

5. 下列（　　）索赔属于承包商向业主的索赔。

A. 工期延误　　B. 加大施工费用

C. 不利的自然条件与人为障碍引起的　　D. 物价上涨引起的

E. 对制定分包商的付款

6. 对索赔证据的要求是（　　）。

A. 真实性　　B. 全面性　　C. 准确性

D. 合法性　　E. 及时性

7. 按索赔目的分类，索赔可分为（　　）。

A. 工期索赔　　B. 费用索赔　　C. 工程加速索赔

D. 合同被迫终止的索赔　　E. 工程变更索赔

8. 承包商向业主索赔成立的条件包括（　　）。

A. 由于业主原因造成费用增加和工期损失

B. 由于分包商原因造成费用增加和工期损失

C. 由于工程师原因造成费用增加和工期损失

D. 提交了索赔报告

E. 按约定提交了索赔意向

9. 工程索赔的依据有（　　）。

A. 工程检验报告　　B. 工程进度计划

C. 施工合同文本及附件　　D. 施工许可证

E. 招标文件

10. 当承包人向工程师递交索赔报告后，工程师应认真审核索赔的证据。承包人可以提供的证据包括（　　）。

A. 经工程师认可的施工进度计划　　B. 汇率变化表

C. 施工会议记录　　D. 招标文件

E. 合同履行中的来往信函

11. 承包商提出施工索赔时，应提供的依据包括（　　）。

A. 所引用的合同条款内容　　B. 政府公告资料

C. 施工进度计划　　D. 事件发生的现场同期记录资料

E. 承包商受到损害的照片

12. 承包商可以就下列（　　）事件的发生向业主提出索赔。

A. 施工中遇到地下文物被迫停工

B. 施工机械大修，误工 3 天

C. 材料供应商延期交货

D. 业主要求提前竣工，导致工程成本增加

E. 设计图纸错误，造成返工

13. 当承包人索赔后，工程师可以对索赔提出质疑的情况包括（　　）。

A. 承包人以前已表明放弃索赔

B. 提交的证据不足以说明索赔的部分

C. 发包人与承包人共同负有责任，责任未划分

D. 损失计算不足

E. 承包人没有采取措施避免或减少损失的部分

14. 订购 50t 钢材的合同，现场交货时发现供货方由于货源短缺，所交付的钢材中有 10t 与合同约定的型号、规格不符。为了不耽误施工，采购方只能以高于本合同订购的价格紧急从另一供货商处采购了 10t 钢材。对此事件采购方应（　　）。

A. 及时将违约行为和处理意见通知供货方

B. 要求对方将不合格钢材运出工地

C. 按 50t 钢材不能按时交货对待

D. 按 10t 钢材不能按时交货对待

E. 要求供货方承担 10t 钢材采购差价的损失

15. 接到承包人提交的索赔通知后，工程师应（　　）。

A. 及时检查承包人的施工现场同期记录

B. 审查承包人的施工是否受到延误
C. 核对承包人是否增加了施工成本
D. 分析索赔事件的合同责任
E. 认为索赔要求不合理，不予理睬

三、简答题

1. 索赔的概念是什么？
2. 常见的干扰事件按索赔原因的不同通常有哪几种？
3. 简述索赔费用的构成？

项目8
工程合同优化管理

教学目标

- 理解业主合同优化管理方法
- 理握承包商合同优化管理方法

思政目标

- 发扬工匠精神，精益求精，高质量完成各项工作

8.1 建设工程合同体系

由于现代社会化大生产和专业化分工，一个稍大一点的工程建设项目，其相关的合同就有几十份、几百份甚至几千份。由于这些合同都是为了完成项目目标，定义项目的活动，因此，它们之间存在复杂的关系，形成工程项目的合同体系。在这个体系中，业主和承包商是两个最重要的节点。

8.1.1 业主的主要合同关系

业主作为工程（或服务）的买方，是工程的所有者，他可能是政府、企业、其他投资者，或几个企业的组合，或政府与企业的组合（例如合资项目）。他投资一个项目通常委派一个代理人（或代表）以业主的身份进行工程项目的经营管理。

业主根据对工程的需求，确定工程项目的整体目标。这个目标是所有相关工程合同的核心。要实现工程目标，业主必须将建筑工程的勘察设计、各专业工程施工、设备和材料等工作委托出去。必须与有关单位签订如下各种合同：咨询（监理）合同、勘察设计合同、供应合同、工程施工合同、贷款合同等各种合同。在建筑工程中业主的主要合同关系如图 8-1 所示。

按照工程承包方式和范围的不同，业主可能订立几十份合同。例如将工程分专业分阶段委托，签订工程承包合同（有时又被称为总包合同）。工程承包合同和承包商是任何建筑工

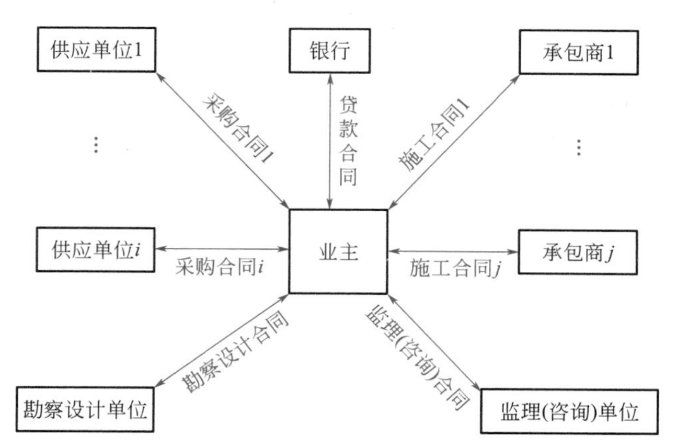

图 8-1　业主的主要合同关系

程中都不可缺少的。承包商要完成承包合同的责任，包括由工程量表所确定的工程范围的施工、竣工和保修，为完成这些工程提供劳动力、施工设备、材料，有时也包括技术设计。任何承包商都不可能，也不必具备所有的专业工程的施工能力、材料和设备的生产和供应能力，他同样必须将许多专业工作委托出去。所以承包商常常又有自己复杂的合同关系。承包商主要与有关单位签订的合同有：分包合同、采购合同、加工合同、劳务供应合同、租赁合同、运输合同、保险合同。承包商的这些合同都与工程承包合同相关都是为完成承包合同责任而签订的。

上述承包商的主要合同关系如图 8-2 所示。

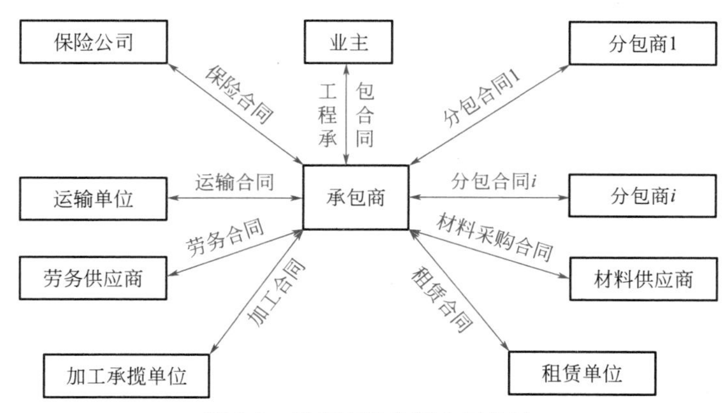

图 8-2　承包商的主要合同关系

在实际工程中还可能有如下情况：

(1) 设计单位、各供应单位也可能存在各种形式的分包。

(2) 承包商有时也承担工程（或部分工程）的设计（如设计-施工总承包），则他有时也必须委托设计单位，签订设计合同。

(3) 如果工程付款条件苛刻，要求承包商带资承包，他就必须借款，与金融单位订立借（贷）款合同。

(4) 在许多大工程中，尤其是在业主要求全包的工程中，承包商经常是几个企业的联营，即联营承包。联营承包是指若干家承包商（最常见的是设备供应商、土建承包商、安装承包商、勘察设计单位）联合投标，共同承接工程，他们之间订立联营合同。联营承包已成为许多承包商的经营战略之一，这在国内外工程中都很常见。

8.1.2 与承包商有关的主要合同

（1）分包合同　分包是指总承包人承包范围内分包某一分项工程，如土方、模板、钢筋等分项工程。或某种专业工程，如钢结构制作和安装、电梯安装、卫生设备安装等。分包人不与发包人发生直接关系，而只对总承包人负责，在现场上由总承包人统筹安排其活动。

分包人承包的工程，不能是总承包范围内的主体结构工程或主要部分（关键性部分），主体结构工程或主要部分必须由总承包人自行完成。

分包主要有两种情形：一是总承包合同约定的分包，总承包人可以直接选择分包人，经发包人同意后与之订立分包合同；二是总承包合同未约定的分包，须经发包人认可后总承包人方可选择分包人，与之订立分包合同。可见，分包事实上都要经过发包人同意后才能进行。

（2）采购合同　如果在工程施工中承包商为工程所进行的必要的材料和设备的采购和供应，应按土建安装施工合同中供应物资责任方的规定与材料或设备供应单位签订合同。

（3）加工合同　即承包商将建筑构配件、特殊构件加工任务委托给加工承揽单位而签订的合同。

（4）劳务合同　即承包商与劳务供应商之间签订的合同。由劳务供应商向工程提供劳务。

（5）租赁合同　在建筑工程中承包商需要许多施工设备、运输设备、周转材料。当有些设备、周转材料在现场使用率较低，或自己购置需要大量资金投入而自己又不具备这个经济实力时，可以采用租赁方式，与租赁单位签订租赁合同。租赁有着非常好的经济效果。

（6）运输合同　这是承包商为解决材料和设备的运输问题而与运输单位签订的合同。承运人将货物从起运点运输到约定地点，托运人支付运费的合同。

（7）保险合同　承包商按施工合同要求对工程进行保险，与保险公司签订保险合同。

8.1.3 建设工程合同体系

按照对业主和承包商合同关系的分析和项目任务的结构分解，就得到不同层次、不同种类的合同，它们共同构成该工程的合同体系，见图 8-3。

在该合同体系中，这些合同为了完成业主的工程项目目标，都必须围绕一个目标签订和实施。由于这些合同之间存在着复杂的内部联系，构成了该工程的合同网络。其中，工程承包合同是最有代表性、最普遍，也是最复杂的合同类型。它在工程项目的合同体系中处于主导地位，是整个工程项目合同管理的重点。无论是业主、监理工程师或承包商都将它作为合同管理的主要对象。

工程项目的合同体系在项目管理中也是一个非常重要的概念。它从一个重要角度反映工程项目的形象，对整个项目管理的运作有很大的影响。

（1）它反映了项目任务的范围和划分方式。

（2）它反映了项目所采用的管理模式。例如监理制度、全包方式或平行承包方式。

（3）它在很大程度上决定了项目的组织形式。因为不同层次的合同常常决定该合同的实施者在项目组织结构中的地位。

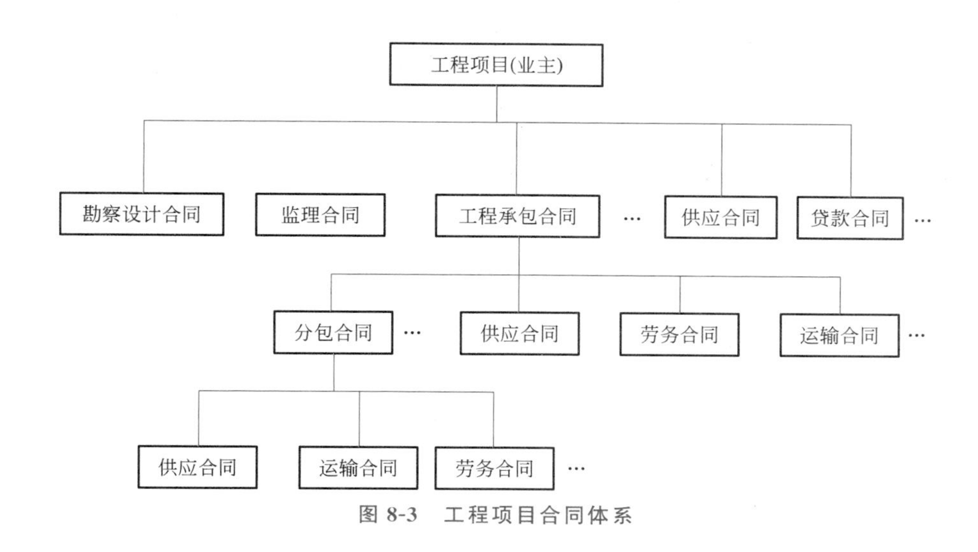

图 8-3 工程项目合同体系

8.2 工程承发包方式

工程承发包方式，是指发包人与承包人双方之间的经济关系形式。工程承发包方式是多种多样的，其分类如图 8-4 所示。从承发包的范围、承包人所处的地位、合同计价方式、获得任务的途径等不同的角度，可以对工程承发包方式进行不同的分类，其主要分类如下。

(1) 按承发包范围划分，工程承发包方式可分为建设全过程承发包、阶段承发包和专项(业)承发包。

阶段承发包和专项承发包方式还可划分为包工包料、包工部分包料、包工不包料三种方式。

(2) 按承包人所处的地位划分，工程承发包方式可分为总承包、分承包、独立承包、联合承包和直接承包。

(3) 按合同计价方法划分，工程承发包方式可分为固定总价合同、计量估价合同、单价合同、成本加酬金合同以及按投资总额或承包工程量计取酬金的合同。

(4) 按获得承包任务的途径划分，工程承发包方式可分为计划分配、投标竞争、委托承包和指令承包。

8.2.1 按承发包范围划分承发包方式

(1) 建设全过程承发包 建设全过程承发包又称统包、一揽子承包、交钥匙合同。它是指发包人一般只要提出使用要求、竣工期限或对其他重大决策性问题作出决定，承包人就可对项目建议书、可行性研究、勘察设计、材料设备采购、建筑安装工程施工、职工培训、竣工验收，直到投产使用和建设后评估等全过程实行全面总承包，并负责对各项分包任务和必要时被吸收参与工程建设有关工作的发包人的部分力量进行统一组织、协调和管理。

建设全过程承发包主要适用于大中型建设项目。大中型建设项目由于工程规模大、技术

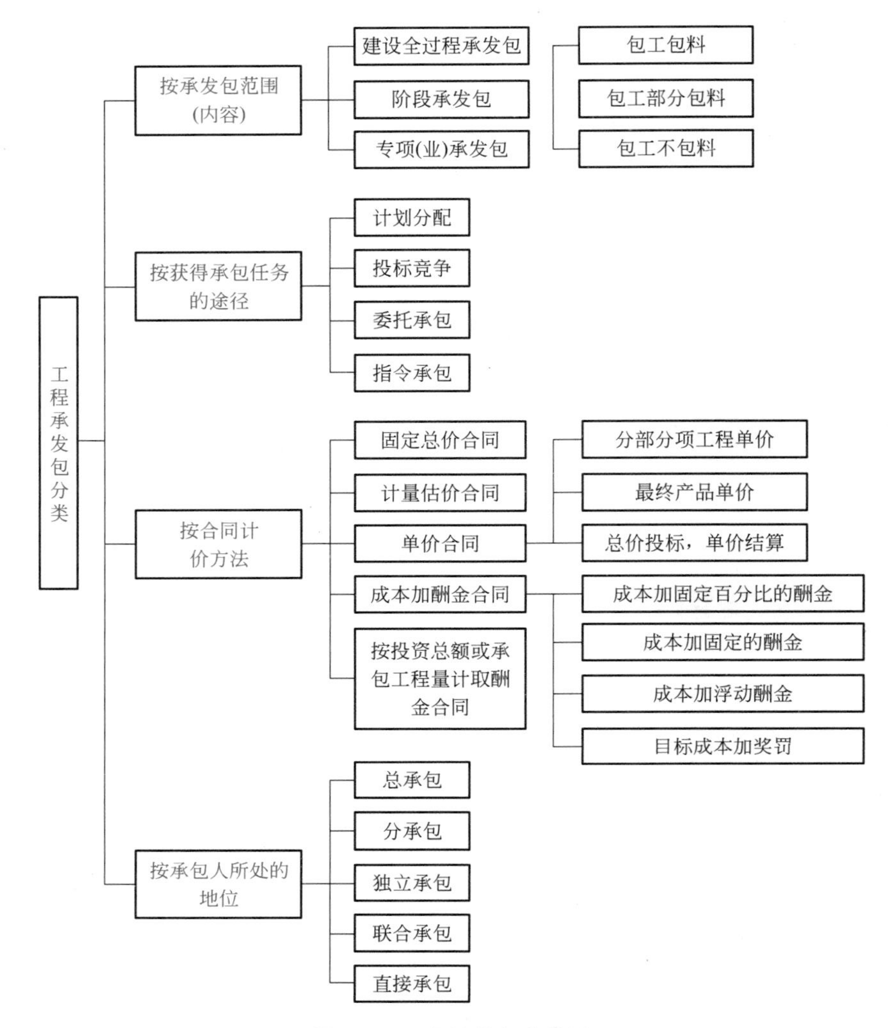

图 8-4 工程承发包分类图

复杂，要求工程承包公司必须具有雄厚的技术经济实力和丰富的组织管理经验，通常由实力雄厚的工程总承包公司（集团）承担。这种承包方式的优点是：由专职的工程承包公司承包，可以充分利用其丰富的经验，还可进一步积累建设经验，节约投资，缩短建设工期并保证建设项目的质量，提高投资效益。

（2）阶段承发包　它是指发包人、承包人就建设过程中某一阶段或某些阶段的工作（如勘察、设计或施工，材料设备供应等）进行发包承包。例如由设计机构承担勘察设计，由施工企业承担工业与民用建筑施工，由设备安装公司承担设备安装任务。其中，施工阶段承发包还可依承发包的具体内容，再细分为以下三种方式。

① 包工包料，即工程施工所用的全部人工和材料由承包人负责。其优点是：便于调剂余缺，合理组织供应，加快建设速度，促进施工企业加强企业管理，精打细算，厉行节约，减少损失和浪费；有利于合理使用材料，降低工程造价，减轻建设单位的负担。

② 包工部分包料，即承包人只负责提供施工的全部人工和一部分材料，其余部分材料由发包人或总承包人负责供应。

③ 包工不包料，又称包清工，实质上是劳务承包，即承包人（大多是分包人）仅提供劳务而不承担任何材料供应的义务。

（3）专项承发包　它是指发包人、承包人就某建设阶段中的一个或几个专门项目进行发包承包。专项承发包主要适用于可行性研究阶段的辅助研究项目；勘察设计阶段的工程地质勘察、供水水源勘察，基础或结构工程设计、工艺设计，供电系统、空调系统及防灾系统的设计；施工阶段的深基础施工、金属结构制作和安装、通风设备和电梯安装等建设准备阶段的设备选购和生产技术人员培训等专门项目。由于专门项目专业性强，常常是由有关专业分包人承包，所以，专项发包称作专业发包承包。

8.2.2 按承包人所处的地位划分承发包方式

（1）总承包　总承包简称总包，是指发包人将一个建设项目建设全过程或其中某个或某几个阶段的全部工作发包给一个承包人承包，该承包人可以将在自己承包范围内的若干专业性工作再分包给不同的专业承包人去完成，并对其统一协调和监督管理。各专业承包人只同总承包人发生直接关系，不与发包人发生直接关系。

总承包主要有两种情况：一是建设全过程总承包；二是建设阶段总承包。建设阶段总承包主要分为以下几类。

① 勘察、设计、施工、设备采购总承包；

② 勘察、设计、施工总承包；

③ 勘察、设计总承包；

④ 施工总承包；

⑤ 施工、设备采购总承包；

⑥ 投资、设计、施工总承包，即建设项目由承包商贷款垫资，并负责规划设计、施工，建成后再转让给发包人；

⑦ 投资、设计、施工、经营一体化总承包，通称BOT方式，即发包人和承包人共同投资，承包人不仅负责项目的可行性研究、规划设计、施工，而且建成后还负责经营几年或几十年，然后再转让给发包人。

采用总承包方式时，可以根据工程具体情况，将工程总承包任务发包给有实力的具有相应资质的咨询公司、勘察设计单位、施工企业以及设计施工一体化的大建筑公司等承担。

（2）分承包　分承包简称分包，是相对于总承包而言的，指从总承包人承包范围内分包某一分项工程（如土方、模板、钢筋等）或某种专业工程（如钢结构制作和安装、电梯安装、卫生设备安装等）。分承包人不与发包人发生直接关系，而只对总承包人负责，在现场由总承包人统筹安排其活动。

分承包人承包的工程不能是总承包范围内的主体结构工程或主要部分（关键性部分），主体结构工程或主要部分必须由总承包人自行完成。

分承包主要有两种情形：一是总承包合同约定的分包，总承包人可以直接选择分包人，经发包人同意后与分包人订立分包合同；二是总承包合同未约定的分包，须经发包人认可后总承包人方可选择分包人，并与之订立分包合同。可见，分包事实上都要经过发包人同意后才能进行。

（3）独立承包　它是指承包人依靠自身力量自行完成承包任务的承发包方式。此方式主要适用于技术要求比较简单、规模不大的工程项目。

（4）联合承包　联合承包是相对于独立承包而言的，指发包人将一项工程任务发包给两个以上承包人，由这些承包人联合共同承包。联合承包主要适用于大型或结构复杂的工程。参加联合的各方，通常是采用成立工程项目合营公司、合资公司、联合集团等联营体形式，推选承包代表人，协调承包人之间的关系，统一与发包人签订合同，共同对发包人承担连带责任。参加联营的各方仍都是各自独立经营的企业，只是就共同承包的工程项目必须事先达成联合协议，以明确各个联合承包人的权利和义务，包括投入的资金数额、工人和管理人员的派遣、机械设备种类、临时设施的费用分摊、利润的分享以及风险的分担等。

在市场竞争日趋激烈的形势下，采取联合承包的方式优越性十分明显，具体表现在以下几个方面。

① 可以有效地减弱多家承包商之间的竞争，化解和防范承包风险；

② 促进承包商在信息、资金、人员、技术和管理上互相取长补短，有助于充分发挥各自的优势；

③ 增强共同承包大型或结构复杂的工程的能力，增加了中大标、中好标和共同获取更丰厚利润的机会。

(5) 直接承包　它是指不同的承包人在同一工程项目上分别与发包人签订承包合同，各自直接对发包人负责。各承包商之间不存在总承包、分承包的关系，现场上的协调工作由发包人自己去做，或由发包人委托一个承包商牵头去做，也可聘请专门的项目经理（建造师）去做。

8.2.3 按合同计价方式划分承发包方式

(1) 固定总价合同。

(2) 计量估价合同。

(3) 单价合同。

(4) 成本加酬金合同。

8.2.4 按获得任务的途径划分承发包方式

(1) 计划分配　在传统的计划经济体制下，由中央或地方政府的计划部门分配建设工程任务，由设计、施工单位与建设单位签订承包合同。

(2) 投标竞争　通过投标竞争，中标者获得工程任务，与建设单位签订承包合同。我国现阶段的工程任务是以投标竞争为主的承包方式。

(3) 委托承包　委托承包即由建设单位与承包单位协商，签订委托其承包某项工程任务的合同。主要适用于某些投资限额以下的小型工程。

(4) 指令承包　指令承包是由政府主管部门依法指定工程承包单位，仅适用于某些特殊情况。如少数特殊工程或偏僻地区工程，施工企业不愿投标的，可由项目主管部门或当地政府指定承包单位。

8.3 业主合同的优化管理

【案例 8-1】 某大型垃圾发电站工程项目是我国第二个垃圾发电站项目，该项目除厂房及有关设施的土建工程外，尚有全套进口的垃圾发电设备及垃圾处理设备的安装工程任务，以及厂区外的职工生活区（采用标准图纸）的生活用房施工任务，此外，在厂房范围内的一段地基，由于地质条件不良，而且复杂，需要设置深基础围护系统，包括护坡桩加固边坡以及压顶梁、钢支撑及锚杆等一系列复杂施工处理工作。业主委托招标代理机构组织施工招标。

【问题】

1. 招标代理机构建议采用什么方式招标？为什么？

2. 你认为本工程项目采取哪种合同形式发包较好？为什么？

【案例分析】 问题求解可以根据各种招标方式的优缺点，考虑本工程项目所包括的不同工程类型的特点，分别选择适合的招标方式并写明理由，可依据《中华人民共和国招标投标法》第10、11条来解答。

1. 建议本工程项目采用分别招标的方式，即将该项目按电站土建、安装工装、基础工程及生活区建筑分4个标段分别招标。这是因为安装工程、基础工程的专业性很强，相对独立于电站土建，适合于分别招标。生活区独立于厂区，属普通工程，适于单独发包。

安装工程可采用议标的方式，因为垃圾电站建设过去只有一个项目的建设经验，故邀请已有第一个垃圾电站安装工程经验的承包商洽谈承包为宜，这有利于保证工程质量和进度。

本项目基础工作复杂、专业性强，以采取邀请招标的方式为宜，可从若干专门从事基础施工的有经验的公司中择优选取。

对厂区土建工程和生活区土建工程以采取公开招标为宜。

2. 本工程项目采取的合同形式如下。

(1) 电站土建工程及安装工程可采用单价合同。

(2) 基础工程由于地质复杂多变，难以确切确定各种工作量，因此以成本加酬金合同较合理。

(3) 职工生活区采用标准图纸，图纸齐全，工程内容不复杂，技术难度不大，经验成熟，任务明确，应尽量采用总价合同。

8.3.1 合同总体优化概述

8.3.1.1 合同总体优化概念

在工程项目实施阶段，必须对与工程相关的合同进行总体优化策划。首先对整个工程或整个合同的实施带有根本性和方向性的问题予以总体优化。一个合同总体优化成功的工程项目将给双方以后的合同管理奠定基础。

合同总体优化的总目标是设计、制定适当的合同来保证项目总目标的实现。合同的总体优化必须反映建设工程项目战略和企业战略，反映企业的现状、经营指导方针和根本利益。

合同总体优化主要确定如下一些重大问题：如何将项目分解成几个独立的合同；每个合同的工程范围有多大；采用什么样的委托方式和承包方式；采用什么样的合同种类、形式及条件；合同中一些重要条款如何确定；合同签订和实施过程中一些重大问题如何决策，工程项目各个相关合同在内容上、时间上、组织上、技术上的协调等。

8.3.1.2 合同总体优化重要性

合同总体优化确定的是工程项目的一些战略问题。合同总体优化的成败对整个工程项目的实施有根本性的影响。

(1) 合同总体优化决定着工程项目的组织结构及管理体制，决定合同各方面责任、权力和工作的划分，所以对整个工程项目管理产生着根本性的影响。业主通过合同委托工程项目任务，并通过合同实现对项目的目标控制。

(2) 通过合同总体策划，摆正工程过程中各方面的重大关系，防止由于这些重大问题的不协调或矛盾造成工作上的障碍，造成重大的损失。

(3) 合同是实施项目的手段。无论对于业主还是承包商，正确的合同总体优化能够为履行各个合同奠定一个良好基础，促使各个合同达到完善和协调，减少矛盾和争执，顺利地实现工程项目的整体目标。

8.3.1.3 合同总体策划的优化步骤（过程）

通过合同总体优化，确定工程施工合同的一些重大问题，对整个项目顺利实施，对项目总目标的实现有决定性作用，上层管理者对此应有足够的重视。合同总体优化过程如下。

(1) 研究企业战略和项目战略，确定企业和项目对合同的要求。由于合同是实现项目目标和企业目标的手段，所以它必须体现和服从企业战略及项目战略。项目的总的管理模式对合同策划有很大的影响，例如业主全权委托监理工程师，或业主任命业主代表全权管理，或业主代表与监理工程师共同管理。一个项目采用不同的组织形式或不同的项目管理体制，会有不同的项目任务分解方式，也会有不同的合同类型。

(2) 确定合同的总体原则和目标，并对合同的各种依据进行调查。

(3) 分层次、分对象对合同的一些重大问题进行研究，列出各种选择，按照策划的依据，综合分析各种选择的利弊得失。

(4) 对合同的各个重大问题作出决策和安排，提出合同措施。在合同策划中有时要采用各种预测方法、决策方法、风险分析方法、技术经济分析方法，例如专家咨询法、头脑风暴法、因素分析法、决策树、价值工程等。

(5) 在开始准备每一个合同招标以及准备签订每一份合同时都应对合同策划再做一次评价。

8.3.1.4 合同总体的优化依据

合同双方有不同的立场和角度，但他们有相同或相似的合同策划的内容。

施工合同优化的依据如下。

(1) 业主方面　业主的资信、资金供应能力、管理水平和具有的管理力量，业主的目标以及目标的确定性，业主期望对工程项目管理的介入程度，业主对工程师和承包商的信任程度，业主的管理风格，业主对工程的质量和工期要求等。

(2) 承包商方面　承包商能力、资信、企业规模、管理风格和水平、在本项目中的目标与动机、目前经营状况、过去同类工程经验、企业经营战略、长期动机、承受和抗御风险的能力等。

(3) 工程方面　工程的类型、规模、特点，技术复杂程度，工程技术设计准确程度，工程质量要求和工程范围的确定性、计划程度，招标时间和工期的限制，项目的盈利性，工程风险程度，工程资源（如资金、材料、设备等）供应及限制条件等。

(4) 环境方面　工程所处的法律环境，建筑市场竞争激烈程度，物价的稳定性，地质、气候、自然、现场条件的确定性，资源供应的保证程度，获得额外建设资源的可能性。

以上诸方面是考虑和确定合同战略问题的基本点和出发点。

8.3.2 业主合同总体优化

在工程中，业主处于主导地位，他的合同总体策划对整个工程项目的实施有较大影响，同时对承包商的合同策划也有直接的影响。业主在招标前，必须就如下合同问题作出决策。

8.3.2.1 与业主签约的承包商数量

业主在工程施工招标前必须决定，将一个完整工程项目是采用分包还是总包的方式来签订承包合同。

8.3.2.2 招标形式的确定

一般根据承包方式、合同类型、业主拥有的招标时间、工程紧迫程度、业主的项目管理能力和期望控制工程建设的程度等来决定招标方式。

8.3.2.3 合同种类选择

在实际工程中，合同计价方式丰富多彩，约20种。不同种类的合同，有不同的应用条件，不同的权利和责任分配，不同的付款方式，对合同双方有不同的风险。因此，应根据工程项目具体情况选择合同的类型。现代工程中最典型的合同类型有以下四种。

（1）单价合同　当准备发包的工程项目内容、技术经济指标一时尚不能明确、不能具体地予以规定时，则以采用工程单价合同形式为宜。在这种合同中，承包商仅按合同规定承担报价风险，即对报价的正确性和适宜性承担责任；而工程量变化的风险由业主承担。工程单价合同有估计工程量单价合同、可单调单价合同和固定单价合同两种形式。

单价合同的特点是单价优先，例如在FIDIC施工合同条件中规定，业主给出的工程量表中的工程量是参考数字，而实际合同价款按实际完成的工程量和承包商所报的单价计算。虽然在投标报价、评标、签订合同中人们常常注重合同总价，但在合同结算时所报的单价优先。

工程单价合同有以下优点。

① 在招标前，发包单位无须对工程范围作出完整的、准确的规定，从而可以缩短招标准备时间。

② 能鼓励承包商提高工作效率。因为按国际惯例，低于工程单价的节约算成本节约，节约工程成本便可以提高承包商的利润。

③ 发包单位只按分项工程量支付费用，因而可以减少意外开支。

④ 合同结算时只需对那种不可预见的、未予规定的工程确定单价或调整单价，结算程序比较简单。

当然，对于工程单价合同来说，招标单位必须对工程性质及范围作出明确的规定，明确工程量的大小，以使承包商能够合理地定价。

（2）总价合同　所谓总价合同，是指业主付给承包商的款额在合同中是一个规定的金额，即总价。显然，用这种合同时，对承发包工程的详细内容及其各种技术经济指标都必须一清二楚，否则承发包双方都有蒙受一定经济损失的风险。总价合同有固定总价合同、调值总价合同、固定工程量总价合同和管理费总价合同四种不同形式。

① 固定总价合同。固定总价合同的价格计算是以图纸及规定、规范为基础，合同总价是固定的。承包商在报价时对一切费用的上升因素都已做了估计，并已将其包含在合同价格之中。使用这种合同时，在图纸和规定、规范中应对工程作出详尽的描述。如果设计和工程范围有变更，合同总价也必须相应地进行变更。

固定总价合同适用于工期较短（一般不超过1年）而且对最终产品的要求又非常明确的工程项目。根据这种合同，承包商在形式上将承担一切风险责任。除非承包商能事先预测他可能遭到的全部风险，否则他将为许多不可预见的因素付出代价。因此，这类合同对承包商而言，其报价一般都较高。

② 调值总价合同。调值总价合同的总价一般是以图纸及规定、规范为基础，按时价进行计算。它是一种相对固定的价格，在合同执行过程中，由于通货膨胀而使其所使用的工、料成本增加时，其合同总价也应做相应的调整。

在调值总价合同中，发包人承担了通货膨胀这一不可预见的费用因素的风险，而承包人承担了除通货膨胀以外的所有因素的风险。调值总价合同适用于工程内容和技术经济指标规定的很明确的项目。但由于合同中列有调值条款，所以工期在1年以上的项目均适于采用这种合同形式。

应用的较普遍的调价方法有文件证明法和调价公式法。通俗地讲，文件证明法就是凭正式发票向业主结算价差。为了避免因承包商对降低成本不感兴趣而引起的副作用，合同文件中应规定业主和监理工程师有权指令承包商选择价廉的供应来源。调价公式法常用的计算公式为

$$C=C_0\left(\alpha_0+\alpha_1\frac{M}{M_0}+\alpha_2\frac{L}{L_0}+\alpha_3\frac{T}{T_0}+\cdots+\alpha_n\frac{K}{K_0}\right)$$

式中 C——调整后的合同价；

C_0——原签订合同中的价格；

α_0——固定价格的加权系数，合同价格中不允许调整的固定部分的系数，包括管理费用、利润，以及没有受到价格浮动影响的预计承包人以不变价格开支部分；

M，L，T，…，K——分别代表受到价格浮动影响的材料设备、劳动工资、运费等价格，带有脚标“0”的项系代表原合同价，没有脚标项为付款时的价格；

α_0，α_1，α_2，…，α_n——相应于各有关项的加权系数，一般通过对工程概算进行分解测算得到，各项加权系数之和应等于1，即$\alpha_0+\alpha_1+\alpha_2+\cdots+\alpha_n=1$。

综上所述，从招标单位的角度来看，总价合同有以下优点。

a. 可以在报价竞争状态下确定项目造价并使之固定下来；

b. 发包单位在主要开支发生前对工程成本能够做到大致心中有数；

c. 在形式上由承包人承担较多的风险；

d. 评标时易于迅速选定最低报价单位；

e. 在施工进度上极大地调动承包人的积极性；

f. 发包单位能更容易、更有把握地对项目进行控制。

在采用总价合同方式时要求做到下列各点。

a. 必须完整而明确地规定承包人的工作；

b. 根据项目的规模、地点和价格调整情况，应使承包人的风险是正常的和能够接受的；

c. 必须将设计和施工方面的变化控制在最小的限度以内；

d. 只有当承包行情对于承包商趋于有利时，采用总价合同才能招来有竞争力的、合格的投标人。

(3) 成本加酬金合同　当工程内容及其技术经济指标尚未全面确定，而由于种种理由工程又必须向外发包时，采用成本补偿合同这种形式，对招标单位来说是比较合适的。但是这种合同形式有两个最明显的缺点：一是发包单位对工程总造价不能实行实际的控制；二是承包商对降低成本也很少会有兴趣。因此，采用这种合同形式时，它的条款必须非常严格，这

样才能保证有效地工作。

不过，在成本加酬金合同的一些案例中也有许多值得注意的补充条款，尤其是那些鼓励承包商节约资金的条款，应该列入标准的成本加酬金合同的条款中去。补充这些条款后，成本加酬金合同形式还是可取的，因为无论是从发包单位的角度看，还是从承包单位的角度看，这种合同形式对于某些类型的工程来说毕竟还是实用的。

成本加酬金合同有以下几种形式：

① 成本加固定酬金合同。根据这种合同，发包单位对承包商支付的人工、材料和设备台班费等直接成本全部予以补偿，同时还增加一笔管理费。这种方式实质上是成本据实报销，酬金固定不变。这笔酬金是固定的，但有时为了鼓励承包商节约成本，可以在合同中增加一项根据工程质量状况、工期缩短和降低成本等条件，另外支付给该承包商一笔分档次的奖金。这种合同形式通常应用于设计及项目管理合同方面。计算公式为：

$$C=C_d+F$$

式中 C——总造价；

C_d——实际发生的直接费；

F——支付给承包商数额固定不变的酬金，通常按估算成本的一定百分比确定。

② 成本加固定费率合同。这种形式的合同与成本加固定酬合同相似，不同的只不过是所增加的费用不是一笔固定金额而是相当于成本的一定百分比。计算公式为：

$$C=C_d(1+P)$$

式中，P 为双方事先商定的酬金固定百分数。

从式中可看出，承包商可获得的酬金将随着直接成本的增大而增加，使得工程总造价无法控制。这种合同形式不能鼓励承包商关心缩短工期和降低成本，因而对业主是不利的，在工程实践中采用也较少。

③ 成本加浮动酬金合同。酬金是根据报价书中的成本概算指标制定的。概算指标可以是总工程量的工时数的形式，也可以是人工和材料成本的货币形式。合同中对这个指标规定了一个底点（约为工程成本概算的 0.6～0.7 倍）和一个顶点（约为工程成本概算的 1.1～1.3 倍），承包商在概算指标的顶点之下完成工程时可以得到酬金。酬金的额度通常根据低于指标顶点的情况而定。当酬金加上报价书中的成本概算总额达到顶点时则不再发给酬金。如果承包商的工时或工料成本超出指标顶点时，应对超出部分进行罚款，直至总费用降到顶点时为止。

成本加浮动酬金合同形式有它自身的特点。当招标前所编制的图纸和规定、规范尚不充分，不能据以确定合同价格，但尚能为承包商制定一个概算指标时，使用成本加酬金的合同形式还是可取的。计算公式如下。

a. 若 $G=C_0$ 则 $C=C_d+F$

b. 若 $C_d<C_0$ 则 $C=C_d+F+\Delta F$

c. 若 $C_d>C_0$ 则 $C=C_d+F-\Delta F$

式中 G——预期成本；

ΔF——酬金增减部分，可以是一个百分数，也可以是一个固定的绝对数。

④ 成本加固定最大酬金合同 根据这种合同，承包商可以得到下列三方面支付。

a. 包括人工、材料、机械台班费以及管理费在内的全部成本。

b. 占全部人工成本的一定百分比的增加费（即杂项开支费）。

c. 可调的增加费（即酬金）。

在这种形式的合同中通常设有三笔成本总额：第一笔（也是主要的一笔）称为报价指标成本；第二笔称为最高成本总额；第三笔称为最低成本总额。

如果承包商在完成工程中所花费的工程成本总额没有超过最低成本总额时，他所花费的全部成本费用、杂项费用以及应得酬金等都可得到发包单位的支付；如果花费的总额低于最低成本总额时，还可与发包单位分享节约额；如果承包商所花费的工程成本总额在最低成本总额与报价指标成本之间时，则只有成本和杂项费用可以得到支付；如果工程成本总额在报价指标成本与最高成本总额之间时，则只有全部成本可以得到支付；超过顶点则发包单位不予支付。

如果一个项目的设计资料尚处于粗估阶段而不能确定工程造价的上限，但希望通过较大幅度的奖励以达到降低工程造价的目的时，都可以采用这种合同形式。

在一项合同中应注意尽量避免混用不同的计价方式。但当一项工程仓促上马，准备工作不够充分时，发包单位经充分考虑各方面的情况后，很可能在其发包工程合同中既包含总价合同内容，又包含单价合同及成本酬金合同内容。在一项合同中同时采用多种计价方式将该合同管理带来复杂化，应尽量避免此种情况发生。

（4）目标合同　在一些发达国家，目标合同广泛使用于工业项目、研究和开发项目、军事工程项目中。它是固定总价合同和成本加酬金合同的结合和改进形式。在这些项目中承包商在项目的可行性研究阶段，甚至目标设计阶段就介入工程，并以总包的形式承包工程。

在目标合同中，通常规定承包商对项目建成后的生产能力（或使用功能）、工程总成本（或总造价）、工期目标承担责任。如果项目投产后一定时期内达不到预定的生产能力，则按一定的比例扣减合同价格；如果工期拖延，则承包商承担工期拖延违约金；如果项目实际总成本超过预定总成本，则承包商按比例承担一部分，反之，承包商则得到相应比例的奖励。

目标合同能够最大限度地发挥承包商工程管理的积极性，适用于工程范围没有完全界定或预测风险较大项目。

8.3.2.4 合同条件选择

合同协议书和合同条件是合同文件中最重要的部分。在实际工程中，业主可以根据需要自己（通常委托咨询公司）起草合同协议书（包括合同条款），也可以选择标准的合同条件。在具体应用时，业主可以按照自己的需要通过专用条款对标准的文本作修改、限定或补充。一般来说，作为合同双方应尽量使用标准的合同条件。

对一个工程项目，有时会有几个类型的合同条件供选择，特别是在国际工程中，合同条件的选择应注意如下问题。

（1）合同双方主观上都希望使用严密的、完备的合同条件。但合同条件的选择应该与双方的管理水平相适应。如果双方的管理水平很低，而使用十分完备、周密，同时规定又十分严格的合同条件，则这种合同条件没有可执行性。将我国现行的《建设工程施工合同（示范文本）》（GF-99-201）与 FIDIC 土木施工合同条件相比较就会发现，我国施工合同在许多条款中的时间限定较为严格。这说明在工程中，如果使用我国的施工合同，则合同双方要比使用 FIDIC 合同有更高的管理水平，更快的信息反馈速度，发包人、承包人、项目经理、监理工程师的决策过程必须很快。但实际上往往做不到，所以在我国的承包工程中常常双方都不能准确执行合同。

（2）最好选用双方都熟悉的合同条件，这样能较好地执行。如果双方来自不同的国家，选用合同条件时应更多地考虑承包商的因素，使用承包商熟悉的合同条件。由于承包商是工程合同的具体实施者，所以应更多地偏向他，而不能仅从业主自身的角度考虑这个问题。当然在实际工程中，多数业主都选择自己熟悉的合同条件，以保证自己在工程管理中处于有利地位和掌握主动权，但其结果是工程不能顺利进行。

（3）合同条件的选用尚应考虑到其他方面的制约。例如我国工程造价有一整套定额和取费标准，这是与我国所采用的施工合同文本相配套的。如果在我国工程中使用FIDIC合同条件，或在使用我国标准的施工合同条件时，业主要求对合同双方的责权利关系作重大的调整，则必须让承包商自主报价，不能按照我国现行定额和规定取费标准确定；而如果要求承包商按定额和取费标准计价，则不能随便修改标准的合同条件。

8.3.2.5 重要合同条款的确定

业主应理性地对待合同，应通过合同制约承包商，但不是束缚承包商。合同要求应合理，但不苛刻。由于业主起草招标文件，他居于合同主导地位，所以他要确定一些重要的合同条款。

（1）适用于合同关系的法律，以及合同争执仲裁的地点、程序等。

（2）付款方式。如采用进度款、分期付款、预付款或由承包商垫资承包。这由业主的资金来源保证情况等因素决定。让承包商在工程上过多地垫资，会对承包商的风险、财务状况、报价和履约积极性有直接的影响。当然，如果业主超过实际进度预付工程款，在承包商没有出具承包函的情况下，又会给业主带来风险。

（3）合同价格的调整条件、范围、调整方法，特别是由于物价上涨、汇率变化、法律变化等对合同价格调整的规定。

（4）合同双方风险的分担。即将工程风险在业主和承包商之间合理分配。基本原则是，通过风险分配激励承包商努力控制三大目标、控制风险，达到最好的工程经济效益。

（5）对承包商的激励措施。在国外一些高科技的开发型工程项目中奖励合同用得比较多。这些项目规模大、周期长、风险高，采用奖励合同能调动双方的积极性，更有利于项目的目标控制和风险管理，合同双方都欢迎，能收到很好的效果。各种合同中都可以订立奖励条款，恰当地采用奖励措施可以鼓励承包商缩短工期，提高质量，降低成本，激发承包商的工程管理积极性。通常的奖励措施如下。

① 提前竣工的奖励。这是最常见的，通常合同明文规定工期提前一天业主给承包商奖励的金额。

② 提前竣工，将项目提前投产实现的盈利在合同双方之间按一定比例分成。

③ 承包商如果能提出新的设计方案、新技术，使业主节约投资，则按一定比例分成。

④ 奖励型成本加酬金合同。对具体的工程范围和工程要求，在成本加酬金合同中，确定一个目标成本额度，并规定，如果实际成本低于这个额度，则业主将节约的部分按一定比例奖励给承包商。

⑤ 质量奖。这在我国用得较多。合同规定，如工程质量要求超过国家规定“合格”标准，业主另外支付一笔奖励金。

（6）通过认真地设计合同所定义的管理机制，来保证业主对工程的控制权力。业主在工程施工中对工程的控制是通过合同实现的。在合同中必须设计完备的控制措施，例如变更工程的权力；对进度审批权力，对实际进度监督的权力；当承包商进度拖延时，指令加速的权力；对工程质量的绝对的检查权；对工程付款的控制权力；特殊情况下，承包商不履行合同责任时，业主可以在不解除承包商责任的条件下将承包商逐出现场的处置权力。

为了保证诚实信用原则的实现，必须有相应的合同措施。如果没有这些措施，或措施不完备，则难以形成诚实信用的氛围。例如要业主信任承包商，业主必须采用如下措施“抓”

住承包商。

① 工程中的保函、保留金和其他担保措施。

② 承包商的材料和设备进入施工现场，即作为业主的财产，没有业主（或工程师）的同意不得移出现场。

③ 合同中对违约行为的处罚规定和仲裁条款。例如在国际工程中，在承包商严重违约情况下，业主可以将承包商逐出现场，而不解除他的合同责任，让其他承包商来完成合同，费用由违约的承包商承担。

8.3.2.6 其他问题

（1）资格预审及投标单位的数量　业主要保证在工程招标中有比较激烈的竞争，则必须保证有一定量的投标单位。这样能取得一个合理的价格，选择余地较大。但如果投标单位太多，则管理工作量大，招标期较长。在预审期要对投标人有基本的了解和分析。一般从资格预审到开标，投标人会逐渐减少。即发布招标广告后，会有较多的承包商来了解情况，但提供资质预审文件的单位就会少一点；之后，购买标书的投标人又会少一点；最终提交投标书的单位还会减少，甚至有的单位投标后又撤回标书。对此要有一个基本把握，必须保证最终有一定量的投标人参加竞争，否则在开标时会很被动。

（2）评标标准　确定评标的指标对整个合同的签订（承包商选择）和执行影响很大。实践证明，如果仅选择最低价中标，又不分析报价的合理性和其他因素，工程过程中争执较多，工程合同失败的比例较高。因为它违反公平合理原则，承包商没有合理的利润，甚至要亏损，不会有好的履约积极性。所以人们越来越趋向采用综合评标，从报价、工期、方案、资信、管理组织等各方面综合评价，以选择中标者。

（3）标后谈判的处理　一般在招标文件中业主都申明不允许进行标后谈判。这是为了不留活口，掌握主动权。但从战略角度出发，业主应欢迎进行标后谈判，因为可以利用这个机会获得更合理的报价和更优惠的服务，对双方和整个工程都有利。这已成为许多工程实践所证明。

（4）业主的相关合同的协调　为了一个工程的建设，业主要签订许多合同，如设计合同、施工合同、供应合同。这些合同中存在十分复杂的关系，业主必须负责这些合同之间的协调。在实际工程中这方面的失误较多。这种协调与承包商的合同协调相似，将在后面讨论。

8.3.3 业主合同总体优化的结果

业主合同总体策划是业主项目管理的总体筹划的重要组成部分，是在项目实施前对整个项目合同管理方案预先作出的科学合理的安排和设计，从而为整个项目的顺利实施奠定基础。业主合同总体策划的结果应该主要包括以下内容。

（1）项目合同管理组织机构（如咨询公司或监理公司）及人员配备；

（2）项目合同管理责任及其分解体系；

（3）项目合同管理方案设计。

项目合同管理方案设计内容有：项目发包模式选择、合同类型选择、合同结构体系（合同分解或合同标段划分）、招标方案设计、招标文件设计、合同文件设计、主要合同管理流程设计（如投资控制流程、工期控制流程、质量控制流程、设计变更流程、支付与结算管理流程、竣工验收流程、合同索赔流程、合同争议处理流程）等。

【案例 8-2】 我国云南鲁布革水电站引水工程，通过国际竞争性招标，选定日本承包公司进行引水隧洞的施工。在招标文件中，列出了承包商进口材料和设备的工商统一税税率。但在施工过程中，工程所在地的税务部门根据我国税法规定，要求承包商交纳营业环节的工商统一税，该税率为承包合同结算额的 3.03%。但外国承包公司在投标报价时没有包括此项工商统一税。

外国承包商认为，业主的招标文件在要求承包商报价中考虑的税种中仅列出了进口工商统一税，而遗漏了营业工商统一税，是属于招标文件中的错误，由此引起的风险理应由招标文件的起草者来承担，因而向业主提出了索赔要求。

在承包商提出索赔要求之初，水电站建设单位（业主）曾试图抵制承包商的这一索赔要求，援引合同文件中的一些条款，作为拒绝索赔的论据，如“承包商应遵守工程所在国的一切法律”，“承包商应缴纳税法所规定的一切税收”等。但无法解释在招标文件中为何对几种较小数额的税收都作了详细规定，却未包括较大款额的营业税。经监理工程师审查，业主编制招标文件的人员不熟悉中国的税法和税种。编写招标文件时确实并不了解有两个环节的工商统一税。

此项索赔发生后，业主单位在上级部门的帮助下，向国家申请并获批准，对该水电站工程免除了营业环节的工商统一税。

至于承包商在索赔发生前已缴纳的 92 万元人民币的税款，经合同双方谈判协商，决定各承担 50%，即对承包商已缴纳的该种税款，由业主单位给予 50%的补偿。

【案例分析】 本案例的发生既与业主的招标文件不严谨有关，又与承包商的报价调查工作不细致有关。大型涉外工程项目的招标文件条款的确定是一个复杂的系统工程，既有项目内部的协调，又有项目本身与项目环境的协调，一个有机的、相互协调的系统才有可能正常运转。业主自身的行为将很大程度上决定其最终获得的是优质产品还是劣质产品，这是工程界公认的公理。

8.4 承包商的合同优化管理

在施工合同履行过程中，业主往往处于主导地位。对于业主的合同决策，承包商常常必须执行或服从选择。如招标文件、合同条件常常规定，承包商必须按照招标文件的要求做标，不允许修改合同条件，甚至不允许使用保留条款。否则业主有理由认为承包商的投标书没有对业主的招标书予以实质响应，承包商的投标书自然无效。但承包商也有自己的合同策划问题。承包商的合同策划服从于承包商的基本目标和企业经营战略。

8.4.1 投标方向的选择

承包商通过市场调查获得许多工程招标信息。他必须就投标方向作出战略决策，他的决策依据如下。

（1）承包市场情况、竞争的形势，如市场处于发展阶段或处于不景气阶段。

（2）该工程竞争者的数量以及竞争对手状况，以确定自己投标的竞争力和中标的可能性。

（3）工程及业主状况：如工程的技术难度，时间紧迫程度，是否为重大的有影响的工程，例如一个地区的形象工程，该工程施工所需要的工艺、技术和设备；业主的规定和要求，如承包方式、合同种类、招标方式、合同的主要条款；业主的资信，如业主是否为资信好的企业或政府，业主过去有没有不守信用、不付款的历史；业主的建设资金准备情况和企业运行状况。如果需要承包商垫资，则更要小心。

(4) 承包商自身的情况，包括本公司的优势和劣势、技术水平、施工力量、资金状况、同类工程经验、现有的在手工程数量等。

投标方向的确定要能最大限度地发挥自己的优势，符合承包商的经营总战略，在承包商积极发展、力图打开局面时，承包商应积极投标，增加发展机会。但承包商不要企图承包超过自己施工技术水平、管理水平和财务能力的工程，以及自己没有竞争力的工程。

8.4.2 合同风险总评价

承包商在合同策划时必须对拟建工程的合同风险有一个总体的评价。一般地说，如果工程存在以下问题，则工程风险很大。

(1) 工程规模大，工期长，而业主要求采用固定总价合同形式。

(2) 业主仅给出初步设计文件让承包商做标，图纸不详细、不完备，工程量不准确、范围不清楚，或合同中的工程变更赔偿条款对承包商很不利，但业主要求采用固定总价合同。

(3) 业主将做标期压缩得很短，承包商没有时间详细分析招标文件，而且招标文件为外文，采用承包商不熟悉的合同条件。有许多业主为了加快项目进度，采用缩短做标期的方法，这不仅对承包商风险太大，而且会造成对整个工程总目标的损害，常常欲速则不达。

(4) 工程环境不确定性大。如物价和汇率大幅度波动、水文地质条件不清楚，而业主要求采用固定价格合同。

大量的工程实践证明，如果存在上述问题，特别当一个工程项目中同时出现上述问题，则这个工程项目可能彻底失败，甚至有可能将整个承包企业拖垮。这些风险造成的损失的程度，在签订合同时常常是难以想象的。承包商若参加投标，要有足够的思想准备和措施准备。

在国际工程中，人们通过大量工程案例分析发现，一个工程合同争执、索赔的数量和工期的拖延时间与如下因素有直接关系：采用的合同条件、合同形式、做标期的长短、合同条款的公正性、合同价格的合理性、承包商的数量、评标的充分性和澄清会议、设计深度及准确性等。

8.4.3 合同方式的选择

在施工总承包合同投标前，承包商必须就如何完成合同范围内的工程作出决定。因为在实践中，承包商（即使是最大的公司）往往不能自己独立完成全部工程，尤其是工程技术较为复杂、规模较大的工程，一方面没有这个能力，另一方面也没必要，或不经济。此时他可与其他承包商合作，并就合作方式作出选择。与其他承包商合作的目的是为了充分发挥各自的技术、管理、财力的优势，共同承担风险，获取最大的经济利益。

8.4.3.1 分包

分包在工程中最为常见。分包常常出于如下原因。

(1) 技术上需要　总承包商不可能，也不必具备总承包合同工程范围内的所有专业工程的施工能力。通过分包的形式可以弥补总承包商技术、人力、设备、资金等方面的不足。同时总承包商又通过这种形式扩大经营范围，承接自己不能独立承担的工程。

（2）经济上的需要 对有些分项工程，如果总承包商自己承担会亏本，而将它分包出去，让报价低同时又有能力的分包商承担，总承包商不仅可以避免损失，而且可以取得一定的经济效益。

（3）转嫁或减少风险 通过分包，可以将总包合同的风险部分地转嫁给分包商。这样，大家共同承担总承包合同风险，提高工程经济效益。

（4）业主的要求 业主指令总承包商将一些分项工程分包出去。

总承包商将一些分项工程分包给指定分包商，可能是出于如下两种情况：一种情况是对于某些特殊专业或需要特殊技能的分项工程，业主仅对某专业承包商信任和放心，要求或建议总承包商将这些工程分包给该专业承包商，即业主指定分包商。另一种情况是在国际工程中，一些国家规定外国总承包商承接本国工程后必须将一定量的工程分包给本国承包商，或工程只能由本国承包商承接，外国承包商只能分包。这是对本国企业的一种保护措施。

业主对分包商也有相应的要求，也要对分包商作资格审查。没有工程师（业主代表）的同意，分包商不得随意分包工程。由于承包商向业主承担全部工程责任，分包商出现任何问题都由总包负责，所以分包商的选择要十分慎重。一般在总承包合同报价前就要确定分包商的报价，商谈分包合同的主要条件，甚至签订分包意向书。国际上许多大承包商都有一些分包商作为自己长期的合作伙伴，形成自己的外围力量，以增强自己的经营实力。

当然，总承包商过多的分包或如专业分包过细，会导致施工管理层次的增加和协调的困难，业主也会怀疑承包商自己的承包能力。这对合同双方来说都是极为不利的。

8.4.3.2 联营承包

联营承包是指两家或两家以上的承包商联合投标，共同承接工程。联营承包的优点如下。

（1）承包商可通过联营进行联合，以承接工程量大、技术复杂、风险大、难以独家承揽的工程，使经营范围扩大。

（2）在投标中发挥联营各方技术和经济的优势，珠联璧合，使报价有竞争力。而且联营通常都以总包的形式承接工程，各联营成员具有法律上的连带责任，业主比较欢迎和放心，容易中标。

（3）在国际工程中，国外的承包商如果与当地的承包商联营投标，可以获得价格上的优惠。这样更能增加报价的竞争力。

（4）在合同实施中，联营各方互相支持，取长补短，进行技术和经济的总合作。这样可以减少工程风险，增强承包商的应变能力，能取得较好的工程经济效果。

（5）通常联营仅在某一工程中进行，该工程结束，联营体解散，无其他牵挂。如果愿意，各方还可以继续寻求新的合作机会。所以它比合营、合资有更大的灵活性。合资成立一个具有法人地位的新公司通常费用较高，运行形式复杂，母公司仅承担有限责任，业主往往不信任。

联营承包已成为许多承包商的经营策略之一，在国内外工程中都较为常见。一般常见的联营承包形式是施工承包商之间的，但也有设计承包商、设备供应商、工程施工承包商之间的联营承包。

8.4.4 投标报价和合同谈判中一些重要问题的确定

在投标报价和合同谈判中还有一些重要问题需确定。

（1）承包商所属各分包（包括劳务、租赁、运输等）合同之间的协调。

（2）分包合同的策划，如分包的范围、委托方式、定价方式和主要合同条款的确定。在这里要加强对分包商和供应商的选择和控制工作，防止由于他们的能力不足，或对本工程没有足够的重视而造成工程和供应的拖延，进而影响总承包合同的实施。

（3）承包合同投标报价策略的制定。

（4）合同谈判策略的制定等。

8.4.5 工期优化

（1）确定初始网络计划的计算工期和关键线路。

（2）按要求工期计算应缩短的时间。

$$\Delta T = T_c - T_r$$

式中 T_c——网络计划的计算工期；

T_r——要求工期。

（3）选择应缩短持续时间的关键工作。

（4）将所选定的关键工作的持续时间压缩至最短，并重新确定计算工期和关键线路。

（5）当计算工期仍超过要求工期时，则重复上述（2）～（4），直至计算工期满足要求工期或计算工期已不能再缩短为止。

（6）当所有关键工作的持续时间都已达到其能缩短的极限而寻求小到继续缩短工期的方案，但网络计划的计算工期仍不能满足要求工期时，应对网络计划的原技术方案和组织方案进行调整，或对要求工期重新审定。

8.4.6 费用优化

费用优化又称为工期成本优化，是指寻求工程总成本最低时的工期安排，或按要求工期寻求最低成本的计划安排的过程。在建设工程施工过程中，完成一项工作通常可以采用多种施工方法和组织方法，而不同的施工方法和组织方法，又会有不同的持续时间和费用。因为一项建设工程往往包含许多工作，所以在安排工程建设进度计划时，就会出现许多方案。进度方案不同，所对应的总工期和总费用也就不同。为了能从多种方案中找出总成本最低的方案，必须首先分析费用和时间之间的关系。

（1）工程费用与工期的关系　工程总费用由直接费和间接费组成。直接费由人工费、材料费、机械使用费、其他直接费及现场经费等组成。施工方案不同，直接费也就不同；如果施工方案已定，工期不同，直接费也不同。直接费会随着工期的缩短而增加。间接费包括企业经营管理的全部费用，它一般会随着工期的缩短而减少。在考虑工程总费用时，还应考虑工期变化带来的其他损益，包括效益增量和资金的时间价值等。

（2）工作直接费与持续时间的关系　由于网络计划的工期取决于关键工作的持续时间，为了进行工期成本优化，必须分析网络计划中各项工作的直接费与持续时间之间的关系，它是网络计划工期成本优化的基础。

工作的直接费与持续时间之间的关系类似于工程直接费与工期之间的关系，工作的直接费随着持续时间的缩短而增加。为简化计算，工作的直接费与持续时间之间的关系被近似地认为是一条直线关系。当工作划分不是很粗时，其计算结果还是比较精确的。工作的持续时间每缩短单位时间而增加的直接费称为直接费用率。工作的直接费用率越大，说明将该工作的持续时间缩短一个时间单位，所需增加的直接费就越多；反之，将该工作的持续时间缩短一个时间单位，所需增加的直接费就越少。因此，在压缩关键工作的持续时间以达到缩短工期的目的时，应将直接费用率最小的关键工作作为压缩对象。当有多条关键线路出现而需要同时压缩多个关键工作的持续时间时，应将它们的直接费用率之和（组合直接费用率）最小者作为压缩对象。

8.4.7 资源优化

资源是指为完成一项计划任务所需投入的人力、材料、机械设备和资金等。完成一项工程任务所需要的资源量基本上是不变的，不可能通过资源优化将其减少。资源优化的目的是通过改变工作的开始时间和完成时间，使资源按照时间的分布符合优化目标。

在通常情况下，网络计划的资源优化分为两种，即“资源有限，工期最短”的优化和“工期固定，资源均衡”的优化。前者是通过调整计划安排，在满足资源限制的条件下，使工期延长最少的过程；而后者是通过调整计划安排，在工期保持不变的条件下，使资源需用量尽可能均衡的过程。这里所讲的资源优化，其前提条件是：

（1）在优化过程中，不改变网络计划中各项工作之间的逻辑关系。

（2）在优化过程中，不改变网络计划中各项工作的持续时间。

（3）网络计划中各项工作的资源强度（单位时间所需资源数量）为常数，而且是合理的。

（4）除规定可中断的工作外，一般不允许中断工作，应保持其连续性。

8.5 BIM 招投标与合同管理

为了提高招投标的效率，保证各种信息和数据的可追溯性，在招投标与签到合同阶段要求提供 BIM 模型，用于检查设计、施工、造价各个阶段的信息。图 8-5 为深圳海上世界希尔顿酒店，本项目建设用地位于深圳市南山区蛇口海上世界，红线内用地面积为 $23654.21m^2$。用 BIM 算量类软件建模，有利于建筑全生命周期中设计院、施工企业有效控制造价。

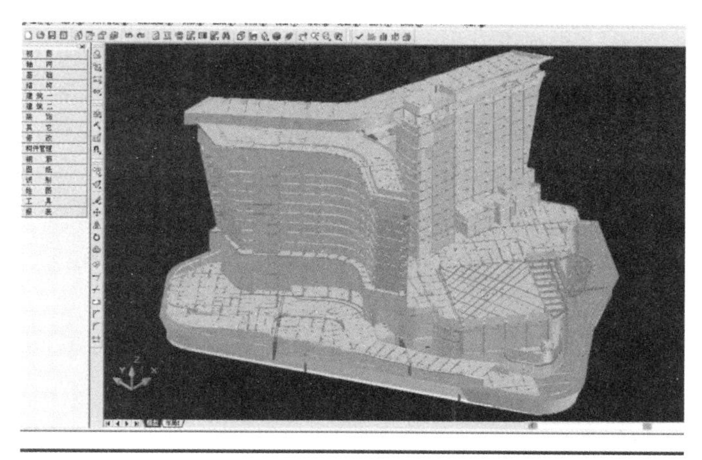

图 8-5　BIM 算量模型——深圳海上世界希尔顿酒店

图 8-6 为某单身公寓 BIM 算量模型图。

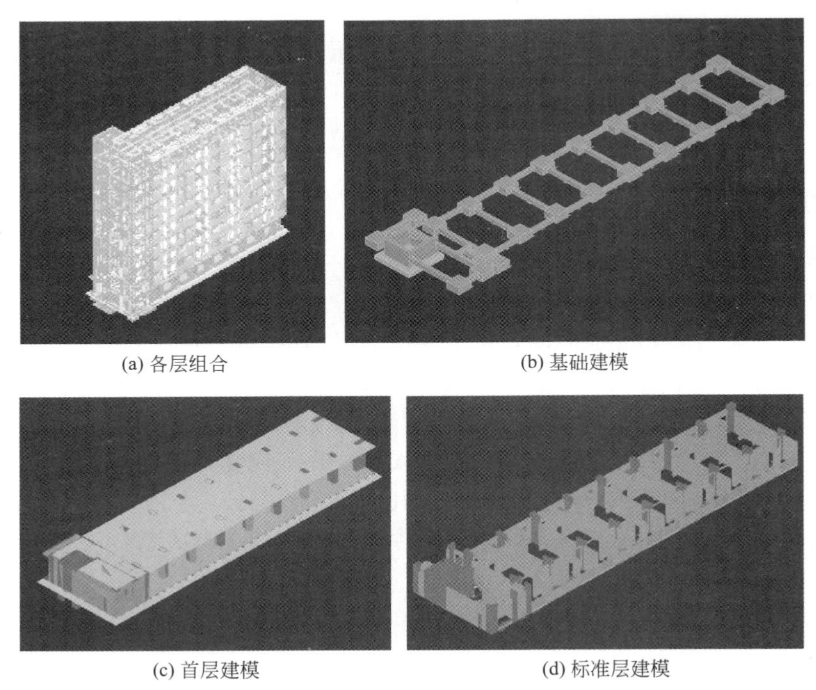

(a) 各层组合　(b) 基础建模

(c) 首层建模　(d) 标准层建模

图 8-6 BIM 算量模型

读者可结合实际工程图进行 BIM 建模，编制招投标文件，模拟签订相关合同。

附录 工程招标投标与合同管理案例

一、合同法律关系

【附案例 1】 监理工程师王某为了工作方便，于 2020 年 5 月租了李某位于开发区的一套住房，约定租期为一年。到 2021 年 5 月一年期满后，王某没有搬出而是继续居住，并且以同样标准继续支付了 2021 年 6 月的房租，房东李某也没有表示任何异议。

【问题】

1. 该工程合同的主体是什么？客体是什么？内容是什么？

2. 一年后监理工程师王某与房东李某之间是否仍然存在合同关系？

二、合同转让

【附案例 2】 张某为装修新房，到乙公司定做一套木制家具，后由于乙公司另外承揽了一大宗业务，无法安排制作张某的家具，便擅自转让给丙公司加工制作。交货时，张某发现家具是丙公司加工制作，质量不符合要求。

【问题】 请分析乙公司将家具交由丙公司加工制作属于什么行为？是否有效？

三、招标程序

【附案例 3】 某工程项目已完成初步设计，建设用地与筹资已落实，业主准备采用公开招标的方式优选承包商。

招标程序如下：

（1）招标单位向政府和计划部门提出招标申请；

（2）编制工程标底，提交设计单位审核（标底为 4000 万元）；

（3）编制招标有关文件；

（4）对承包商进行资格后审；

（5）发布投标邀请函；

（6）召开标前会议，对每个承包商提出的问题单独地作出回答；

（7）开标；

（8）评标，评标期间根据需要与承包商对投标文件中的某些内容进行协商，对工期和报价协商后的变动作为投标文件的补充部分；

(9) 确定中标单位；

(10) 业主与中标的承包商进行合同谈判和签订施工合同；

(11) 发出中标通知书，并退还所有投标承包商的投标保证金。

【问题】 请对上述招标程序内容改错，补充遗漏，并列出正确的顺序。

四、招标条件、招标方式

【附案例 4】 某部队，拟在某市建设一雷达生产厂，经国家有关部门批准后，开始对本项目筹集资金和施工图设计，该项目资金由自筹资金和银行贷款两部分组成，自筹资金已全部到位，银行贷款预计在 2021 年 7 月 30 日到位，2021 年 3 月 18 日设计单位完成了初步设计图纸，12 日进入施工图纸设计阶段，预计 5 月 8 日完成施工图纸设计，该部队考虑到该项目要在年底前竣工。遂决定于 3 月 19 日进行施工招标。施工招标采用邀请招标方式，并于 3 月 20 日向与其合作过的施工单位中选择了两家发出了投标邀请书。

【问题】

1. 建设工程施工招标的必备条件有哪些？
2. 本项目在上述条件下是否可以进行工程施工招标，为什么？
3. 在何种情况下，经批准可以采取邀请招标方式进行招标？
4. 招标人在招标过程中的不妥之处有哪些？并说明理由。

五、投标与评标

【附案例 5】 某房地产公司计划在北京开发某住宅项目，采用公开招标的形式，有 A、B、C、D、E、F 六家施工单位领取了招标文件。本工程招标文件规定：2020 年 10 月 20 日下午 17:30 为投标文件接收终止时间。在提交投标文件的同时，投标单位需提供投标保证金 20 万元。

在 2020 年 10 月 20 日，A、B、C、D、F 五家投标单位在下午 17：30 前将投标文件送达，E 单位在次日上午 8:00 送达。各单位均按招标文件的规定提供了投标保证金。

在 10 月 20 日上午 10:25 时，B 单位向招标人递交了一份投标价格下降 5%的书面说明。

开标时，由招标人检查投标文件的密封情况，确认无误后，由工作人员当众拆封，并宣读了 A、B、C、D、F 五家承包商的名称、投标价格、工期和其他主要内容。

在开标过程中，招标人发现 C 单位的标袋密封处仅有投标单位公章，没有法定代表人印章或签字。

评标委员会委员由招标人直接确定，共有 4 人组成，其中招标人代表 2 人，经济专家 1 人，技术专家 1 人。

招标人委托评标委员会确定中标人，经过综合评定，评标委员会确定 A 单位为中标单位。

【问题】

1. 在招标投标过程中有何不妥之处？说明理由。
2. B 单位向招标人递交的书面说明是否有效？
3. 在开标后，招标人应对 C 单位的投标书作何处理，为什么？
4. 投标书在哪些情况下可作为废标处理？
5. 招标人对 E 单位的投标书作废标处理是否正确，理由是什么？

六、工程量清单报价

【附案例6】 某经理室装修工程如附图1、附图2所示。承重墙厚240mm。经理室内装修做法详见附表1、附表2中的“工作内容”。踢脚、墙面门口侧边的工程量不计算，柱面与墙面踢脚做法相同，柱装饰面层厚度50mm。消耗量定额是按《建设工程工程量计价规范》的计算规则编制的（附表1、附表2）。

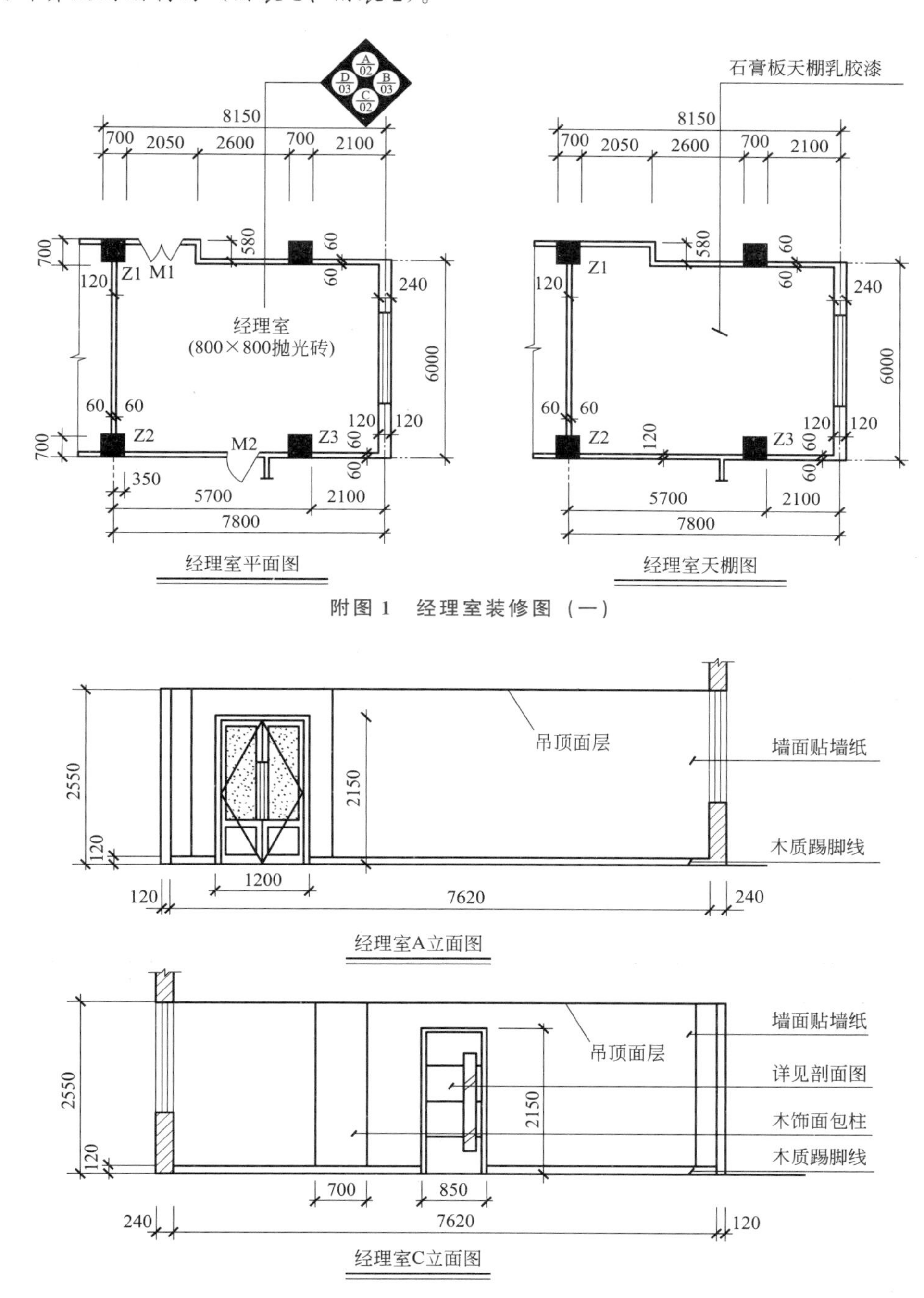

附图1 经理室装修图（一）

附图2 经理室装修图（二）

附表 1 ××装饰工程消耗量定额（一）

工作内容

（1）块料楼地面：清理基层、找平层、面层、灌缝擦缝、清理净面等过程。

（2）木质踢脚线：清理基层、安装基层、面层、钉木线、打磨净面、油漆等过程。

（3）柱（梁）饰面：木龙骨制作安装、粘钉基层、刷防火漆、钉面层等过程。

（4）顶棚吊顶：吊件加工安装、轻钢龙骨安装、整体调整等过程。

计量单位：m^2

定额编号			11-60	11-61	11-62	11-63
项目		单位	地板砖楼地面 800mm×800mm	木质踢脚线	柱(梁)饰面(木龙骨胶合板基层装饰板面)	轻钢龙骨顶棚(平面)
人工	综合工日	工日	0.248	0.390	0.570	0.170
材料	水泥 32.5 级	kg	0.600			
	中砂	m^3	0.016			
	地板砖(800mm×800mm)	m^2	1.040			
	白水泥	kg	0.097			
	装饰板	m^2		1.050		
	9mm 厚胶合板	m^2		1.050	1.050	
	装饰木条(50×10)	m		8.750	1.050	
	木格栅	m^3			0.010	
	装配式轻钢龙骨	m^2				1.020
	油漆	元		30.00		
	其他材料费	元	0.55	2.00	8.50	3.00
机械	机械费	元	0.74	1.77	0.04	

附表 2 ××装饰工程消耗量定额（二）

工作内容

（1）石膏板顶棚：安装面层等过程。

（2）木材面清漆：磨砂纸、润油粉、刮腻子、油色、清漆四遍、磨退出亮等过程。

（3）乳胶漆：填补裂缝、满刮腻子两遍、磨砂纸、刷乳胶漆等过程。

（4）墙纸裱糊：刮腻子、打磨、刷胶、裱糊等过程。

计量单位：m^2

定额编号			11-64	11-65	11-66	11-67
项目		单位	铝塑板顶棚(轻钢龙骨上)	木材面清漆四遍	乳胶漆(满刮腻子)	墙纸(不对花)
人工	综合工日	工日	0.120	0.500	0.070	0.180
材料	石膏板	m^2	1.020			1.100
	墙纸	m^2		5.83	6.00	
	油漆、乳胶漆	m^2		0.34	0.28	
	其他材料费	元				2.83
机械	机械费	元				

续表

定额编号	11-64	11-65	11-66	11-67

预算价格

序号	名称	单位	预算价格/元
1	综合人工	工日	350.00
2	水泥 32.5 级	t	360.00
3	中(粗)砂	m^3	130.00
4	地板砖(800mm×800mm)优质品(东鹏牌)	m^2	120.00
5	白水泥	t	653.00
6	红榉装饰板	m^2	180.00
7	胶合板(9mm)	m^2	23.00
8	装饰木条(50mm×10mm)	m	18.00
9	木格栅(100mm×100mm)	m^2	88.00
10	装配式轻钢龙骨(综合)(龙牌)	m^2	27.00
11	铝塑板	m^2	100.00
12	墙纸(玉兰牌)	m^2	18.00

【问题】

1.根据附图 1、附图 2 所示内容和附表 3 分部分项工程量清单所列项目，依据《房屋建筑与装饰工程工程量计算规范》计算规则，工程量计算范围包括：A、C 两个立面、柱面(Z1、Z2、Z3)、地面、踢脚线、顶棚。将相应的计量单位、计算式及计算结果填入清单附表 3 相应的栏目中。

2.根据所列经理室内装修做法，以及附表 1、附表 2《××装饰工程消耗量定额》的消耗量、预算价格，按《建设工程工程量清单计价规范》中综合单价的要求，根据附表 4 编制分部分项工程量清单综合单价分析表。管理费按人工费的 70%、利润按人工费的 50%计算(计算结果均保留两位小数)。

附表 3　分部分项工程量清单

序号	项目编码	项目名称	计量单位	工程数量	计算式
1	011102003001	块料楼地面 1.结合层:素水泥浆一遍。25 厚 1∶4 干硬性水泥浆 2.面层:800mm×800mm 东鹏米黄色抛光砖,优质品 3.白水泥砂浆勾缝			
2	011105005001	木质踢脚线 1.踢脚线高 120mm 2.基层:9mm 厚胶合板 3.面层:红榉装饰板,上口钉木线,油漆			

续表

序号	项目编码	项目名称	计量单位	工程数量	计算式
3	011208001001	柱面装饰 1. 木龙骨饰面包方柱 2. 木龙骨 25mm×30mm，中距 300mm×300mm 3. 基层：9mm 胶合板 4. 面层：红榉装饰面板 5. 木结构基层：防火漆二遍 6. 饰面板清漆四遍			
4	011302001001	顶棚吊顶 1. 轻钢龙骨石膏板平面顶棚 2. 龙牌 U 形轻钢龙骨中距 450mm×450mm 3. 面层：石膏板 4. 面层刮腻子刷白色乳胶漆			
5	011408001001	1. 墙纸裱糊 2. 墙面裱糊墙纸 3. 满刮油性腻子 4. 面层：米色玉兰牌墙纸			

附表 4　分部分项工程量清单综合单价分析表

序号	项目编码	项目名称	工作内容	综合单价组成/元					综合单价/元
				人工费	材料费	机械费	管理费	利润	
1	011102003001	块料楼地面	略						
2	011105005001	木质踢脚线	略						
3	011208001001	柱面装饰	略						
4	011302001001	顶棚吊顶	略						
5	011408001001	墙纸裱糊	略						

七、施工合同的订立

【附案例 7】 某施工企业通过投标获得了建设单位某综合大楼的施工权，在施工过程中，施工企业因建设单位委托设计单位提供的图纸错误而导致损失后，建设单位要求施工企业向设计单位提出补偿相应损失的申请。

【问题】

1. 建设单位的做法是否正确？如不正确，该如何处理？

2. 违反合同而承担的违约责任是以什么为前提的？

八、工程质量管理

【附案例 8】 某工程，建设单位委托监理单位承担施工阶段和工程质量保修期的监理工作。建设单位与施工单位按《建设工程施工合同（示范文本）》签订了施工合同。基坑支护施工中，项目监理机构发现施工单位采用了一项新技术，未按已批准的施工技术方案施工。

项目监理机构认为本工程使用该项新技术存在安全隐患。总监理工程师下达了工程暂停令，同时报告了建设单位。

施工单位认为该项新技术通过了有关部门的鉴定，不会发生安全问题，仍继续施工。于是项目监理机构报告了建设行政主管部门。施工单位在建设行政主管部门的干预下才暂停了施工。

施工单位复工后，就此事引起的损失向项目监理机构提出索赔。建设单位也认为项目监理机构“小题大做”，致使工程延期，要求监理单位对此事承担相应责任。

该工程施工完成后，施工单位按竣工验收有关规定，向建设单位提交了竣工验收报告。建设单位未及时验收，到施工单位提交竣工验收报告后第45天时发生台风，致使工程已安装的门窗玻璃部分损坏。建设单位要求施工单位对损坏的门窗玻璃进行无偿修复，施工单位不同意无偿修复。

【问题】

1. 在施工阶段施工单位的哪些做法不妥？说明理由。

2. 建设单位的哪些做法不妥？

3. 对施工单位采用新的基坑支护施工方案，项目监理机构还应做哪些工作？

4. 施工单位不同意无偿修复是否正确，为什么？工程修复时监理工程师的主要工作内容有哪些？

九、隐蔽工程应及时检查

【附案例9】 某建筑公司负责修建某学校学生宿舍楼一幢，双方签订建设工程合同。由于宿舍楼设有地下室，属隐蔽工程，因而在建设工程合同中，双方约定了对隐蔽工程（地下层）的验收检查条款。规定：地下室的验收检查工作由双方共同负责，检查费用由校方负担。地下室竣工后，建筑公司通知校方检查验收，校方则答复：因校内事务繁多由建筑公司自己检查出具检查记录即可。其后15日，校方又聘请专业人员对地下室质量进行检查，发现未达到合同所定标准，遂要求建筑公司负担此次检查费用，并返工地下室工程。建筑公司则认为，合同约定的检查费用由校方负担，本方不应负担此项费用，但对返工重修地下室的要求予以认可。校方多次要求公司付款未果，诉至法院。

【问题】

1. 隐蔽工程（地下层）的验收检查条款在施工合同中是如何规定的？

2. 隐蔽工程的检查费由谁承担？校方要求是否合理？

十、工程变更管理

【附案例10】 某厂房建设场地原为农田。按设计要求在厂房建造时，厂房地坪范围内的耕植土应清除，基础必须埋在老土层下2.00m处。为此，业主在“三通一平”阶段就委任土方施工公司清除了耕植土并回填压实至一定设计标高，故在施工招标文件中指出，施工单位无须再考虑清除耕植土问题。然而，开工后，施工单位在开挖基坑（槽）时发现，相当一部分基础开挖深度虽已达到设计标高，但仍未见老土，且在基础和场地范围内仍有一部分深层的耕植土和池塘淤泥等必须清除。

【问题】

1. 在工程中遇到地基条件与原设计所依据的地质资料不符时，承包商应该怎么办？

2. 根据修改的设计图纸，基础开挖要加深加大。为此，承包商提出了变更工程价格和延长工期的要求。请问承包商的要求是否合理，为什么？

3. 工程施工中出现变更工程价款和工期的事件之后，甲、乙双方需要注意哪些时效性问题？

4. 对合同中未规定的承包商义务，合同实施过程又必须进行的工作，你认为应如何处理？

十一、索赔内容、证据与索赔通知

【附案例11】 某汽车制造厂建设施工土方工程中，承包商在合同标明有松软石的地方没有遇到松软石，因此工期提前1个月。但在合同中另一未标明有坚硬岩石的地方遇到更多的坚硬岩石，开挖工作变得更加困难，由此造成了实际生产率比原计划低得多，经测算影响工期3个月。由于施工速度减慢，使得部分施工任务拖到雨季进行，按一般公认标准推算，又影响工期2个月。为此承包商准备提出索赔。

【问题】

1. 该项施工索赔能否成立？为什么？

2. 在该索赔事件中，应提出的索赔内容包括哪两方面？

3. 在工程施工中，通常可以提供的索赔证据有哪些？

4. 承包商应提供的索赔文件有哪些？请协助承包商拟定一份索赔通知。

十二、索赔事件分析

【附案例12】 某工程项目采用了固定单价施工合同。工程招标文件参考资料中提供的用砂地点距工地4km。但是开工后，检查该砂质量不符合要求，承包商只得从另一距工地20km的供砂地点采购。而在一个关键工作面上又发生了几种原因造成的临时停工：5月20日至5月26日承包商的施工设备出现了从未出现过的故障；应于5月24日交给承包商的后续图纸直到6月10日才交给承包商；6月7日到6月12日施工现场下了罕见的特大暴雨，造成了6月11日到6月14日的该地区的供电全面中断。

【问题】

1. 承包商的索赔要求成立的条件是什么？

2. 由于供砂距离的增大，必然引起费用的增加，承包商经过仔细认真计算后，在业主指令下达的第3天，向业主的造价工程师提交了将原用砂单价每吨提高5元人民币的索赔要求。该索赔要求是否可以被批准？为什么？

3. 若承包商对因业主原因造成窝工损失进行索赔时，要求设备窝工损失按台班计算，人工的窝工损失按日工资标准计算是否合理？如不合理应怎样计算？

4. 由于几种情况的暂时停工，承包商在6月25日向业主的造价工程师提出延长工期26天，成本损失费人民币2万元/天（此费率已经造价工程师核准）和利润损失费人民币2000元/天的索赔要求，共计索赔款57.2万元。应批准延长工期多少天？索赔款额多少万元？

5. 在业主支付给承包商的工程进度款中是否应扣除因设备故障引起的竣工拖期违约损失赔偿金？为什么？

十三、工程量增减引起的索赔

【附案例 13】 某厂（甲方）与某建筑公司（乙方）订立了某工程项目施工合同，同时与某降水公司订立了工程降水合同。甲乙双方合同规定：采用单价合同，每一分项工程的实际工程量增加（或减少）超过招标文件中工程量的10%以上时调整单价；工作B、E、G作业使用的主导施工机械一台（乙方自备），台班费为400元/台班，其中台班折旧费为240元/台班。施工网络计划如附图3所示（单位：天）。

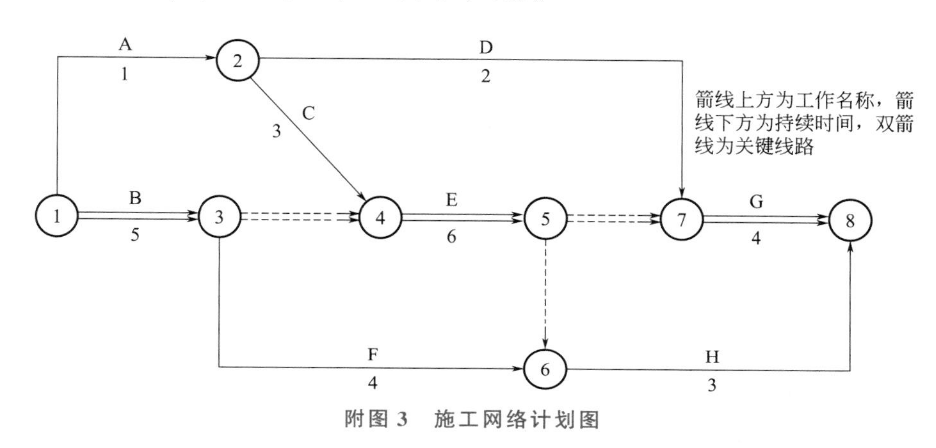

附图 3　施工网络计划图

甲乙双方合同约定8月15日开工。工程施工中发生如下事件：

（1）降水方案错误，致使工作D推迟2天，乙方人员配合用工5个工日，窝工6个工日；

（2）8月21日至8月22日，因供电中断停工2天，造成人员窝工16个工日；

（3）因设计变更，工作E工程量由招标文件中的300m^{3}增至350m^3，超过了10%；合同中该工作的全费用单价为110元/m^3，经协商调整后全费用单价为100元/m^3；

（4）为保证施工质量，乙方在施工中将工作B原设计尺寸扩大，增加工程量15m^3，该工作全费用单价为128元/m^3；

（5）在工作D、E均完成后，甲方指令增加一项临时工作K，经核准，完成该工作需要1天时间，机械1台班，人工10个工日。

【问题】

1. 上述哪些事件乙方可以提出索赔要求？哪些事件不能提出索赔要求？说明其原因。

2. 每项事件工期索赔各是多少？总工期索赔多少天？

3. 工作E结算价应为多少？

4. 假设人工工日单价为50元/工日，合同规定窝工人工费补偿标准为25元/工日，因增加用工所需管理费为增加人工费的20%，工作K的综合取费为人工费的80%。试计算除事件（3）外合理的费用索赔总额。

十四、工期延误引起的索赔

【附案例 14】 某承包商与某业主签订了一项工程施工合同。合同工期为22天；工期每提前或拖延1天，奖励（或罚款）600元。按业主要求，承包商在开工前递交了一份施工方案和施工进度计划（附图4）并获批准。

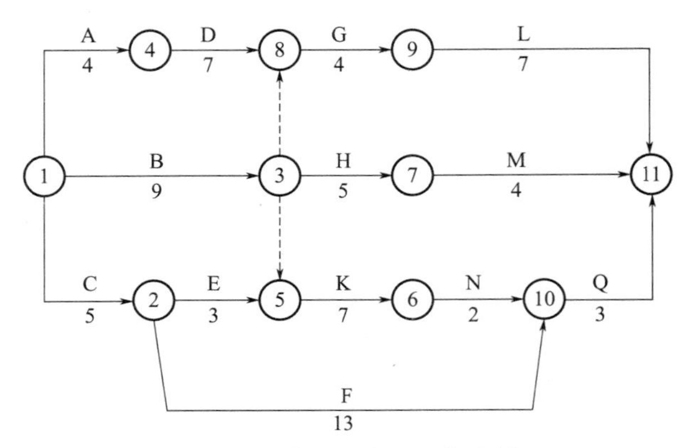

附图 4 某工程施工网络计划

根据附图 4 所示的计划安排，工作 A、K、Q 要使用同一种施工机械，而承包商单位可供使用的该种机械只有 1 台。在工程施工中，由于业主方负责提供的材料及设计图纸原因，致使 C 工作的持续时间延长了 3 天；由于承包商自身机械设备原因使 N 工作的持续时间延长了 2 天。在该工程竣工前 1 天，承包商向业主提交了工期和费用索赔申请。

【问题】

1. 简述工程施工索赔的程序。

2. 承包商可得到的合理的工期索赔为多少天？

3. 假设该种机械闲置台班费用为 280 元/天，则承包商可得到的合理的费用追加额为多少元？

十五、施工许可

【附案例 15】 甲钢铁公司（以下简称甲公司）与乙建筑公司（以下简称乙公司）签订了建筑安装工程承包合同，由乙公司负责承建甲公司的 1 号、2 号住宅楼工程以及相应的安装工程，建筑面积 13841m^2，承包工程总造价 1873 万元。在施工期间，双方因工程款不能及时支付而多次发生纠纷。于是，乙公司向当地法院起诉，要求判定甲公司立即付清拖欠的工程款。据法院查明，甲公司提供的施工许可证是伪造的假施工许可证。

【问题】 本案中甲公司有何违法行为，应该承担什么法律责任？

参考文献

[1] 丁士昭.建设工程施工管理.北京：中国建筑工业出版社，2020.

[2] 全国监理工程师执业资格考试命题研究中心.建设工程合同管理.南京：东南大学出版社，2018.

[3] 余春春，付敏.建设工程投资控制与合同管理.北京：清华大学出版社，2019.

[4] 全国二级建造师执业资格考试试题分析小组.建筑工程管理与实务.北京：机械工业出版社，2019.

[5] 刘春江.建设工程合同管理.北京：化学工业出版社，2017.

[6] 孙学礼，吕颖.工程招投标与合同管理.北京：高等教育出版社，2016.

[7] 中国建设监理协会.建设工程合同管理.北京：知识产权出版社，2009.

[8] 建设工程工程量清单计价规范.GB 50500—2013.

[9] 房屋建筑与装饰工程工程量计算规范.GB 50584—2013.